全国高职高专规划教材

物理污染与固体废物环境影响评价技术

黄 华 主编

中国环境出版社 · 北京

图书在版编目（CIP）数据

物理污染与固体废物环境影响评价技术/黄华主编.
—北京：中国环境出版社，2017.8
全国高职高专规划教材
ISBN 978-7-5111-3216-1

Ⅰ. ①物… Ⅱ. ①黄… Ⅲ. ①环境物理学—环境影响—环境质量评价—高等职业教育—教材②固体废物污染—环境影响—环境质量评价—高等职业教育—教材
Ⅳ. ①X820.3

中国版本图书馆 CIP 数据核字（2017）第 129521 号

出 版 人 王新程
责任编辑 黄晓燕 孔 锦
责任校对 尹 芳
封面设计 宋 瑞

更多信息，请关注
中国环境出版社
第一分社

出版发行 中国环境出版社
（100062 北京市东城区广渠门内大街 16 号）
网 址：http://www.cesp.com.cn
电子邮箱：bjgl@cesp.com.cn
联系电话：010-67112765（编辑管理部）
010-67112735（第一分社）
发行热线：010-67125803，010-67113405（传真）
印 刷 北京中科印刷有限公司
经 销 各地新华书店
版 次 2017 年 8 月第 1 版
印 次 2017 年 8 月第 1 次印刷
开 本 787×960 1/16
印 张 15.5
字 数 300 千字
定 价 33.00 元

前 言

随着人们生活水平的不断提高，声环境保护和固体废物管理工作越来越受到重视，在环境影响评价工作中，这两部分的分析和论证也至关重要。环境影响评价从业人员、专业技术人员应掌握物理污染和固体废物环境影响评价的工作程序，熟悉环境影响评价文件中声环境影响、固体废物环境影响的编写内容与方法。

本书从环境影响评价的实际工作角度出发，详细论述了与人类生活密切相关的噪声、振动、放射性、电磁、光、热、固体废物（含危险废物）等要素的污染及其对人类的影响评价和防范措施，旨在为从事相关工作的人员提供技术参考。

本书由模块化的正文、实训项目指导书、阅读材料和附录四部分组成。广东环境保护工程职业学院黄华担任主编，负责整体构思、统稿以及模块一、模块二的编写工作。广州市环境技术中心谭海剑高级工程师担任副主编，负责本书整体修订以及实训指导书的编写工作。广东环境保护工程职业学院朱圣洁担任副主编，负责模块三、阅读材料一的编写工作。广东环境保护工程职业学院李慧负责模块六、阅读材料二的编写工作，汤迎负责模块四的编写工作，何秀玲负责模块五的振动污染、辐射污染部分的编写工作，张玮莹负责模块五的光污染和热污染的编写工作。

由于编写时间较短，编者的水平及知识面有限，书中疏漏与不当之处，恳请广大读者批评指正。

编 者

2017 年 4 月

目 录

模块一　认识声环境

引文：噪声污染已越来越受到人们的重视，声环境影响评价是环境影响评价工作的重要组成部分。那么，什么是噪声污染呢？我国在声环境保护方面有哪些法律、法规和标准的要求呢？本模块将带领同学们认识声环境，为学习后续模块奠定基础。

一、声与噪声的基本概念

1．声

声音和物理振动有关。声的定义为物体振动通过在媒介中传播所引起人耳或其他接收器的反应。

2．声源

声音是由物体的振动产生的。一切发声的物体都在振动。物理学中，把正在发声的物体叫声源。如正在振动的声带、正在振动的音叉、敲响的鼓等都是声源。但是声源是不能脱离其周围的弹性介质的，空间中同样的物体，同样的振动状态，如果脱离了弹性介质，那么就不能产生声波了，这时振动的物体不是声源。

声音的传播需要介质，固体、液体、气体都可以作为传播声音的介质。声音不能在真空中传播。能够听到声音说明一定有物体在振动，但是有物体在振动不一定会产生声音（如物体在真空环境中振动但不会产生声音）。

3．声波

声源体发生振动会引起四周空气振荡，那种振荡方式就是声波。声波借助各种媒介向四面八方传播。声波传到耳中，引起鼓膜的振动，这种振动经听觉器官的传导与交换，使听觉神经末梢受到刺激，于是便听到声音。

声波是一种机械波，在空气中传播时，空气质点本身并不随声波一起传播出去，空气质点只在它的平衡位置附近来回振动。因此，声音的传播实质上是振动的传播，传播出去的是物质能量而不是物质本身。

声波具有波的所有特性，因此具有声速、波长、频率、周期等参数。声波不仅可以在空气中传播，在液体、固体等一切弹体媒介中也可以传播。根据传播介质的不同，声波可分为空气声、水声、固体声等类型。

4．声场

声波存在的区域称为声场，可分为自由声场、混响声场、扩散声场、远场、近场等。

自由声场通常指无反射声存在的声场。如果声场在各向同性均匀媒介中的界面影响可以忽略，或者声场是采取了强吸声处理的消声室内，也可视为自由声场。

混响声场指的是在比较大的建筑围护结构（如大型厅堂、车间等）内部、经各壁面多次强反射而形成的以反射声为主的声场。

扩散声场指的是声能密度分布均匀、反射传播方向无规律分布的声场。混响声越强烈的声场，越接近扩散声场。

远场指的是自由声场中到声源距离每增加一倍、声压降低至一半的区域。

远场之内的区域称为近场。

5．噪声

不同领域对噪声的定义不同。从物理学角度出发，噪声是发声体做无规则振动时发出的声音。心理学上认为噪声指的是能够使人烦躁不安并可导致相应生理反应的难听的、不和谐的声音或干扰。从保护环境的角度出发，噪声就是人们不需要的声音。它既包括杂乱无章的声音，也包括影响人们办公、休息、睡眠等正常工作和生活的声音。

6．环境噪声污染

《中华人民共和国噪声污染防治法》中对“环境噪声”的定义是指在工业生产、建筑施工、交通运输和社会生活中所产生的干扰周围生活环境的声音。

环境噪声污染，是指所产生的环境噪声超过国家规定的环境噪声排放标准，并干扰他人正常生活、工作和学习的现象。

环境噪声具有以下主要特征：

（1）环境噪声是感觉公害。环境噪声不仅取决于噪声强度大小，还取决于受影响人当时的行为状态，与本人的生理（感觉）与心理（感受）因素有关。同样的音乐声音，不同人感受可能不同，心情愉悦的人觉得悦耳，情绪低落的人则可能认为是环境噪声，当其心情转好时，可能又会愿意接受该声音。这一特征决定了声环境影响评价工作要充分考虑人群的感受。

（2）环境噪声具有局限性和发散性。任何一个环境噪声源，由于存在距离衰减、媒介吸收等因素而只能传播一定距离，影响到一定范围，超过该范围则不再产生影响，这体现了环境噪声的局限性。同时，环境噪声源无处不在，往往不是单一的，这体现了其发散性的特征。

（3）环境噪声具有暂时性。一旦噪声源停止振动（发声），噪声影响过程则立刻消失，声环境恢复到原来状态。这给噪声污染执法工作带来了一定的影响，也是声环境影响评价工作中应该重视的一个特征。

二、声与噪声的评价量

1．波长、声速、频率、周期

（1）波长

在声波的传播方向上相邻两个波峰（或波谷）之间的距离，用λ表示，单位为米（m）。

（2）声速

声音在媒质中传播的速度，用c表示，单位为米/秒（m/s）。声波在空气中的传播速度约为343 m/s，但随温度和气压发生变化。在一个标准大气压下，声速与气温的关系是：$c = 331.4 + 0.607t$。

（3）频率

单位时间（1 s）内媒质质点振动的次数，用f表示，单位为赫（赫兹）（Hz）。人耳能够听到的声波频率在 20 Hz～20 kHz，低于 20 Hz 的声波称为次声波，大于20 kHz 的声波称为超声波。声波的频率和波长关系是：$f = c/\lambda$。

（4）周期

质点振动每往返一次所需的时间，用T表示，单位为秒（s）。周期T与频率f的关系为：$f=1/T$。

2．声压、声强、声功率

（1）声压

声压就是大气压受到扰动后产生的变化，即为大气压强的余压，它相当于在大气压强上叠加一个扰动引起的压强变化。由于声压的测量比较容易实现，通过声压的测量也可以间接求得质点速度等其他物理量，所以声学中常用这个物理量来描述声波。因此，当声波通过时，可用媒质中的压力超过静压力的值 $p'=p-p_0$ 来描述声波状态，p' 即为声压。声压的单位是帕（帕斯卡）（Pa），1 Pa=1 N/m^2。

声压实际上是随时间迅速变化的，某瞬时媒质中压强相对无声波时内部压强的改变量称为瞬时声压。但是，由于声压变化极快，人耳实际上辨别不出声压的起伏变化，仿佛声压是一个稳定的值，实际效果只与迅速变化的声压的某种时间平均结果有关，这叫作有效声压。有效声压 p 是瞬时声压 p_i 的几何积分平均值，关系式如下：

$$p=\sqrt{\frac{1}{t}\int_0^t p_i^2 \mathrm{d}t} \tag{1-1}$$

正常人耳刚能听到的声音的最小声压称为听阈声压，对于频率为 1 000 Hz 的声音，听阈声压为 2×10^{-5}Pa。声压较大时会使正常人耳引起疼痛感觉，人耳可以忍受的最大声压称为痛阈声压，痛阈声压为 20 Pa。

（2）声强

声强是在某一点上，一个与指定方向垂直的单位面积上在单位时间内通过的平均声能，通常用 I 表示，单位是 W/m^2 或 J/（sm^2）。声强是衡量声音强弱的物理量之一，它的大小与离开声源的距离有关，因为声源每秒辐射的声能（即声功率）是不变的，距离声源越远，在自由声场中声能的分布面积就越大，单位时间内单位面积上的声能就越少。因此，随距离增大，声强就减小，这也是声音大小随距离传播不断衰减的根本原因。所以一般情况下离声源越近，声源就越大；离声源越远，声音就会越小。

在声波无反射地自由传播的自由声场中，声源为向四周均匀辐射声音的点声源时，声波做球面辐射，在距声源为 r 处的声强为：

$$I_{球}=\frac{W}{4\pi r^2} \tag{1-2}$$

式中，r —— 距离，m；

$I_{球}$ —— 按球面平均的声强，W/m^2；

W —— 声功率，W 或 J/s。

由式（1-2）可知，由于声功率是一个恒量，所以声强的大小在空间中是随距离变化的，它与声源距离的平方成反比。

声强和声压一样，都是度量声音大小、强弱的物理量。一般来说，声强越大表示单位时间内耳朵接收到的声能越多；声压越大，表示耳朵中鼓膜受到的压力越大。声强是以能量关系说明声音的强弱；声压采用力的关系来说明声音的强弱。事实上，声强与声压是有着内在联系的。

当声波在自由场中传播时，在传播方向上，声强 $I_{球}$ 与声压 P 及声功率之间有如下关系：

$$I_{球} = \frac{P^2}{\rho c} \tag{1-3}$$

式中，I —— 声强，W/m^2；

P —— 有效声压，N/m^2；

ρ —— 空气密度，kg/m^3；

c —— 声音速度，m/s；

ρc —— 空气特性阻抗，kg/（$s \cdot m^2$）。

（3）声功率

单位时间内声源辐射出来的总声能，简称声功率，用 W 表示。它是表示声源特点的物理量，单位为瓦（W）或者焦耳/秒（J/s）。

应用举例 1-1：在空气中离点声源 2 m 距离处测得声压 P =0.6 Pa，求此处的声强 I、声源的声功率 W 各是多少？已知：气温为 20℃时的空气密度为 1.205 kg/m^3。

解：先求得 20℃时的声速：C_{20}=331.4+0.607 t=331.4+0.607×20=343.5 m/s

利用式（1-3）计算声强：$I = P^2 / (\rho c) = 0.6^2 / (1.205 \times 343.5) = 8.7 \times 10^{-4}$（$W/m^2$）

利用式（1-2）计算声功率：$W = I \times 4\pi r^2 = 8.7 \times 10^{-4} \times \pi \times 2^2 = 0.044$（W）

3．声压级、声强级、声功率级

（1）级和分贝

从听阀声压 2×10^{-5} Pa 到痛阀声压 20 Pa，声压的绝对值数量级相差 100 万倍，用声压的绝对值表示声音的强弱是很不方便的。生理学研究标明，人对声音响度的感觉接近于对数关系，所以，人们引入“级”的概念，即声学量与同类基准（参考）量之比再取对数。如采用声压或能量的对数比表示声音的大小，用“级”来衡量声压、声强和声功率，称为声压级、声强级和声功率级。

声学中将正比于声功率的两个同类声学量之比，取以 10 为底的对数时，级的单位是贝尔（Bell），符号是 B。实际运用中，贝尔的分度过粗，将其再乘以 10，也就是将 1 贝尔再分为 10 级，每一小级的单位称为分贝（dB）。声学中最常用的单位是分贝。

（2）声压级（L_P）

噪声研究常用“声压级”来衡量噪声的强弱。一个声音的声压级等于这个声音声压的平方与基准声压平方的比值，再取 10 为底的对数后乘以 10，数学表达式为：

$$L_P = 10\lg\frac{P^2}{P_0^{\ 2}} = 20\lg\frac{P}{P_0} \tag{1-4}$$

式中，L_P —— 声压级，dB；

P_0 —— 基准声压，$P_0=2\times10^{-5}$ Pa（听阈声压）；

P —— 声压有效值，Pa。

（3）声强级（L_I）

声波以平面或球面传播时，相当于声强 I 的声强级 L_I 定义为：

$$L_I = 10\lg\frac{I}{I_0} \tag{1-5}$$

式中，L_I —— 声强级，dB；

I —— 声强，W/m^2；

I_0 —— 1 000 Hz 的基准声强值，10^{-12} W/m^2（听阀时的声强）。

（4）声功率级（L_w）

某声源的声功率与基准声功率之比的常用对数乘以 10，称为该声源的声功率级，计算式为：

$$L_w = 10\lg\frac{W}{W_0} \tag{1-6}$$

式中，L_w —— 声功率级，dB；

W_0 —— 基准声功率，10^{-12}W。

应用举例 1-2：已知 A 企业 2 台设备的噪声声压分别为 2.97 Pa、0.07 Pa，求相应的声压级。

解：直接利用声压级概念的式（1-4）计算：

当声压为 2.97 Pa 时，$L_P = 20\lg\frac{P}{P_0} = 20\times\lg\frac{2.97}{2\times10^{-5}} = 103.4$（dB）

当声压为 0.07 Pa 时，$L_P = 20\lg\frac{P}{P_0} = 20\times\lg\frac{0.07}{2\times10^{-5}} = 70.9$（dB）

4．倍频带及其中心频率

可听声波的频率从 20～20 000 Hz，高低相差 1 000 倍，但人耳对声压相同但频率不同的声波的感受是不同的，经过大量测试研究发现，人耳对频率变化一倍以上的声音的感觉显著不同。为方便反映人耳的这种特征，通常把宽广的声音频率变化范围划分为若干较小的段落，叫频带或频程，每一频带的上下限频率相差一倍，因此叫作倍频带。在一个倍频带（程）宽频率范围内声压级的累加称为倍频带声压级。如 100 与 200 是相差一个倍频带，在 100～200 有很多频率的声音，这些声音的声压级累加后即是倍频带声压级，一般用中心频率的声压级代表。倍频带中心频率是上下限频率的几何平均值，其公式为：

$$f_{中} = \sqrt{f_{上} f_{下}} \tag{1-7}$$

可听声波频率范围用 10 段倍频程表列，如表 1-1 所示。每段则以中心频率来命名。例如，对于 45~90 Hz 这一段的中心频率为 63 Hz，频段中频率最高的频率称为上限频率（$f_{上}$）即 90 Hz，最低的频率如 45 Hz 称为下限频率（$f_{下}$），上下限频率之差称为频带宽度，简称为带宽。

表 1-1　倍频带（程）的中心频率与频率范围

中心频率/Hz	31.5	63	125	250	500	1 000	2 000	4 000	8 000	10 000
频率范围/Hz	22.4～45	45～90	90～180	180～355	355～710	710～1 400	1 400～2 800	2 800～5 600	5 600～11 200	11 200～22 400

两个频率相差一个倍频程就是说两个频率之比为 2∶1，相差两个倍频程就意味着频率之比为 2^2，依此类推，两个频率相差 n 个倍频程时，两个频率之比为 2^n，用公式表示为：

$$f_{上} / f_{下} = 2^n \tag{1-8}$$

式中，n—— 倍频程数。

5．A 声级、等效 A 声级

（1）A 声级

环境噪声的度量，不仅与噪声的物理量有关，还与人对声音的主观听觉有关。前面已经介绍，人耳对声音的感觉不仅和声压级大小有关，而且也和频率的高低有关。声压级相同而频率不同的声音，听起来不一样响，高频声音比低频声音响，这是人耳听觉特性所决定的。为了能用仪器直接测量出人的主观响度感觉，研究人员为测量噪声的仪器——声级计设计了一种特殊的滤波器（主要是把低频声音的声压级做适当衰减修正），叫 A 计权网络。通过 A 计权网络测得的噪声值更接近人的听觉，这个测得的声压级称为 A 计权声级，简称 A 声级，以 L_{PA} 或 L_A 表示，单位 dB（A）。由于 A 声级能较好地反映出人们对噪声吵闹的主观感觉，因此，它几乎已成为一切噪声评价的基本量。

各倍频带声压级和 A 声级的换算关系为：

设各个倍频带声压级为 L_{P_i}，那么 A 声级为：

$$L_A = 10\lg\left[\sum_{i=1}^{n} 10^{0.1\left(L_{P_i}+\Delta L_{A_i}\right)}\right] \tag{1-9}$$

式中，L_{P_i}—— 第 i 个频带的声压级，dB；

ΔL_{A_i}—— 相应频带的 A 计权修正值。

63～16 000 Hz 范围内的 A 计权网络修正值如表 1-2 所示。

表 1-2　A 计权网络修正值

频率/Hz	63	125	250	500	1 000	2 000	4 000	8 000	16 000
ΔL_A/dB	−26.2	−16.1	−8.6	−3.2	0	+1.2	+1.0	−1.1	−6.6

（2）等效 A 声级

从前面的叙述中可知，A 声级对于反映人耳对连续而稳定的噪声来说是一种较好的评价方法。但是对于起伏、不连续噪声，或暴露在不同时间内的噪声并不合适。例如，某人处于稳态噪声 60 dB（A）下工作 7 h；而另一人在 50 dB（A）下工作 4 h、110 dB（A）下工作 1 h、75 dB（A）下工作 2 h，这人就处于不连续的噪声环境中，对于前者用 A 声级来评价是适合的，但对于后者用 A 声级评价显然不适合。

为了评价这种不连续噪声，人们尝试将不连续噪声用连续噪声的方式进行评价，即在某段时间内的不连续噪声的 A 声级，用平均能量的方法，将其等效为一个连续不断的 A 声级来表示该时间段内噪声的声级。用这种方法计算出来的声级叫等效声级或等效连续 A 声级，用 L_{eq} 表示，单位为 dB（A）。等效声级实际上是反映按能量平均的 A 声级。它能反映 A 声级在不稳定的情况下，人们实际所能接受噪声的能量大小。

等效连续 A 声级的数学表示：

$$L_{eq} = 10\lg\left(\frac{1}{T}\int_0^T 10^{0.1L_A(t)}dt\right) \tag{1-10}$$

式中，L_{eq}——在 T 段时间内的等效连续 A 声级，dB（A）；

L_A（t）——t 时刻的瞬时 A 声级，dB（A）；

T——连续取样的总时间，min。

等效连续 A 声级是应用广泛的环境噪声评价量。我国制定的《声环境质量标准》《工业企业厂界环境噪声排放标准》《社会生活环境噪声排放标准》《铁路边界噪声限值及其测量方法》和《建筑施工厂界环境噪声排放标准》等环境噪声标准，均采用该评价量作为标准，只是根据环境噪声实际变化情况确定不同的测量时间段，将其测量结果代表某段时间环境噪声状况。

6．统计声级、昼夜等效声级

统计声级是指在整个测量时间内或次数中出现时间或次数在 N%以上的 A 声级。L_x 是表示 x%的测量时间内所超过的噪声级。例如，L_{10}=70 dB（A）表示在整个测量时间内有 10%的时间，其噪声级超过 70 dB（A），其余 90%的时间则噪声级低于 70 dB（A）；同理，L_{50}=60 dB（A）表示有 50%的时间噪声级不低于 60 dB（A），L_{90}=50 dB（A）表示有 90%的时间噪声级超过 50 dB（A），只有 10%的时间噪声级低于 50 dB（A）。因此，L_{10} 相应于峰值平均 A 声级，L_{50} 相应于平均 A 声级，L_{90} 相应于背景噪声的 A 声级。统计声级用来表示起伏很大的噪声，如交通噪声。

应用举例 1-3：已知在某高速公路交通噪声监测中，20 min 内共测得 50 个噪声级数据，请分析该时间段内的 L_{10}、L_{50} 和 L_{90} 分别是多少？

58	62	65	76	80	67	61	69	70	64	65	65	68
66	70	62	66	65	70	72	70	73	65	66	69	69
62	60	55	57	59	70	62	68	67	71	55	60	68
68	66	60	58	60	68	63	66	61	62	68		

解：利用统计声级的定义，将50个噪声级按从大到小的顺序排列，得到下表：

80	76	73	72	71	70	70	70	70	70	69	69	69
68	68	68	68	68	68	67	67	66	66	66	66	66
65	65	65	65	65	64	63	62	62	62	62	62	61
61	60	60	60	60	59	58	58	57	55	55		

从大到小排序后，位于第 10%、50%、90%位置的数据即分别为 L_{10}、L_{50}、L_{90}，因此，在上述50个数据中，我们选取位于排序第5位、第25位、第45位的数据，即

$$L_{10}=71\text{ dB},\ L_{50}=66\text{ dB},\ L_{90}=59\text{ dB}$$

近年来，在等效声级的基础上，发展为采用昼夜等效声级来评价城市环境噪声。昼夜等效声级是对昼夜的噪声能量加权平均而得到的。由于人们对夜间的声音比较敏感，因而在夜间测得的所有声级都加上10 dB（A）作为补偿。

根据《中华人民共和国环境噪声污染防治法》，“昼间”是指6：00—22：00的时段；“夜间”是指22：00至次日6：00的时段。在昼间时段内测得的等效连续A声级称为昼间等效声级，用 L_{d} 表示；在夜间时段内测得的等效连续A声级称为夜间等效声级，用 L_{n} 表示，单位均为dB（A）。

$$L_{\text{d}}=10\lg\left(\frac{1}{N}\sum_{i=1}^{n}10^{0.1L_{\text{eq}i}}\right) \tag{1-11}$$

$$L_{\text{n}}=10\lg\left(\frac{1}{N}\sum_{i=1}^{n}10^{0.1L_{\text{eq}i}}\right) \tag{1-12}$$

$$L_{\text{dn}}=10\lg\left(\frac{1}{24}(16\times10^{L_{\text{d}}/10}+8\times10^{(L_{\text{n}}+10)/10})\right) \tag{1-13}$$

式中，L_{d}——昼间等效声级；

L_{n}——夜间等效声级；

L_{dn}——昼夜等效声级；

$L_{\text{eq}i}$——第 i 小时的等效声级；

n——小时数。

7．计权等效连续感觉噪声级

计权等效连续感觉噪声级是在有效感觉噪声级的基础上发展起来，用于评价航空噪声的方法，其特点在于既考虑了全天24 h的时间内飞机通过某一固定点所产生

的有效感觉噪声级的能量平均值，同时也考虑了不同时间段内的飞机数量对周围环境所造成的影响。

一日计权等效连续感觉噪声级的计算公式如下：

$$\mathrm{WECPNL} = \overline{\mathrm{EPNL}} + 10\lg\left(N_1 + 3N_2 + 10N_3\right) - 39.4 \tag{1-14}$$

式中，$\overline{\mathrm{EPNL}}$——N 次飞行的有效感觉噪声级的能量平均值，dB；

N_1——7：00—19：00 的飞行次数；

N_2——19：00—22：00 的飞行次数；

N_3——22：00 至次日 7：00 的飞行次数。

式（1-11）中所需参数如飞机噪声的 EPNL 与距离的关系，一般采用美国联邦航空局提供的数据或通过类比实测得到。具体的计算步骤可依据《机场周围飞机噪声测量方法》（GB 9661—1988）进行。

三、噪声污染防治的有关法条和标准

在声环境影响评价工作中，主要遵循《中华人民共和国环境噪声污染防治法》的相关规定，并执行《声环境质量标准》《工业企业厂界环境噪声排放标准》等环境标准。

1.《中华人民共和国环境噪声污染防治法》

《中华人民共和国环境噪声污染防治法》于 1996 年 10 月 29 日通过，自 1997 年 3 月 1 日起施行。

（1）有关概念的含义

《中华人民共和国环境噪声污染防治法》第二条规定了“环境噪声”和“环境噪声污染”的含义，前文已介绍。第六十三条规定，下列用语的含义是：

“噪声排放”是指噪声源向周围生活环境辐射噪声。

“噪声敏感建筑物”是指医院、学校、机关、科研单位、住宅等需要保持安静的建筑物。

“噪声敏感建筑物集中区域”是指医疗区、文教科研区和以机关或者居民住宅为主的区域。

“夜间”是指晚二十二点至凌晨六点。

“机动车辆”是指汽车和摩托车。

（2）环境噪声污染防治的监督管理

法律第二章主要规定了噪声污染防治的环境影响评价、“三同时”制度、企业的污染防治要求等内容。

城市规划部门在确定建设布局时，应当依据国家声环境质量标准和民用建筑隔声设计规范，合理划定建筑物与交通干线的防噪声距离，并提出相应的规划设计要求。新建、改建、扩建的建设项目，必须遵守国家有关建设项目环境保护管理的规定。建设项目可能产生环境噪声污染的，建设单位必须提出环境影响报告书，规定环境噪声污染的防治措施，并按照国家规定的程序报环境保护行政主管部门批准。环境影响报告书中，应当有该建设项目所在地单位和居民的意见。

建设项目的环境噪声污染防治设施必须与主体工程同时设计、同时施工、同时投产使用。建设项目在投入生产或者使用之前，其环境噪声污染防治设施必须经原审批环境影响报告书的环境保护行政主管部门验收；达不到国家规定要求的，该建设项目不得投入生产或者使用。

产生环境噪声污染的企业事业单位，必须保持防治环境噪声污染的设施的正常使用；拆除或者闲置环境噪声污染防治设施的，必须事先报经所在地的县级以上地方人民政府环境保护行政主管部门批准。

（3）专项环境噪声污染防治

法律第三章到第六章分别对工业噪声、建筑施工噪声、交通运输噪声、社会生活噪声的污染防治提出了要求。

工业噪声是指在工业生产活动中使用固定的设备时产生的干扰周围生活环境的声音。在城市范围内向周围生活环境排放工业噪声的，应当符合国家规定的工业企业厂界环境噪声排放标准。在工业生产中因使用固定的设备造成环境噪声污染的工业企业，必须按照国务院环境保护行政主管部门的规定，向所在地的县级以上地方人民政府环境保护行政主管部门申报拥有的造成环境噪声污染的设备的种类、数量以及在正常作业条件下所发出的噪声值和防治环境噪声污染的设施情况，并提供防治噪声污染的技术资料。产生环境噪声污染的工业企业，应当采取有效措施，减轻噪声对周围生活环境的影响。

建筑施工噪声是指在建筑施工过程中产生的干扰周围生活环境的声音。在城市市区范围内向周围生活环境排放建筑施工噪声的，应当符合国家规定的建筑施工场界环境噪声排放标准。在城市市区范围内，建筑施工过程中使用机械设备，可能产生环境噪声污染的，施工单位必须在工程开工十五日以前向工程所在地县级以上地方人民政府环境保护行政主管部门申报该工程的项目名称、施工场所和期限、可能产生的环境噪声值以及所采取的环境噪声污染防治措施的情况。在城市市区噪声敏感建筑物集中区域内，禁止夜间进行产生环境噪声污染的建筑施工作业，但抢修、抢险作业和因生产工艺上要求或者特殊需要必须连续作业的除外。因特殊需要必须连续作业的，必须有县级以上人民政府或者其有关主管部门的证明。夜间作业必须公告附近居民。

交通运输噪声是指机动车辆、铁路机车、机动船舶、航空器等交通运输工具在运行时所产生的干扰周围生活环境的声音。禁止制造、销售或者进口超过规定的噪声限值的汽车。在城市市区范围内行驶的机动车辆的消声器和喇叭必须符合国家规定的要求。机动车辆必须加强维修和保养，保持技术性能良好，防治环境噪声污染。机动车辆在城市市区范围内行驶，机动船舶在城市市区的内河航道航行，铁路机车驶经或者进入城市市区、疗养区时，必须按照规定使用声响装置。警车、消防车、工程抢险车、救护车等机动车辆安装、使用警报器，必须符合国务院公安部门的规定；在执行非紧急任务时，禁止使用警报器。建设经过已有的噪声敏感建筑物集中区域的高速公路和城市高架、轻轨道路，有可能造成环境噪声污染的，应当设置声屏障或者采取其他有效控制环境噪声污染的措施。在已有的城市交通干线的两侧建设噪声敏感建筑物的，建设单位应当按照国家规定间隔一定距离，并采取减轻、避免交通噪声影响的措施。穿越城市居民区、文教区的铁路，因铁路机车运行造成环境噪声污染的，当地城市人民政府应当组织铁路部门和其他有关部门，制定减轻环境噪声污染的规划。铁路部门和其他有关部门应当按照规划的要求，采取有效措施，减轻环境噪声污染。除起飞、降落或者依法规定的情形以外，民用航空器不得飞越城市市区上空。城市人民政府应当在航空器起飞、降落的净空周围划定限制建设噪声敏感建筑物的区域；在该区域内建设噪声敏感建筑物的，建设单位应当采取减轻、避免航空器运行时产生的噪声影响的措施。民航部门应当采取有效措施，减轻环境噪声污染。

社会生活噪声是指人为活动所产生的除工业噪声、建筑施工噪声和交通运输噪声之外的干扰周围生活环境的声音。在城市市区噪声敏感建筑物集中区域内，因商业经营活动中使用固定设备造成环境噪声污染的商业企业，必须按照国务院环境保护行政主管部门的规定，向所在地的县级以上地方人民政府环境保护行政主管部门申报拥有的造成环境噪声污染的设备的状况和防治环境噪声污染的设施的情况。新建营业性文化娱乐场所的边界噪声必须符合国家规定的环境噪声排放标准；不符合国家规定的环境噪声排放标准的，文化行政主管部门不得核发文化经营许可证，工商行政管理部门不得核发营业执照。经营中的文化娱乐场所，其经营管理者必须采取有效措施，使其边界噪声不超过国家规定的环境噪声排放标准。禁止在商业经营活动中使用高音广播喇叭或者采用其他发出高噪声的方法招揽顾客。在商业经营活动中使用空调器、冷却塔等可能产生环境噪声污染的设备、设施的，其经营管理者应当采取措施，使其边界噪声不超过国家规定的环境噪声排放标准。禁止任何单位、个人在城市市区噪声敏感建设物集中区域内使用高音广播喇叭。在城市市区街道、广场、公园等公共场所组织娱乐、集会等活动，使用音响器材可能产生干扰周围生活环境的过大音量的，必须遵守当地公安机关的规定。使用家用电器、乐器或者进行其他家庭室内娱乐活动时，应当控制音量或者采取其他有效措施，避免对周围居民造成环境噪声污染。在已竣工交付使用的住宅楼进行室内装修活动，应当限制作业时间，并采取其他有效措施，以减轻、避免对周围居民造成环境噪声污染。

2．声环境质量标准

（1）《声环境质量标准》（GB 3096—2008）

①适用范围

本标准规定了五类环境功能区的环境噪声限值及测量方法。

本标准适用于声环境质量评价与管理。

机场周围区域受飞机通过（起飞、降落、低空飞越）噪声的影响，不适用于本标准。

②声环境功能区分类

a. 城市环境声功能区的分类：

按区域的使用功能特点和环境质量要求，声环境功能区分为以下五种类型：

（a）0 类声环境功能区：指康复疗养区等特别需要安静的区域。

（b）1 类声环境功能区：指以居民住宅、医疗卫生、文化体育、科研设计、行政办公为主要功能，需要保持安静的区域。

（c）2 类声环境功能区：指以商业金融、集市贸易为主要功能，或者居住、商业、工业混杂，需要维护住宅安静的区域。

（d）3 类声环境功能区：指以工业生产、仓储物流为主要功能，需要防止工业噪声对周围环境产生严重影响的区域。

（e）4 类声环境功能区：指交通干线两侧一定区域之内，需要防止交通噪声对周围环境产生严重影响的区域，包括 4a 类和 4b 类两种类型。4a 类为高速公路、一级公路、二级公路、城市快速路、城市主干路、城市次干路、城市轨道交通（地面段）、内河航道两侧区域；4b 类为铁路干线两侧区域。

声环境功能区划由城市人民政府环境保护行政主管部门组织划定，报上级人民政府环境保护行政主管部门验收后，报该市人民政府审批并公布实施。

b. 乡村环境声功能区的分类：

对于没有明确声环境功能区划的乡村，根据环境管理的需要，县级以上人民政府环境保护行政主管部门可按以下要求确定乡村区域适用的声环境质量要求：

（a）位于乡村的康复疗养区执行 0 类声环境功能区要求；

（b）村庄原则上执行 1 类声环境功能区要求，工业活动较多的村庄以及有交通干线经过的村庄（指执行 4 类声环境功能区要求以外的地区）可局部或全部执行 2 类声环境功能区要求；

（c）集镇执行 2 类声环境功能区要求；

（d）独立于村庄、集镇之外的工业、仓储集中区执行 3 类声环境功能区要求；

（e）位于交通干线两侧一定距离（参考 GB/T 15190 第 8.3 条规定）内的噪声敏感建筑物执行 4 类声环境功能区要求。

当建设项目选址位于乡村需要进行环境影响评价时，承担该项目环境影响评价的单位应根据上述原则拟订声环境功能区方案，然后发函给项目所在地县级人民政府环境保护部门审核确认。

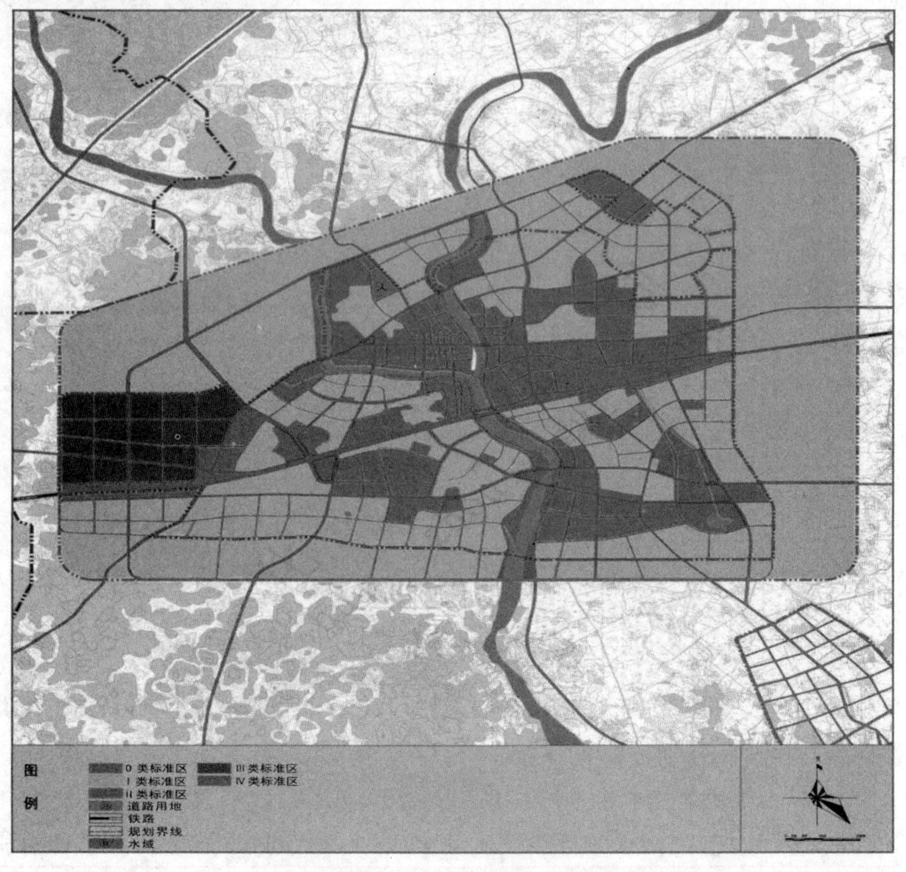

图 1-1　某市声功能区划图

③环境噪声限值

a. 各类声环境功能区适用表 1-3 规定的环境噪声等效声级限值。

表 1-3 环境噪声限值 单位：dB（A）

声环境功能区类别		时段	
		昼间	夜间
0 类		50	40
1 类		55	45
2 类		60	50
3 类		65	55
4 类	4a	70	55
	4b	70	60

b. 表 1-3 中 4b 类声环境功能区环境噪声限值，适用于 2011 年 1 月 1 日起环境影响评价文件通过审批的新建铁路（含新开廊道的增减铁路）干线建设项目两侧区域。

c. 在下列情况下，铁路干线两侧区域不通过列车时的环境背景噪声限值，按昼间 70 dB（A）、夜间 55 dB（A）执行：

（a）穿越城区的既有铁路干线。

（b）对穿越城区的既有铁路干线进行改建、扩建的铁路建设项目。

既有铁路是指 2010 年 12 月 31 日前已建成运营的铁路或环境影响评价文件已通过审批的铁路建设项目。

d. 各类声环境功能区夜间突发噪声，其最大声级超过环境噪声限值的幅度不得高于 15 dB（A）。

应用举例 1-4：某村庄以居住为主，其执行的声环境质量标准值是多少？

解：根据《声环境质量标准》村庄原则上执行 1 类声环境功能区要求，查表 1-1 可得 1 类区昼间标准值为 55 dB，夜间值为 45 dB。

拓展学习：《声环境功能区划分技术规范》（GB/T 15190—2014）中关于 4 类声环境标准适用区域的划定要求

《声环境功能区划分技术规范》（GB/T 15190—2014）统一规定了声环境功能区划分的原则和方法，适用于《声环境质量标准》（GB 3096）规定的声环境功能区的划分工作。

该技术规范第 8.3 条规定了 4 类声环境功能区的划分要求，摘录如下：

8.3　4 类声环境功能区划分

8.3.1　4a 类声环境功能区划分

8.3.1.1　将交通干线边界线外一定距离内的区域划分为 4a 类声环境功能区。距离的确定方法如下：

a）相邻区域为 1 类声环境功能区，距离为 50 m ± 5 m；

b）相邻区域为 2 类声环境功能区，距离为 35 m ± 5 m；

c）相邻区域为 3 类声环境功能区，距离为 20 m ± 5 m。

8.3.1.2　当临街建筑高于三层楼房以上（含三层）时，将临街建筑面向交通干线一侧至交通干线边界线的区域定为 4a 类声环境功能区。

8.3.2　4b 类声环境功能区划分

交通干线边界线外一定距离以内的区域划分为 4b 类声环境功能区。距离的确定方法同 8.3.1.1 款。

8.3.3　划分 4 类声环境功能区时，不同的道路、不同的路段、同路段的两侧及道路的同侧其举例可以不统一。

8.3.4　各地划分时，应按照 8.3.1.1 款规定的距离范围确定具体值。

（2）《机场周围飞机噪声环境标准》（GB 9660—88）

①评价量

本标准采用一昼夜的计权等效连续感受噪声级作为评价量，用 L_{WECPN} 表示，单位为 dB。

②标准值和使用区域

表 1-4　机场周围飞机噪声环境标准值　　单位：dB

使用区域	标准值
一类区域	≤70
二类区域	≤75

注：一类区域：特殊住宅区；居住区，文教区。二类区域：除一类区域以外的生活区。

本标准适用的区域地带范围由当地人民政府划定。

3．环境噪声排放标准

常用的声环境排放标准包括《工业企业厂界环境噪声排放标准》《社会生活环境噪声排放标准》《建筑施工场界环境噪声排放标准》《铁路边界噪声限值及测量方法》等。

（1）《工业企业厂界环境噪声排放标准》（GB 12348—2008）

①适用范围

本标准规定了工业企业和固定设备厂界环境噪声排放限值及其测量方法。

本标准适用于工业企业噪声排放的管理、评价及控制。机关、事业单位、团体等对外环境排放噪声的单位也按本标准执行。

②环境噪声排放限值

a. 厂界环境噪声排放限值

工业企业厂界环境噪声不得超过表 1-5 规定的排放限值。

表 1-5 工业企业厂界环境噪声排放限值 单位：dB（A）

时段 厂界外声环境功能区类别	昼间	夜间
0	50	40
1	55	45
2	60	50
3	65	55
4	70	55

注：夜间频发噪声的最大声级超过限值的幅度不得高于 10 dB（A）。
夜间偶发噪声的最大声级超过限值的幅度不得高于 15 dB（A）。

工业企业若位于未划分声环境功能区的区域，当厂界外有噪声敏感建筑物时，由当地县级以上人民政府参照 GB 3096 和 GB/T 15190 的规定确定厂界外区域的声环境质量要求，并执行相应的厂界环境噪声排放限值。

当厂界与噪声敏感建筑物距离小于 1 m 时，厂界环境噪声应在噪声敏感建筑物的室内测量，并将表 1-5 中相应的限值减 10 dB（A）作为评价依据。

b. 结构传播固定设备室内噪声排放限值

当固定设备排放的噪声通过建筑物结构传播至噪声敏感建筑物室内时，噪声敏感建筑物室内等效声级不得超过表 1-6 和表 1-7 规定的限值。

表 1-6　结构传播固定设备室内噪声排放限值（等效声级）　单位：dB（A）

噪声敏感建筑物所处声环境功能区类别 \ 时段 \ 房间类型	A 类房间		B 类房间	
	昼间	夜间	昼间	夜间
0	40	30	40	30
1	40	30	45	35
2、3、4	45	35	50	40

注：A 类房间是指以睡眠为主要目的，需要保证夜间安静的房间，包括住宅卧室、医院病房、宾馆客房等。
B 类房间是指主要在昼间使用，需要保证思考与精神集中、正常讲话不被干扰的房间，包括学校教室、会议室、办公室、住宅中卧室以外的其他房间等。

表 1-7　结构传播固定设备室内噪声排放限值（倍频带声压级）　单位：dB

噪声敏感建筑所处声环境功能区类别	时段	倍频程中心频率/Hz \ 房间类型	室内噪声倍频带声压级限值				
			31.5	63	125	250	500
0	昼间	A、B 类房间	76	59	48	39	34
	夜间	A、B 类房间	69	51	39	30	24
1	昼间	A 类房间	76	59	48	39	34
		B 类房间	79	63	52	44	38
	夜间	A 类房间	69	51	39	30	24
		B 类房间	72	55	43	35	29
2、3、4	昼间	A 类房间	79	63	52	44	38
		A 类房间	82	67	56	49	43
	夜间	A 类房间	72	55	43	35	29
		B 类房间	76	59	48	39	34

（2）《社会生活环境噪声排放标准》（GB 22337—2008）

①适用范围

本标准规定了营业性文化娱乐场所和商业经营活动中可能产生环境噪声污染的设备、设施边界噪声排放限值和测量方法。

本标准适用于对营业性文化娱乐场所、商业经营活动中使用的向环境排放噪声的设备、设施的管理、评价与控制。

②环境噪声排放限值

a. 边界噪声排放限值

社会生活噪声排放源边界噪声不得超过表 1-8 规定的排放限值。

表 1-8 社会生活噪声排放源边界噪声排放限值 单位：dB（A）

边界外声环境功能区类别	昼间	
	昼间	夜间
0	50	40
1	55	45
2	60	50
3	65	55
4	70	55

在社会生活噪声排放源边界处无法进行噪声测量或测量的结果不能如实反映其对噪声敏感建筑物的影响程度的情况下，噪声测量应在可能受影响的敏感建筑物窗外 1 m 处进行。

当社会生活噪声排放源边界与噪声敏感建筑物距离小于 1 m 时，应在噪声敏感建筑物的室内测量，并将表 1-8 中相应的限值减 10 dB（A）作为评价依据。

b. 结构传播固定设备室内噪声排放限值

在社会生活噪声排放源位于噪声敏感建筑物内情况下，噪声通过建筑物结构传播至噪声敏感建筑物室内时，噪声敏感建筑物室内等效声级不得超过表 1-9 和表 1-10 规定的限值。

表 1-9 结构传播固定设备室内噪声排放限值（等效声级） 单位：dB（A）

房间类型 / 时段 / 噪声敏感建筑物声环境所处功能区类别	A 类房间		B 类房间	
	昼间	夜间	昼间	夜间
0	40	30	40	30
1	40	30	45	35
2、3、4	45	35	50	40

注：A 类房间——以睡眠为主要目的，需要保证夜间安静的房间，包括住宅卧室、医院病房、宾馆客房等。

B 类房间——主要在昼间使用，需要保证思考与精神集中、正常讲话不被干扰的房间，包括学校教室、会议室、办公室、住宅中卧室以外的其他房间等。

表 1-10 结构传播固定设备室内噪声排放限值（倍频带声压级） 单位：dB

<table>
<tr><th rowspan="2">噪声敏感建筑所处声环境功能区类别</th><th rowspan="2">时段</th><th rowspan="2">倍频程中心频率/Hz
房间类型</th><th colspan="5">室内噪声倍频带声压级限值</th></tr>
<tr><th>31.5</th><th>63</th><th>125</th><th>250</th><th>500</th></tr>
<tr><td rowspan="2">0</td><td>昼间</td><td>A、B 类房间</td><td>76</td><td>59</td><td>48</td><td>39</td><td>34</td></tr>
<tr><td>夜间</td><td>A、B 类房间</td><td>69</td><td>51</td><td>39</td><td>30</td><td>24</td></tr>
<tr><td rowspan="4">1</td><td rowspan="2">昼间</td><td>A 类房间</td><td>76</td><td>59</td><td>48</td><td>39</td><td>34</td></tr>
<tr><td>B 类房间</td><td>79</td><td>63</td><td>52</td><td>44</td><td>38</td></tr>
<tr><td rowspan="2">夜间</td><td>A 类房间</td><td>69</td><td>51</td><td>39</td><td>30</td><td>24</td></tr>
<tr><td>B 类房间</td><td>72</td><td>55</td><td>43</td><td>35</td><td>29</td></tr>
<tr><td rowspan="4">2、3、4</td><td rowspan="2">昼间</td><td>A 类房间</td><td>79</td><td>63</td><td>52</td><td>44</td><td>38</td></tr>
<tr><td>B 类房间</td><td>82</td><td>67</td><td>56</td><td>49</td><td>43</td></tr>
<tr><td rowspan="2">夜间</td><td>A 类房间</td><td>72</td><td>55</td><td>43</td><td>35</td><td>29</td></tr>
<tr><td>B 类房间</td><td>76</td><td>59</td><td>48</td><td>39</td><td>34</td></tr>
</table>

对于在噪声测量期间发生非稳态噪声（如电梯噪声等）的情况，最大声级超过限值的幅度不得高于 10 dB（A）。

应用举例 1-5： 某学校位于城市规划的 1 类功能区，学校内有教室、食堂、超市、宿舍等功能单元，其中食堂、超市、宿舍一体化，一楼为食堂，二楼为宿舍，三楼以上为宿舍。宿舍可能会受到楼下食堂、超市结构传声影响，问食堂、超市的噪声控制标准分别为多少？

解： 校内的食堂、超市经营均属于商业经营活动，属于《社会生活环境噪声排放标准》适用范围，学校位于 1 类功能区，查表 1-6 可知其昼间标准值为 55 dB，夜间值为 45 dB。而食堂、超市均有可能对宿舍进行结构传声，宿舍属于 A 类房间，其结构传播固定设备室内噪声排放限值（等效声级）昼间标准值为 40 dB，夜间值为 30 dB。

（3）《建筑施工场界环境噪声排放标准》（GB 12523—2011）

①适用范围

本标准规定了建筑施工场界环境噪声排放限值及测定方法。本标准适用于周围有噪声敏感建筑物的建筑施工噪声排放的管理、评价及控制。市政、通信、交通、水利等其他类型的施工噪声排放可参照本标准执行。本标准不适用于抢修、抢险施工过程中产生噪声的排放监管。

②环境噪声排放限值

建筑施工过程中场界环境噪声不得超过表 1-11 规定的排放限值。

表 1-11 建筑施工场界环境噪声排放限值 单位：dB（A）

昼间	夜间
70	55

注：夜间噪声最大声级超过限值的幅度不得高于 15 dB（A）。

当场界距噪声敏感建筑物较近，其室外不满足测量条件时，可在噪声敏感建筑物室内测量，并将表 1-11 中相应的限值减 10 dB（A）作为评价依据。

（4）《铁路边界噪声限值及其测量方法》（GB 12525—90）、关于发布《铁路边界噪声限值及其测量方法》修改方案的公告（环境保护部公告 2008 年第 38 号，自 2008 年 10 月 1 日起实施）

①适用范围

本标准规定了城市铁路边界处铁路噪声的限值及其测量方法。

本标准适用对城市铁路边界噪声的评价。铁路边界是指距铁路外侧轨道中心线 30 m 处。

②铁路边界噪声限值

a. 既有铁路边界铁路噪声按表 1-12 的规定执行。既有铁路是指 2010 年 12 月 31 日前已建成运营的铁路或环境影响评价文件已通过审批的铁路建设项目。

表 1-12 既有铁路边界铁路噪声限值等效声级 L_{eq}

时段	噪声限值/dB（A）
昼间	70
夜间	70

b. 改、扩建既有铁路，铁路边界铁路噪声按表 1-12 的规定执行。

c. 新建铁路（含新开廊道的增建铁路）边界铁路噪声按表 1-13 的规定执行。新建铁路是指自 2011 年 1 月 1 日起环境影响评价文件通过审批的铁路建设项目（不包括改、扩建既有铁路建设项目）。

表 1-13 新建铁路边界噪声限值等效声级 L_{eq}

时段	噪声限值/dB（A）
昼间	70
夜间	60

d. 昼间和夜间时段的划分按《中华人民共和国环境噪声污染防治法》的规定执行，或者按铁路所在地人民政府根据环境噪声污染防治需要所做的规定执行。

③其他

a. 本限值中昼间、夜间的时间由当地人民政府按当地习惯和季节变化划定。

b. 测量时间：昼间、夜间各选在接近其他机车车辆运行平均密度的某一个小时，用其分别代表昼间、夜间。必要时，昼间或夜间分别进行全时段测量。

c. 背景噪声应比铁路噪声低 10 dB（A）以上，若两者声级差值小于 10 dB（A），应进行修正。

应用举例 1-6：某工业项目位于划定的声环境功能 2 类区，但其南边界靠近某铁路干线（距离铁路外侧轨道中心线 20 m），铁路干线为 2010 年 5 月建成投入使用。问该工业建设项目边界排放噪声执行标准值是多少？

解：本工业项目属于《工业企业厂界环境噪声排放标准》适用范围。项目东、西、北面均为 2 类声环境功能区，查表 1-5 可知，执行昼间标准值为 60 dB，夜间值为 50 dB。项目南边距铁路外侧轨道中心线 20 m，根据《声环境功能区划分技术规范》（GB/T 15190—2014）中的 8.3.2 条规定，相邻区域为 2 类区，距离铁路用地范围外 35 m ± 5 m 范围内的区域应划定为 4b 类标准区域，由此可判定，本项目南边界为 4b 类声环境功能区，应执行《工业企业厂界环境噪声排放标准》的 4 类排放标准值，查表 1-5 可知，执行昼间标准值为 70 dB，夜间值为 55 dB。

【思考与练习】

1. 常见的声级评价量有哪些？

2. 列出昼夜等效声级的表达式，说明为什么计算夜间 8 h 的等效声级需加 10 dB？

3. 已知某工业企业 3 台设备的噪声声压分别为 3.15 Pa、0.15 Pa、0.08 Pa，求相应的声压级。

4. 已知：甲地区昼间等效 A 声级为 64 dB（A），夜间等效 A 声级为 45 dB（A）；乙地区昼间等效 A 声级为 60 dB（A），夜间等效 A 声级为 50 dB（A）。请问：哪一地区的声环境对人们的影响更大？

5. 我国的声环境质量标准和声环境排放标准有哪些，其适用范围是什么？

6. 我国的声环境功能属性划分类别有哪几类？

7. 某城市居住小区位于规划的 2 类声环境功能区，其执行的声环境质量标准值是多少？

8. 某村庄处于未划定声环境功能区地段，其周围有交通干线省道及村办工业区，依据声环境质量标准规定，可以建议执行何种声环境功能区类型？

9. 某工业项目位于划定的声环境功能 2 类区，但其北边界靠近交通干线某国道，其边界排放噪声执行标准值是多少？

10. 某住宅建筑物位于城市规划的 1 类功能区，该建筑物 1~2 层是餐饮功能，3 层是保安员工宿舍，其 4 楼住宅的客厅及卧房受到楼下餐饮企业的结构传声影响，噪声控制标准分别是多少？

模块二　确定声环境评价等级和评价范围

引文：本模块主要介绍声环境评价工作等级和评价范围的确定方法，并介绍声环境影响评价工作程序和评价内容。通过学习本模块内容，学生应当能够准确判定声环境影响评价工作等级、评价范围，并熟知相关评价工作要求。

一、声环境影响评价工作任务和程序

1．工作任务

声环境影响评价应完成如下主要的工作任务：

一是如实评价建设项目及周边的声环境影响程度和范围。这包括两层含义，一方面，建设项目自身产生的噪声对周边声环境造成了变化，需要做好现状调查和监测评价工作、影响预测和评价工作；另一方面，如果建设项目属于噪声敏感项目（如住宅楼、学校、医院等项目），在做好上述工作的基础上，还应当分析周边环境（如交通道路、工业企业等）对建设项目敏感建筑物的声环境影响。

二是根据影响预测和评价结论，从技术层面和管理层面分别提出噪声防治措施和建议。在技术层面，应为建设项目提出技术和经济上合理可行的噪声防治措施，一般来说，可以从声源控制、传播路径控制、敏感目标保护等方面来开展。在管理层面，应当结合项目所在地区的城镇或区域各类规划（如城市总体规划、土地利用规划、环境保护规划等），为建设项目的选址选线优化、合理布局提供科学依据，必要时，还可为城市规划提出优化建议。

2．工作步骤和要求

根据《环境影响评价技术导则　声环境》（HJ 2.4—2009），声环境影响评价的基本工作步骤和要求包括四个阶段：

第一阶段：开展现场踏勘、了解环境法规和标准的规定、确定评价级别与评价范围并在此基础上编制声环境影响评价工作方案；

第二阶段：开展工程分析、收集资料、现场监测调查噪声的现状及噪声源的数量、各声源噪声级与发声持续时间、声源空间位置等，得到噪声的背景值和贡献值；

第三阶段：预测噪声对敏感点人群的影响，对影响的意义和重大性做出评价，得到噪声的预测值并与相应声功能区环境质量标准进行对比，判断项目建成后声环境达标状况，并提出削减影响的相应对策；

第四阶段：编写环境噪声影响的专题报告。

3．工作程序图

声环境影响评价的工作程序见图 2-1。

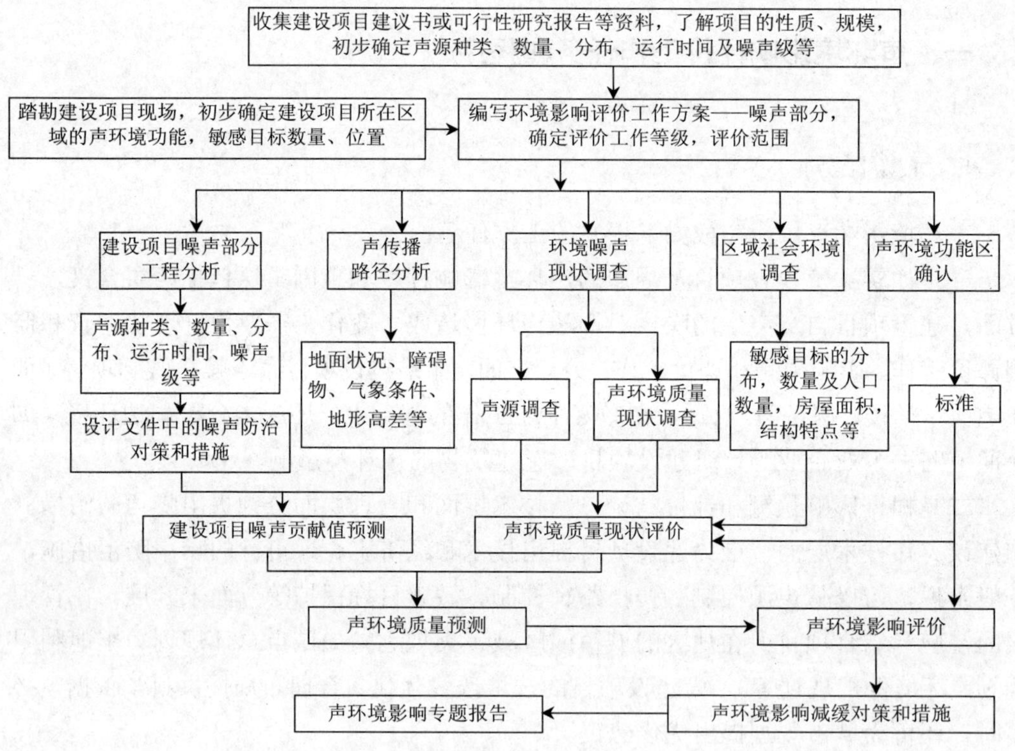

图 2-1 声环境影响评价工作程序

二、确定声环境影响评价工作等级

1．环境影响评价工作等级划分、依据和调整的总体要求

（1）评价工作等级的划分

在开展建设项目环境影响评价工作实践中，各环境要素（地表水、地下水、大气环境、声环境、生态影响等）的专项评价，原则上应划分工作等级，一般可划分为三级。一级评价对环境影响进行全面、详细、深入评价，二级评价对环境影响进行较为详细、深入评价，三级评价可只进行简要的环境影响分析和评价。

建设项目其他专题评价（如环境风险评价）可根据评价工作需要划分评价等级。

具体的评价工作等级划分方法和要求，一般由专项环境影响评价技术导则、行业建设项目环境影响评价技术导则等进行规定。

（2）评价工作等级的划分依据

各环境要素专项评价工作等级按建设项目特点、所在地区的环境特征、相关法律法规、标准及规划、环境功能区划等因素进行划分。以下逐一介绍。

这里指的“建设项目特点”，主要是项目工程特点，包括工程性质，工程规模，能源、水及其他资源的使用量及类型，污染物排放特点如污染物种类、性质、排放量、排放方式、排放去向、排放浓度等，工程建设的范围和时段，生态影响的性质和程度等。

这里指的“建设项目所在地区的环境特征”，主要包括自然环境条件和特点、环境敏感程度、环境质量现状、生态系统功能与特点、自然资源及社会经济环境状况，以及建设项目实施后可能引起现有环境特征发生变化的范围和程度等。

这里指的“相关法律法规、标准及规划、环境功能区划”，主要是国家和地方相关法律法规的有关要求，包括环境和资源保护法规及其法定的保护对象，环境质量标准和污染物排放标准，环境保护规划、生态保护规划、保护区规划和环境功能区划等。

其他专项评价工作等级可参照各环境要素评价工作等级划分依据。

（3）评价工作等级的调整

对于某一具体建设项目，其环境要素专项评价的工作等级，可根据建设项目所处区域环境敏感程度、工程污染或生态影响特征及其他特殊要求等情况进行适当调整，但调整的幅度不超过一级，并应说明调整的具体理由。

2．声环境影响评价工作等级确定依据

声环境影响评价工作等级划分依据包括三个方面。

（1）建设项目所在区域的声环境功能区类别

一般是由项目所在地人民政府颁布实施的声环境功能区划文件来确定，前文已提到，根据《声环境质量标准》（GB 3096—2008），按区域的使用功能特点和环境质量要求，声环境功能区分为五种类型：0 类区、1 类区、2 类区、3 类区、4 类区（可细分为 4a 类区、4b 类区）。

（2）建设项目建设前后所在区域的声环境质量变化程度

一般根据初步工程分析和环境影响预测结果来确定，将建设项目所在区域敏感目标处的声环境现状监测（或类比）结果跟项目建成后的噪声预测值进行比较，观测噪声值的增量大小。

（3）受建设项目影响人口的数量

一般指的是位于声环境影响评价范围内的人口数量。

3．声环境影响评价工作等级确定方法

基于上述总体要求，声环境影响评价工作等级一般分为三级，其中一级为详细评价，二级为一般评价，三级为简要评价。

（1）一级评价

当建设项目出现以下三种情况之一时，可确定声环境影响评价应开展一级评价：

①评价范围内有适用于《声环境质量标准》（GB 3096）规定的 0 类声环境功能区域，以及对噪声有特别限制要求的保护区等敏感目标；

②建设项目建设前后评价范围内敏感目标噪声级增高量达 5 dB（A）以上［不含 5 dB（A）］；

③受影响人口数量显著增多。

（2）二级评价

当建设项目出现以下三种情况之一时，可确定声环境影响评价应开展二级评价：

①建设项目所处的声环境功能区为《声环境质量标准》（GB 3096）规定的 1 类、2 类地区；

②建设项目建设前后评价范围内敏感目标噪声级增高量达 3～5 dB（A）［含 5 dB（A）］；

③受噪声影响人口数量增加较多。

（3）三级评价

当建设项目出现以下两种情况之一时，可确定声环境影响评价应开展三级评价：

①建设项目所处的声环境功能区为《声环境质量标准》（GB 3096）规定的 3 类、4 类地区；

②建设项目建设前后评价范围内敏感目标噪声级增高量在 3 dB（A）以下［不含 3 dB（A）］，且受影响人口数量变化不大。

需要注意的是：在确定评价声环境影响评价工作等级时，如建设项目同时符合两个以上级别的划分原则，按较高级别的评价等级评价。

三、确定声环境影响评价范围

声环境影响评价范围依据评价工作等级确定。

1．以固定声源为主的建设项目

固定声源为主的建设项目，是最为常见的，包括工厂、港口、施工工地、铁路站场等项目，也包括住宅小区、商场等项目。

如果满足一级评价的要求，一般以建设项目边界向外 200 m 划定为评价范围。

如果是二级、三级评价，评价范围可以根据建设项目所在区域和相邻区域的声环境功能区类别及敏感目标等实际情况适当缩小，或者仍然确定为以建设项目边界向外 200 m。

如依据建设项目声源计算得到的贡献值到 200 m 处，仍不能满足相应功能区标准值时，应将评价范围扩大到满足标准值的距离。

2．以移动声源（飞机噪声除外）的建设项目

这一类建设项目，主要包括城市道路、公路、铁路、城市轨道交通地上线路和水运线路等。

如果满足一级评价的要求，一般以道路中心线外两侧 200 m 以内为评价范围；

如果是二级、三级评价，评价范围可以根据建设项目所在区域和相邻区域的声环境功能区类别及敏感目标等实际情况适当缩小，或者仍然确定为以道路中心线外两侧 200 m 以内。

如依据建设项目声源计算得到的贡献值到 200 m 处，仍不能满足相应功能区标准值时，应将评价范围扩大到满足标准值的距离。

3．机场周围飞机噪声评价范围

机场周围飞机噪声评价范围，应根据飞行量计算到 L_{WECPN} 为 70 dB 的区域。

如果满足一级评价的要求，一般以主要航迹离跑道两端各 6～12 km、侧向各 1～2 km 的范围为评价范围；

如果是二级、三级评价，评价范围可以根据建设项目所处区域的声环境功能区类别及敏感目标等实际情况适当缩小。

应用举例 2-1：请根据以下资料，确定该项目的声环境影响评价工作等级和评价范围。

某大桥于 1995 年建成，位于城郊平原区，长 900.8 m，全宽 26 m，四车道，属于大型工程。南北跨越东平水道，该水道属饮用水源二级保护区，水道内无野生保护鱼类，属Ⅲ级航道。在距离桥 3 km 处（河道下游）有一自来水吸水口；大桥引桥东侧 80 m 处有一所红声学校（4 层），学生约 600 人；西侧 60 m 处有红声住宅小区（6 层），人口约 3 000 人。该大桥目前的交通量已远远超过其设计通行能力，2000 年拟对原大桥扩宽，在现大桥的两侧各新建一座单向 2 车道桥梁，两边各加宽 12.5 m。路线全长 1.6 km。设计车速：80 km/h，按一级公路标准建设。预计扩建后沿线两侧噪声将可能显著增加 3～5 dB（A）。

解：项目建成后，预计大桥沿线两侧噪声将可能显著增加 3～5 dB（A）及受影响的人口较多，噪声影响对象属于《声环境质量标准》（GB 3096—2008）中的 1 类功能类别。因此，根据《环境影响评价技术导则 声环境》（HJ 2.4—2009），该项目声环境影响评价等级定为二级。二级评价一般以道路中心线外两侧 200 m 以内为评价范围。

四、声环境影响评价工作内容

《环境影响评价技术导则 声环境》（HJ 2.4—2009）从工程分析、声环境现状调查与评价、声环境影响预测与评价、噪声防治措施论证等四方面，对不同评价等级的声环境评价工作提出了要求。

1．一级评价工作内容

（1）工程分析

给出建设项目对环境有影响的主要声源的数量、位置和声源源强，并在标有比例尺的图中标识固定声源的具体位置或流动声源的路线、跑道等位置。

在缺少声源源强的相关资料时，应通过类比测量取得，并给出类比测量的条件。

（2）声环境现状调查与评价

评价范围内具有代表性的敏感目标的声环境质量现状需要实测。对实测结果进行评价，并分析现状声源的构成及其对敏感目标的影响。

（3）声环境影响预测与评价

①噪声预测应覆盖全部敏感目标，给出各敏感目标的预测值及厂界（或场界、边界）噪声值。固定声源评价、机场周围飞机噪声评价、流动声源经过城镇建成区和规划区路段的评价应绘制等声级线图，当敏感目标高于（含）三层建筑时，还应绘制垂直方向的等声级线图。给出建设项目建成后不同类别的声环境功能区内受影响的人口分布、噪声超标的范围和程度。

②当工程预测的不同代表性时段噪声级可能发生变化的建设项目，应分别预测其不同时段的噪声级。

（4）噪声防治措施论证

①对工程可行性研究和评价中提出的不同选址（选线）和建设布局方案，应根据不同方案噪声影响人口的数量和噪声影响的程度进行比选，并从声环境保护角度提出最终的推荐方案。

②针对建设项目的工程特点和所在区域的环境特征提出噪声防治措施，并进行经济、技术可行性论证，明确防治措施的最终降噪效果和达标分析。

2．二级评价工作内容

（1）工程分析

给出建设项目对环境有影响的主要声源的数量、位置和声源源强，并在标有比例尺的图中标识固定声源的具体位置或流动声源的路线、跑道等位置。

在缺少声源源强的相关资料时，应通过类比测量取得，并给出类比测量的条件。

（2）声环境现状调查与评价

评价范围内具有代表性的敏感目标的声环境质量现状以实测为主，可适当利用评价范围内已有的声环境质量监测资料，并对声环境质量现状进行评价。

（3）声环境影响预测与评价

①噪声预测应覆盖全部敏感目标，给出各敏感目标的预测值及厂界（或场界、边界）噪声值，根据评价需要绘制等声级线图。给出建设项目建成后不同类别的声环境功能区内受影响的人口分布、噪声超标的范围和程度。

②当工程预测的不同代表性时段噪声级可能发生变化的建设项目，应分别预测

其不同时段的噪声级。

（4）噪声防治措施论证

①从声环境保护角度对工程可行性研究和评价中提出的不同选址（选线）和建设布局方案的环境合理性进行分析。

②针对建设项目的工程特点和所在区域的环境特征提出噪声防治措施，并进行经济、技术可行性论证，给出防治措施的最终降噪效果和达标分析。

3．三级评价工作内容

（1）工程分析

给出建设项目对环境有影响的主要声源的数量、位置和声源源强，并在标有比例尺的图中标识固定声源的具体位置或流动声源的路线、跑道等位置。

在缺少声源源强的相关资料时，应通过类比测量取得，并给出类比测量的条件。

（2）声环境现状调查与评价

重点调查评价范围内主要敏感目标的声环境质量现状，可利用评价范围内已有的声环境质量监测资料，若无现状监测资料时应进行实测，并对声环境质量现状进行评价。

（3）声环境影响预测与评价

噪声预测应给出建设项目建成后各敏感目标的预测值及厂界（或场界、边界）噪声值，分析敏感目标受影响的范围和程度。

（4）噪声防治措施论证

针对建设项目的工程特点和所在区域的环境特征提出噪声防治措施，并进行达标分析。

【思考与练习】

1. 请以评价依据为横坐标，评价工作等级为纵坐标，用列表形式比较声环境影响评价工作等级的确定方法。

2. 怎样确定声环境影响评价范围？

3. 某铁路扩建项目，通过 2 类和 3 类声环境功能区，扩建后评价范围内敏感目标处的噪声级增量在 3 dB（A）以下。请根据《环境影响评价技术导则　声环境》，确定该项目的声环境影响评价工作等级和评价范围，并说明理由。

模块三　声环境现状调查与评价

引文：通过对声环境现状的调查与评价，一方面了解评价范围内噪声现状、噪声敏感目标和人口分布状况，为预测评价准备基础资料；另一方面也是为管理决策部门提供环境噪声现状情况，以便与项目建设后的噪声影响程度进行比较和判别。

一、调查内容

根据声环境影响评价工作的需要，现状调查一般应包括影响声波传播的环境要素（气象特征、地形地貌等）、声环境功能区划情况（声环境功能区划情况、声环境质量现状等）、评价范围内的敏感目标（名称、规模、人口数量等）、现状声源（名称、数量、位置、相应噪声值、改扩建项目应说明现有项目厂界噪声达标情况等）等内容。

1．影响声波传播的环境要素

调查建设项目所在区域的主要气象特征：年平均风速和主导风向，年平均气温，年平均相对湿度等。

收集评价范围内 1：（2 000～50 000）地理地形图，说明评价范围内声源和敏感目标之间的地貌特征、地形高差及影响声波传播的环境要素。

2．声环境功能区划

调查评价范围内不同区域的声环境功能区划情况，调查各声环境功能区的声环境质量现状。

3．敏感目标

（1）噪声敏感区的确定

声环境影响评价中的“声环境敏感区”主要是指《中华人民共和国环境噪声污

染防治法》中规定的“噪声敏感建筑物”“噪声敏感建筑物集中区域”。

噪声敏感建筑物具体是指医院、学校、机关、科研单位、住宅等需要保持安静的建筑物。

噪声敏感建筑物集中区域是指医疗区、文教科研区和以机关或者居民住宅为主的区域。

交通部《公路环境保护设计规范》规定的声环境敏感区包括：学校、医院、疗养院、城乡居民区和有特殊要求的地区。

在具体项目的声环境影响评价中，噪声敏感区主要根据建设项目与噪声源影响范围内的区域声环境要求确定。通常把噪声评价范围内的城镇、文教区、疗养地、医院、居民稠密区或农村生活区等声环境要求较高的区域确定为噪声敏感区（点）。

（2）敏感目标的调查内容

调查评价范围内的敏感目标的名称、规模、人口的分布等情况，并以图、表相结合的方式说明敏感目标与建设项目的关系（如方位、距离、高差等）。

应用举例 3-1：请根据以下资料，确定该项目的噪声敏感目标调查对象。

根据某工业项目周围敏感目标的调查，洋边村位于项目南面 150 m，松木塱村位于西南 200 m，镇第一小学在项目西北 1 000 m（图 3-1）。

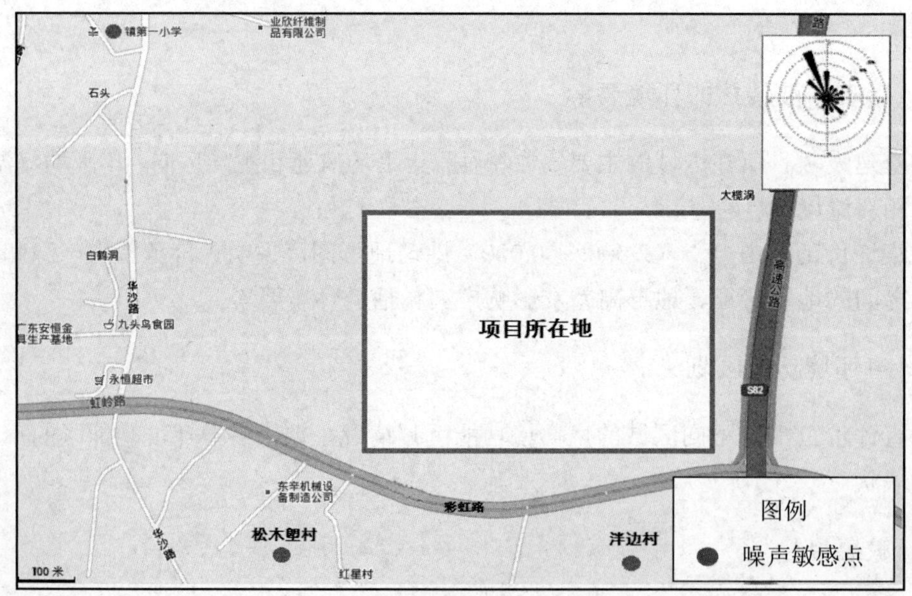

图 3-1　敏感区（点）分布图

解：工业项目属于典型的固定声源类项目，一般以建设项目边界向外200 m划定为声环境影响评价范围，由此可见，镇第一小学不在评价范围内。因此，本项目噪声敏感目标调查对象应归纳如表3-1所示。

表3-1　某项目噪声敏感目标情况

序号	环境保护对象名称	性质	规模/人	方位	边界最近距离/m	环境功能
1	松木塱村	居民区	420	南偏西	200	GB 3096—2008 2类区
2	泮边村	居民区	750	南面	150	

4．现状声源

建设项目所在区域的声环境功能区的声环境质量现状超过相应标准要求或噪声值相对较高时，需对区域内的主要声源的名称、数量、位置、影响的噪声级等相关情况进行调查。

有厂界（或场界、边界）噪声的改、扩建项目，应说明现有建设项目厂界（或场界、边界）噪声的超标、达标情况及超标原因。

二、调查方法

环境噪声现状调查的基本方法是：①收集资料法；②现场调查法；③现场测量法。其中，声环境质量现状测量主要包括项目边界背景噪声监测和声环境敏感点背景噪声监测两个方面。

实际工作中，应根据评价工作的等级高低具体确定调查的方法。评价等级高的应以现场调查、现场测量法为主，辅之以收集资料法；而评价等级低的可以收集资料法为主，辅之以现场调查和现场测量法。

为提高环境现状调查的效果，在调查中可运用照相、录音、录像等直观显示的手段。

三、声环境质量现状监测

1．现状测量要求

（1）测量量

①环境噪声测量量

环境噪声测量量为A声级和等效连续A声级；高声级的突发性噪声测量量还应

测量最大 A 声级及噪声持续时间；机场飞机噪声的测量量为计权等效连续感觉噪声级（L_{WECPN}）。

②噪声源的测量量

噪声源的测量量有倍频带声压级、总声压级、A 声级、线性声级或声功率级、A 声功率级等。

③特殊噪声源

对一些特殊噪声源（如排气放空等），除上述测量量外还应同时测量声级的频率特性和 A 声级。

④脉冲噪声

脉冲噪声除上述测量量外，应同时测量 A 声级及脉冲周期。

（2）环境噪声测量方法

环境噪声的测量，应严格按现行有关的国家环境噪声标准测量方法进行。这些标准方法包括：《声环境质量标准》（GB 3096）、《工业企业厂界环境噪声排放标准》（GB 12348）、《建筑施工场界环境噪声排放标准》（GB 12523）、《社会生活环境噪声排放标准》（GB 22337）、《铁路边界噪声限值及其测量方法》（GB 12525）、《机场周围飞机噪声测量方法》（GB 9661）、《城市轨道交通车站站台声学要求和测量方法》（GB 14227）等。

（3）测量时段

①应在声源正常运行工况的条件下选择适当时段测量。

②每一测点，应分别进行昼间、夜间时段的测量，以便与相应标准对照。具体分为昼间（6：00—22：00）和夜间（22：00—6：00）两个时段，一般采用短时间的取样方法来测量，昼间测量一般选在 8：00—12：00 或 14：00—18：00 时，夜间一般选在 22：00—5：00 时，随地区和季节不同，上述时间可稍作更改。

③对于噪声起伏较大的情况（如道路交通噪声、铁路噪声、飞机机场噪声）应增加昼间、夜间的测量次数，其测量时段应具有代表性。

（4）测量记录内容

在测量过程中应记录以下内容：

①测量仪器型号、级别、仪器使用过程的校准情况。

②各测量点的编号、测量时段和对应的声级数据（需要说明测量时的环境条件）。

③有关声源运行情况（设备噪声包括设备名称、型号、运行工况、运转台数，道路交通噪声包括车流量、车种、车速等）。

2．现状测量布点原则

为了掌握拟建项目所在位置的声环境质量现状，需要选择有代表性的点作为声环境现状监测点。一般情况下，声环境现状监测布点遵循的原则如下所述。

（1）布点范围

①布点应覆盖整个评价范围，包括厂界（或场界、边界）和敏感目标。覆盖整个评价范围并不是要求评价范围内的每个敏感目标都要监测，而是要求有选择的监测，其监测结果能够描述出评价范围内的声环境质量。为达到上述目标，评价范围内的厂界（或场界、边界）和敏感目标的监测点均应在调查的基础上，合理布设。

②当敏感目标高于（含）三层建筑时，应选取有代表性的不同楼层设置测点。由于声波传播过程中受地面建筑物和地面对声波吸收的影响，同一敏感目标不同高度上的声级会有所不同，因此，当敏感目标高于（含）三层建筑时，还应选取有代表性的不同楼层设置测点。

（2）评价范围内没有明显声源情况

评价范围内没有明显的声源（如工业噪声、交通噪声、建筑施工噪声、社会生活噪声等），且声级较低时，可选择有代表性的区域布设测点。

（3）评价范围内有明显声源情况

评价范围内有明显的声源，并对敏感目标的声环境质量有影响，或建设项目为改、扩建工程，应根据声源种类采取不同的监测布点原则。

①当声源为固定声源时，现状测点应重点布设在可能既受到现有声源影响，又受到建设项目声源影响的敏感目标处，以及有代表性的敏感目标处；为满足预测需要，也可在距离现有声源不同距离处设衰减测点。

②当声源为流动声源，且呈现线声源特点时，现状测点位置选取应兼顾敏感目标的分布状况、工程特点及线声源噪声影响随距离衰减的特点，布设在具有代表性的敏感目标处。为满足预测需要，也可选取若干线声源的垂线，在垂线上距声源不同距离处布设监测点。其余敏感目标的现状声级可通过具有代表性的敏感目标噪声的验证和计算求得。

③对于改、扩建机场工程，测点一般布设在主要敏感目标处，测点数量可根据机场飞行量及周围敏感目标情况确定，现有单条跑道、两条跑道或三条跑道的机场可分别布设 3～9 个、9～14 个或 12～18 个飞机噪声测点，跑道增多可进一步增加测点。其余敏感目标的现状飞机噪声声级可通过测点飞机噪声声级的验证和计算求得。

3．典型项目声环境质量现状监测方法

由于不同的评价项目和评价等级对声环境监测过程要求不同，所以，监测方法应结合项目及声源特点等因素综合考虑。

（1）工业项目厂界噪声监测

①监测方法标准依据：《工业企业厂界环境噪声排放标准》（GB 12348—2008）。

②测量条件：

a. 气象条件：测量应在无雨雪、无雷电天气，风速为 5 m/s 以下时进行。不得不在特殊气象条件下测量时，应采取必要措施保证测量准确性，同时注明当时采取的措施及气象情况。

b. 测量工况：若噪声源存在，测量应在被测声源正常工作时间进行，同时注明当时的工况。

③监测范围及布点要求：

a. 监测范围：监测范围一般与评价范围一致。根据工业企业声源、周围噪声敏感建筑物的布局以及毗邻的区域类型，在工业企业厂界布设多个测点。

b. 测点位置一般规定：一般情况下，测点选在工业企业厂界外 1 m，高度 1.2 m 以上的位置。围绕厂界布点，布点数目及间距视实际情况而定。测点的选择如图 3-2 所示。

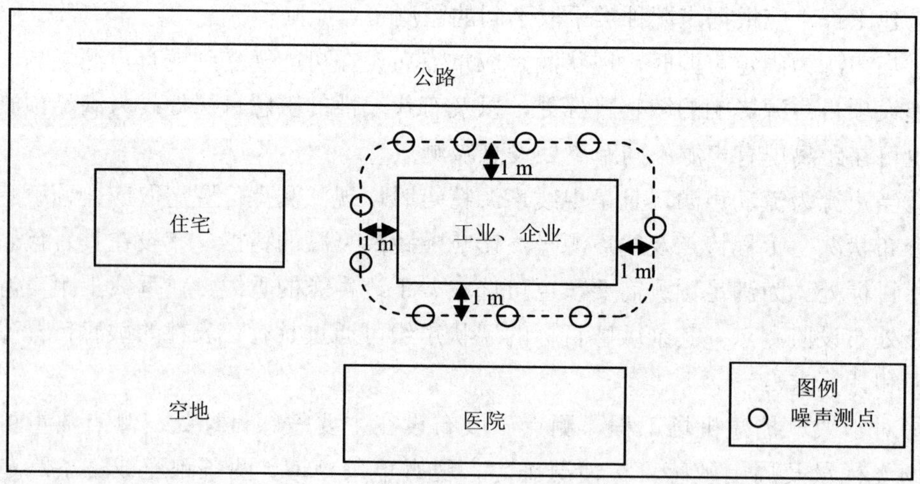

图 3-2 厂界噪声监测点位布置示意图

c. 测点位置其他规定：当厂界有围墙且周围有受影响的噪声敏感建筑物时，测点应选在厂界外 1 m、高于围墙 0.5 m 以上的位置。当厂界无法测量到声源的实际排

放状况时（如声源位于高空、厂界设有声屏障等），应按一般情况设置（工业企业厂界外 1 m，高度 1.2 m 以上的位置），同时在受影响的噪声敏感建筑物户外 1 m 处另设测点。

④监测时段

分别在昼间、夜间两个时段测量。夜间有频发、偶发噪声影响时同时测量最大声级。

被测声源是稳态噪声，采用 1 min 的等效声级。

被测声源是非稳态噪声，测量被测声源有代表性时段的等效声级，必要时测量被测声源整个正常工作时段的等效声级。

⑤其他注意事项

测量仪器要求：测量仪器精度为 2 型及 2 型以上的积分平均声级计或环境噪声自动监测仪器，其性能符合 GB 3785 和 GB/T 17181 的规定，并定期校验。测量 35 dB 以下的噪声应使用 1 型声级计。每次测量前、后必须在测量现场进行声学校准，其前、后标准示值偏差不得大于 0.5 dB，否则测量结果无效。测量时传声器加防风罩。

测量记录内容：被测量单位名称、地址、厂界所处声环境功能区类别、测量时气象条件、测量仪器、校准仪器、测点位置、测量时间、测量时段、仪器校准值（测前、测后）、主要声源、测量工况、示意图（厂界、声源、噪声敏感建筑物、测点等位置）、噪声测量值、测量人员、校对人、审核人等相关信息。

（2）工业项目环境敏感点噪声监测

工业项目环境敏感点噪声监测的要求在方法依据、气象条件、监测时段和其他注意事项等方面与工业项目厂界噪声监测相同。

工业项目环境敏感点噪声监测点位布置要求如下：

①监测范围：监测范围与评价范围一致。根据工业企业声源、周围噪声敏感建筑物的布局以及毗邻的区域类型，在距噪声敏感建筑物较近以及受被测声源影响大的位置布点。

②一般要求：测点设在受影响的噪声敏感建筑物户外 1 m，高度 1.2 m 以上的位置。

③需要进行室内噪声测量时，室内测量点位设在距任一反射面至少 0.5 m 以上、距地面 1.2 m 高度处，在受噪声影响方向的窗户开启状态下测量。

④固定设备结构传声至噪声敏感建筑物室内，在噪声敏感建筑物室内测量时，测点应距任一反射面至少 0.5 m 以上、距地面 1.2 m、距外窗 1 m 以上，窗户关闭状态下测量。被测房间内的其他可能干扰测量的声源（如电视机、空调机、排气扇及镇流器较响的日光灯、运转时出声的时钟等）应关闭。

⑤当敏感目标高于（含）三层建筑时，应选取有代表性的不同楼层设置测点。

（3）交通项目环境敏感点噪声监测（公路和铁路）

①监测方法标准依据

《声环境质量标准》（GB 3096—2008）、《铁路边界噪声限值及其测量方法》（GB 12525—90）。

②测量条件

a. 气象条件：测量应在无雨雪、无雷电天气，风速为 5 m/s 以下时进行。

b. 测量工况：在周围环境噪声源正常工作条件下进行测量。

③监测范围及布点要求

监测范围：监测范围一般与评价范围一致。

监测点一般设于噪声敏感建筑物户外。不得不在噪声敏感建筑物室内监测时，应在门窗全打开状况下进行室内噪声测量，并采用较该噪声敏感建筑物所在声环境功能区对应环境噪声限值低 10 dB（A）的值作为评价依据。

噪声敏感建筑物户外监测点：在噪声敏感建筑物外，距墙壁或窗户 1 m 处，距地面高度 1.2 m 以上。

噪声敏感建筑物室内：距离墙面和其他反射面至少 1 m，距窗约 1.5 m 处，距地面高度 1.2～1.5 m。

当敏感目标高于（含）三层建筑时，应选取有代表性的不同楼层设置测点。

④监测时段

分别在昼间、夜间两个时段测量。夜间有频发、偶发噪声影响时同时测量最大声级。

对于铁路、城市轨道交通（地面段）、内河航道，昼、夜各测量不低于平均运行密度的 1 h 等效声级 L_{eq}，若城市轨道交通（地面段）的运行车次密集，测量时间可缩短至 20 min。

对于道路交通，昼、夜各测量不低于平均运行密度的 20 min 等效声级 L_{eq}。

⑤其他注意事项

测量仪器：与工业项目厂界噪声监测仪器要求相同。

记录内容应主要包括：日期、时间、地点及测定人员；使用仪器型号、编号及其校准记录；测定时间内的气象条件（风向、风速、雨雪等天气状况）；测量项目及测定结果；测量依据的标准；测点示意图；声源及运行工况说明（交通流量等）；测量环境（测点距公路/轨面相对高度，测点与中线距离，测点与公路/轨道之间的地面状况，如土地、草地等）；其他应记录的事项。

（4）社会生活项目边界噪声监测

①监测方法标准依据

《社会生活环境噪声排放标准》（GB 22337—2008）。

②测量条件

a. 气象条件：测量应在无雨雪、无雷电天气，风速为 5 m/s 以下时进行。不得不在特殊气象条件下测量时，应采取必要措施保证测量准确性，同时注明当时采取的措施及气象情况。

b. 测量工况：噪声源存在，测量应在被测声源正常工作时间进行，同时注明当时的工况。

③监测范围及布点要求

a. 监测范围：监测范围一般与评价范围一致。根据社会生活噪声排放源、周围噪声敏感建筑物的布局以及毗邻的区域类型，在社会生活噪声排放源边界布设多个测点。

b. 测点位置一般规定：一般情况下，测点选在社会生活噪声排放源边界外 1 m，高度 1.2 m 以上的位置。围绕边界布点，布点数目及间距视实际情况而定。

c. 测点位置其他规定：当边界有围墙且周围有受影响的噪声敏感建筑物时，测点应选在边界外 1 m、高于围墙 0.5 m 以上的位置。当边界无法测量到声源的实际排放状况时（如声源位于高空、边界设有声屏障等），应按一般情况设置（边界外 1 m，高度 1.2 m 以上的位置），同时在受影响的噪声敏感建筑物户外 1 m 处另设测点。

④监测时段

分别在昼间、夜间两个时段测量。夜间有频发、偶发噪声影响时同时测量最大声级。

被测声源是稳态噪声，采用 1 min 的等效声级。

被测声源是非稳态噪声，测量被测声源有代表性时段的等效声级，必要时测量被测声源整个正常工作时段的等效声级。

⑤其他注意事项

测量仪器：与工业项目厂界噪声监测仪器要求相同。

记录内容应主要包括：被测量单位名称、地址、边界所处声环境功能区类别、测量时气象条件、测量仪器、校准仪器、测点位置、测量时间、测量时段、仪器校准值（测前、测后）、主要声源、测量工况、示意图（边界、声源、噪声敏感建筑物、测点等位置）、噪声测量值、测量人员、校对人、审核人等相关信息。

（5）社会生活项目环境敏感点噪声监测

社会生活项目环境敏感点噪声监测的要求在方法依据、气象条件、监测时段和其他注意事项等方面与社会生活项目边界噪声监测相同。

社会生活项目环境敏感点噪声监测点位布置要求如下：

①监测范围：监测范围与评价范围一致。根据社会生活噪声排放源、周围噪声

敏感建筑物的布局以及毗邻的区域类型，在距噪声敏感建筑物较近以及受被测声源影响大的位置布点。

②一般要求：测点设在受影响的噪声敏感建筑物户外 1 m，高度 1.2 m 以上的位置。

③需要进行室内噪声测量时，室内测量点位设在距任一反射面至少 0.5 m 以上、距地面 1.2 m 高度处，在受噪声影响方向的窗户开启状态下测量。

④社会生活噪声排放源的固定设备结构传声至噪声敏感建筑物室内，在噪声敏感建筑物室内测量时，测点应距任一反射面至少 0.5 m 以上、距地面 1.2 m、距外窗 1 m 以上，窗户关闭状态下测量。被测房间内的其他可能干扰测量的声源（如电视机、空调机、排气扇以及镇流器较响的日光灯、运转时出声的时钟等）应关闭。

⑤当敏感目标高于（含）三层建筑时，应选取有代表性的不同楼层设置测点。

（6）机场项目噪声现状水平监测

①监测方法标准依据

《声环境质量标准》（GB 3096—2008）、《机场周围飞机噪声测量方法》（GB 9661—88）。

②测量条件

气象条件：测量应在无雨雪、无雷电天气，地面上 10 m 高处的风速不大于 5 m/s，相对湿度不应超过 90%、不应小于 30%。

③监测范围及布点要求

a. 监测范围：监测范围一般与评价范围一致。

b. 布点要求：

（a）当评价范围内没有明显噪声源，且声级较低时，噪声现状监测点可依据评价等级分别选择 3～6 个测点，测量等效连续 A 声级。

（b）对于改、扩建机场工程，测点一般布设在距机场跑道不同距离的主要敏感目标处，可以在跑道侧面和起、降航线的正下方和两侧设点；设置的测点应能监测到飞机起飞和降落时的噪声。测点数量可根据机场飞行量及周围敏感目标情况确定，现有单条跑道、两条跑道或三条跑道的机场可分别布设 3～9 个、9～14 个或 12～18 个飞机噪声测点，跑道增多可进一步增加测点。由于难以对机场评价范围内所有敏感点进行监测，机场其余敏感目标的现状飞机噪声声级 L_{WECPN} 可通过实测点的 L_{WECPN} 或 L_{EPN} 验证后，经计算求得。无敏感点的可在机场近台、远台设点监测。

④测量内容

a. 当评价范围内没有明显噪声源，可参考《声环境质量标准》（GB 3096—2008）对监测点测量等效连续 A 声级。

b. 对于改、扩建机场工程，飞机产生的噪声测量可分为精密测量和简易测量。

精密测量是需要作为时间函数的频谱分析的测量。简易测量只需经频率计权的测量。测量方法具体见《机场周围飞机噪声测量方法》（GB 9661—88）。在每个测点，分别测量不同机型起飞、降落时的最大 A 声级、持续时间（最大声级下 10 dB 的持续时间）或 L_{EPN}，对于飞机架次较多的机场可实施连续监测，并根据飞越该测点的不同机型和架次，计算出该点的 L_{WECPN}。

（7）建筑施工项目噪声监测

①监测方法标准依据

《建筑施工场界环境噪声排放标准》（GB 12523—2011）。

②测量条件

气象条件：测量应在无雨雪、无雷电天气，风速为 5 m/s 以下时进行。

③监测范围及布点要求

a. 监测范围：监测范围一般与评价范围一致。根据施工场地周围噪声敏感建筑物和声源位置的布局，测点应设在对噪声敏感建筑物影响较大、距离较近的位置。

b. 测点位置一般规定：一般情况测点设在施工场界外 1 m，高度 1.2 m 以上的位置。

c. 测点位置其他规定：

当场界有围墙且周围有噪声敏感建筑物时，测点应设在场界外 1 m、高于围墙 0.5 m 以上的位置，且位于施工噪声影响的声照射区域。

当场界无法测量到声源的实际排放状况时，如声源位于高空、场界有声屏障、噪声敏感建筑物高于场界围墙等情况，测点可设在噪声敏感建筑物户外 1 m 处的位置。

在噪声敏感建筑物室内测量时，测点设在室内中央、距室内任一反射面 0.5 m 以上、距地面 1.2 m 高度以上，在受噪声影响方向的窗户开启状态下测量。

④监测时段

施工期间，测量连续 20 min 的等效声级。夜间同时测量最大声级。

⑤其他注意事项

测量仪器：与工业项目厂界噪声监测仪器要求相同。

记录内容应主要包括被测量单位名称、地址、测量时气象条件、测量仪器、校准仪器、测点位置、测量时间、测量时段、仪器校准值（测前、测后）、主要声源、示意图（场界、声源、噪声敏感建筑物、场界与噪声敏感建筑物之间的距离、测点位置等）、噪声测量值、最大声级值（夜间）、测量人员、校对人、审核人等相关信息。

四、声环境质量现状评价

在完成声环境现状调查和监测后，应从以下几个方面进行声环境质量现状评价工作：

（1）以图、表结合的方式给出评价范围内的声环境功能区及其划分情况，以及现有敏感目标的分布情况。

（2）分析评价范围内现有主要声源种类、数量及相应的噪声级、噪声特性等，明确主要声源分布，评价厂界（或场界、边界）超、达标情况。

（3）分别评价不同类别的声环境功能区内各敏感目标的超、达标情况，说明其受到现有主要声源的影响状况。

（4）给出不同类别的声环境功能区噪声超标范围内的人口数及分布情况。

应用举例 3-2：某工业新建项目声环境现状监测与评价部分要点摘录。

为了解评价区的环境噪声现状，在拟建项目厂界四周及附近敏感点共布置 11 个监测点，某市环境监测站于 2016 年 6 月 14 日、15 日进行了两天的噪声现状监测。

（1）监测点布设：

本次监测共布设噪声监测点 11 个，其中厂址靠近高速公路一侧（厂址东边界）布设监测点 3 个（1#、2#、3#）、厂址靠近彩虹路一侧（南边界）布设监测点 3 个（4#、5#、6#）、厂址靠近××汽车有限公司一侧（西边界）布设监测点 1 个（7#）、厂址靠近北边界布设监测 1 个（8#）、项目厂址内布设监测 1 个（9#），此外，本次监测还在厂址南面的泮边村（10#）和厂址西南的松木塱村（11#）各布设监测点一个。本次噪声监测点布设详见图 3-3。

分析：

①如果建设项目比较简单，声环境影响评价一般要求在项目拟建地的厂界（边界或场界）四周和项目内部各设置一个监测点，即东、南、西、北、中共 5 个监测点。根据地形和实际情况可适当调整位置。

②在评价范围内的声环境敏感目标处应当设置监测点，需要注意的是，若敏感目标高于（含）三层建筑时，还应选取有代表性的不同楼层设置测点。

③噪声超标区域可加密监测点。如本项目在彩虹路和高速公路监测区域增加了监测点。

④建设项目四至情况与噪声布点情况，可同时在一张图上表达。

思考：

若图 3-3 改为“项目四至情况与噪声监测布点示意图”，则在图上还应补充什么信息？

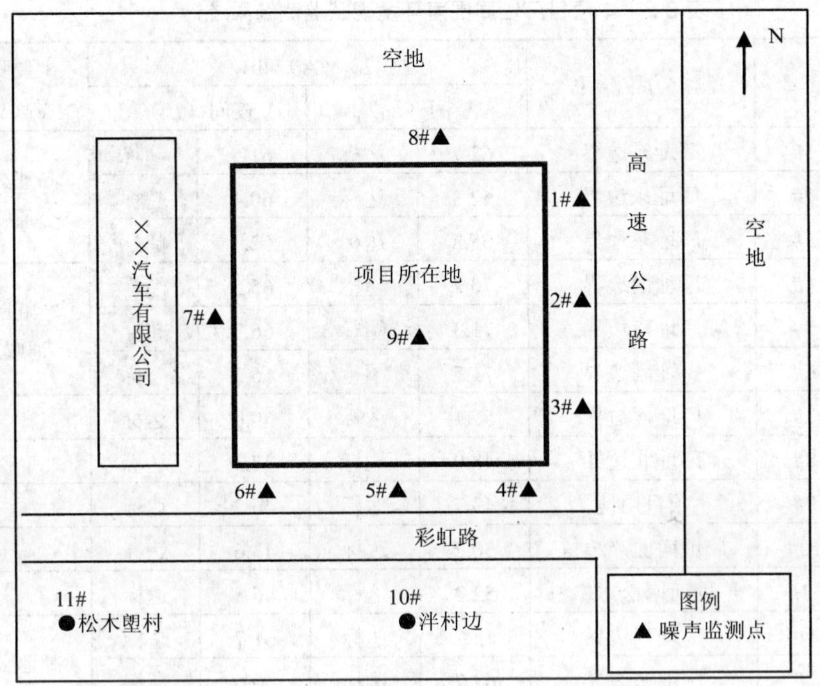

图 3-3　项目噪声监测布点示意图

（2）监测量：

采用积分声级计测量连续等效 A 声级 L_{eq}。

（3）监测方法和监测时段：

噪声监测采用 HY-105 型积分声级计，按照有关规定，选择在无雨雪、无雷电、风速小于 5 m/s 的天气进行，传声器设置在厂界或敏感建筑物外 1 m 处。每天分昼夜时段进行测量，昼间安排在 06：00—22：00；夜间安排在 22：00—06：00。

（4）评价标准：

项目所在地为工业区，执行《声环境质量标准》（GB 3096—2008）3 类区标准，即昼间≤65 dB（A）、夜间≤55 dB（A）。项目南边界彩虹路和东边界为高速公路，是高速公路、城市交通干线、按 4 类区控制，声环境执行 GB 3096—2008 中 4a 类标准，即昼间≤70 dB（A）、夜间≤55 dB（A）。敏感点泮边村和松木塱村执行 2 类区标准，即昼间≤60 dB（A）、夜间≤50 dB（A）。

（5）监测结果分析：

本次监测结果见表 3-2。

表 3-2　本项目厂址周围声环境现状监测结果统计

时间	序号	测点方位/名称	L_{eq}（A）/dB				主要噪声源说明
			昼间（L_d）		夜间（L_n）		
6月14日	1#	厂址东边界	62.7	达标	61.5	超标	高速公路交通噪声
	2#	厂址东边界	62.3	达标	60.4	超标	
	3#	厂址东边界	65.8	达标	62.7	超标	
	4#	厂址南边界	70.2	超标	65.5	超标	彩虹路交通噪声
	5#	厂址南边界	71.3	超标	66.7	超标	
	6#	厂址南边界	71.5	超标	66.2	超标	
	7#	厂址西边界	51.1	达标	50.0	达标	
	8#	厂址北边界	48.0	达标	47.3	达标	
	9#	项目用地	49.7	达标	46.2	达标	
	10#	厂址南面泮边村	50.2	达标	43.6	达标	—
	11#	厂址西南松木塱村	52.2	达标	46.8	达标	
6月15日	1#	厂址东边界	63.2	达标	61.7	超标	高速公路交通噪声
	2#	厂址东边界	62.7	达标	60.6	超标	
	3#	厂址东边界	66.1	达标	63.2	超标	
	4#	厂址南边界	70.5	超标	65.1	超标	彩虹路交通噪声
	5#	厂址南边界	71.0	超标	66.5	超标	
	6#	厂址南边界	71.2	超标	66.3	超标	
	7#	厂址西边界	50.6	达标	50.1	达标	
	8#	厂址北边界	48.3	达标	47.5	达标	
	9#	项目用地	49.9	达标	45.9	达标	
	10#	厂址南面泮边村	50.8	达标	44.0	达标	
	11#	厂址西南松木塱村	51.0	达标	47.1	达标	

（6）声环境现状评价：

由表 3-2 可见，项目靠近高速公路和彩虹路一侧均明显受到交通噪声的影响，在高速公路一侧的 3 个测点执行 4a 标准，昼间能达标，但夜间超标；而彩虹路一侧则夜间超标，昼间也轻微超标。现场监测过程中，彩虹路上泥土车和大货车较多，声环境主要受到泥土车和大货车的影响。除靠近彩虹路和高速公路的监测点外，项目选址处其他监测点昼、夜声环境现状都能达到 3 类标准要求。敏感点泮边村和松木塱村昼、夜声环境现状能达到 2 类标准要求。

分析：

“监测结果分析”部分，应结合现场监测数据，在表中清晰地表达出各监测点昼间和夜间的超、达标情况，在备注栏说明其受到的现有主要噪声源的影响。

“声环境现状评价”部分，应结合监测结果，根据标准限值要求，分别评价不同类别的声环境功能区内的厂界和各敏感目标的超、达标情况，分析超标的原因。

【思考与练习】

1. 主要的噪声测量量有哪些？
2. 噪声环境敏感目标（点）如何确定？调查时应调查哪些内容？敏感区（点）分布图应具备哪些信息？
3. 噪声监测时布点范围基本原则是什么？
4. 简述工业项目厂界噪声和敏感点监测布点方法。
5. 工业企业新建项目声环境现状监测方案应包括哪些内容？

模块四　声环境影响预测评价与噪声防治措施

引文：声环境影响预测是将工程分析中算得的建设项目生产设备噪声贡献值与现状调查与监测中获得的项目所在地环境噪声背景值（现状值）进行叠加得到噪声预测值，并考虑预测值在传播过程中的衰减的过程。声环境影响评价是对叠加后的噪声预测值与项目所在地区声环境质量标准进行对比分析、判定建设项目声环境影响情况的过程。噪声防治措施是为了使噪声预测值可以满足当地声环境质量标准而制定的噪声减缓措施，一般包括技术措施和管理措施。学生通过学习本模块，应当掌握声级的计算方法和声能在传播过程中的衰减计算方法，熟悉声环境影响预测评价的内容及方法，并掌握建设项目声环境保护措施的基本途径。

一、声级计算

1．声级的叠加计算

（1）声强级与声功率的合成

两个或两个以上相互独立的声源同时发出的声功率与声强，由于它们都是能量的单位，所以它们可以代数相加，设 W_1，W_2，W_3，…，W_n 和 I_1，I_2，I_3，…，I_n 分别为声源 1，2，3，…，n 的声功率和声强。它们合成的总功率 W 和合成声强 I 为：

$$W = W_1 + W_2 + W_3 + \cdots + W_n$$

$$I = I_1 + I_2 + I_3 + \cdots + I_n$$

由此得总声功率级为：

$$L_W = 10\lg\frac{W}{W_0} = 10\lg\frac{W_1 + W_2 + W_3 + \cdots + W_n}{W_0} \tag{4-1}$$

合成声强级为：

$$L_I = 10\lg\frac{I}{I_0} = 10\lg\frac{I_1 + I_2 + I_3 + \cdots + I_n}{I_0} \tag{4-2}$$

（2）声压级的合成

下面以两个声源的声压级相加为例说明其合成原理。设这两个声源合成声压为 $P_{总}$，合成声源声压级为 $L_{P总}$。则甲、乙、合成声源的声强、声压、声压级分别为：I_1、P_1、L_{P1}，I_2、P_2、L_{P2}，$I_{总}$、$P_{总}$、$L_{P总}$。

已知

$$I = \frac{P^2}{\rho c}$$

$$I_{总} = \frac{P_{总}{}^2}{\rho c}$$

因为 $I_{总} = I_1 + I_2$，所以：

$$\frac{P^2}{\rho c} = \frac{P_1^2}{\rho c} + \frac{P_2{}^2}{\rho c}$$

$$P^2 = P_1^2 + P_2{}^2$$

对于 n 个声源合成时，合成声压 $P_{总}$ 为：

$$P_{总}^2 = \sum_{i=1}^{n} P_i^2 \tag{4-3}$$

由式 $L_P = 10\lg\dfrac{P^2}{P_0^2}$ 可得 $P^2 = P_0^2 10^{L_P/10}$，

则

$$P_1^2 = P_0^2 10^{L_{P1}/10}$$

$$P_2{}^2 = P_0^2 10^{L_{P2}/10}$$

$$P^2 = P_1^2 + P_2{}^2 = P_0^2\left(10^{L_{P1}/10} + 10^{L_{P2}/10}\right)$$

$$\frac{P_{总}{}^2}{P_0^2} = 10^{L_{P1}/10} + 10^{L_{P2}/10}$$

$$L_{P总} = 10\lg\frac{P_{总}{}^2}{P_0^2} = 10\lg(10^{L_{P1}/10} + 10^{L_{P2}/10}) \tag{4-4}$$

若声源为 n 个，L_i 为其中一个声源的声压级，则合成声源的合成声压级为：

$$L_{P总} = 10\lg\sum_{i=1}^{n} 10^{L_i/10} \tag{4-5}$$

若每个声源的声压级都相等，其值为 L_i，则

$$L_{总} = 10\lg\left(n10^{L_i/10}\right) = L_i + 10\lg n \tag{4-6}$$

若声源数目很多时，工程上常用查图的方法进行计算。

对两声源声压级（$L_{P1} > L_{P2}$），

$$\begin{aligned} L_{P总} &= 10\lg(10^{L_{P1}/10} + 10^{L_{P2}/10}) = 10\lg\left[10^{L_{P1}/10}\left(1+10^{-(L_{P1}-L_{P2})/10}\right)\right] \\ &= L_{P1} + \left[10\lg\left(1+10^{-(L_{P1}-L_{P2})/10}\right)\right] \end{aligned} \tag{4-7}$$

令 $\Delta L_P = 10\lg\left[1+10^{-(L_{P1}-L_{P2})/10}\right]$

则 $$L_{P总} = L_{P1} + \Delta L \tag{4-8}$$

由式（4-7）和式（4-8）看出，总的声压级等于较大的声压级 L_{P1} 加上一个修正项，修正项 ΔL 是两个声压级差值的函数。为方便起见，通常由声压级叠加的增值（图 4-1）来计算。

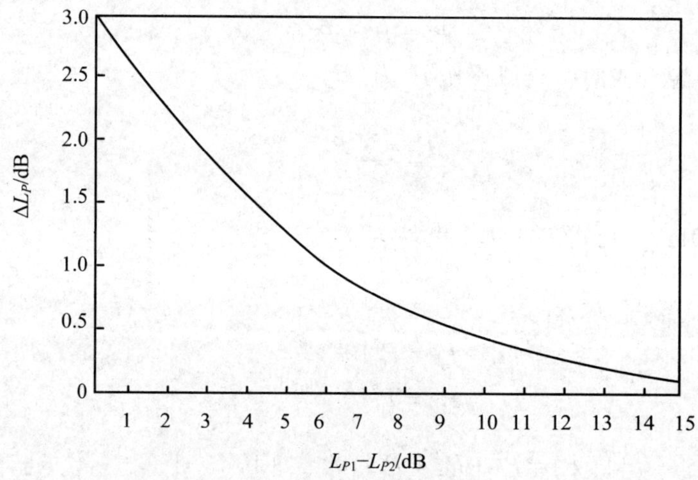

图 4-1 两噪声源的叠加曲线

2．声级的相减计算

用仪器测出的声源声压级实际上是声源本身的声压级与背景噪声的声压级之和。

所谓背景噪声是指声源停止发声后，环境的声压级大小。所以在背景噪声的环境中，被测对象的声压级是不能直接测出的，只能由仪器测到的合成声压级减去背景噪声得到。求噪声极差应按照能量相减的原则。

设 L_C 是机器本身噪声和本地噪声的合成声压级；L_A 是机器本身的声压级；L_B 是本地噪声的声压级。

则
$$L_C = 10\lg\left(10^{L_A/10} + 10^{L_B/10}\right)$$

$$\begin{aligned} L_A &= 10\lg\left(10^{L_C/10} - 10^{L_B/10}\right) = 10\lg\left[10^{L_C/10}\left(1 - 10^{-(L_C-L_B)/10}\right)\right] \\ &= 10\lg\left[10^{L_C/10}\left(1 - 10^{-(L_C-L_B)/10}\right)\right] = L_C - 10\lg\left[1 + \frac{1}{10^{(L_C-L_B)/10} - 1}\right] \\ &= L_C - \Delta L \end{aligned} \tag{4-9}$$

其中

$$\Delta L = 10\lg\left[1 + \frac{1}{10^{(L_C-L_B)/10} - 1}\right] \tag{4-10}$$

由式（4-10）可见，ΔL 是 $L_C - L_B$ 的函数，图 4-2 给出了声压级差值（dB）的增值图。

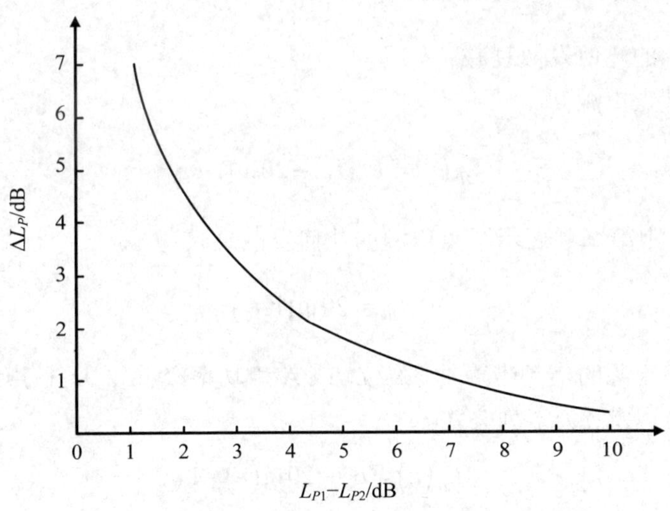

图 4-2 两噪声源的叠加曲线

3．声级的平均计算

在噪声测量和控制中，若一车间有多个噪声源，各操作点的声压级不相同；一台机器在不同的时间里发出的声压级不同，或者在不同的时间里，接受点的声压级不同；这时就要求出一天内的声压级，由于机器各方向的声压级不同，因此，需测若干个点的声压级，然后求平均声压级。

设有 n 个声压级，分别为 L_{P1}，L_{P2}，…，L_{Pn}。因为声波的能量可以相加，故 n 个声压级的平均值 $\overline{L_P}$ 可由下式表示：

$$\overline{L_P}=10\lg\frac{1}{n}\sum_{i=1}^{n}10^{L_{Pi}/10} \qquad (4\text{-}11)$$

算术平均值不能很好地反映人耳对噪声的主观感受，因此，在评价操作岗位的噪声对人们的影响时，宜采用平均声压级。

二、声能的衰减

1．随传播距离的几何发散衰减

（1）点声源的几何发散衰减

①无指向性点声源

$$L_P(r)=L_P(r_0)-20\lg(r/r_0) \qquad (4\text{-}12)$$

式（1-23）中第二项表示了点声源的几何发散衰减：

$$A_{\text{div}}=20\lg(r/r_0) \qquad (4\text{-}13)$$

如果已知点声源的倍频带声功率级 L_w 或 A 声功率级（L_{Aw}），且声源处于自由声场，则式（4-12）等效为下列公式：

$$L_P(r)=L_w-20\lg(r)-11 \qquad (4\text{-}14)$$

$$L_A(r)=L_{Aw}-20\lg(r)-11 \qquad (4\text{-}15)$$

如果声源处于半自由声场，则式（4-12）等效为下列公式：

$$L_P(r)=L_w-20\lg(r)-8 \tag{4-16}$$

$$L_A(r)=L_{Aw}-20\lg(r)-8 \tag{4-17}$$

②具有指向性点声源

声源在自由空间中辐射声波时，其强度分布的一个主要特征是指向性。例如，喇叭发声，其喇叭正前方声音大，而侧面或背面就小。

对于自由空间的点声源，其在某一θ方向上距离r处的倍频带声压级$L_P(r)_\theta$：

$$L_P(r)_\theta=L_W-20\lg r+D_{I\theta}-11 \tag{4-18}$$

式中：$D_{I\theta}$——θ方向上的指向性指数，$D_{I\theta}=10\lg R_\theta$；

R_θ——指向性因数，$R_\theta=\dfrac{I_\theta}{I}$；

I——所有方向上的平均声强，W/m^2；

I_θ——某一θ方向上的声强，W/m^2。

（2）线声源的几何发散衰减

①无限长线声源

$$L_P(r)=L_P(r_0)-10\lg(r/r_0) \tag{4-19}$$

则无限长线声源的几何发散衰减为：

$$A_{\rm div}=10\lg(r/r_0) \tag{4-20}$$

②有限长线声源

设线声源长度为l_0，单位长度线声源辐射的倍频带声功率级为L_W。在线声源垂直平分线上距声源r处的声压级为：

$$L_P(r)=L_W-10\lg\left[\frac{1}{r}\arctan\left(\frac{l_0}{2r}\right)\right]+8 \tag{4-21}$$

或

$$L_P(r)=L_P(r_0)+10\lg\left[\frac{\frac{1}{r}\arctan\left(\frac{l_0}{2r}\right)}{\frac{1}{r}\arctan\left(\frac{l_0}{2r_0}\right)}\right] \tag{4-22}$$

当$r>l_0$且$r_0>l_0$时，式（4-22）可近似简化为：

$$L_P(r)=L_P(r_0)-20\lg(r/r_0) \tag{4-23}$$

即在有限长线声源的远场，有限长线声源可当作点声源处理。

当$r<l_0/3$且$r_0<l_0/3$时，式（4-22）可近似简化为：

$$L_P(r)=L_P(r_0)-10\lg(r/r_0) \tag{4-24}$$

即在近场区，有限长线声源可当作无限长线声源处理。

当$l_0/3<r<l_0$，且$l_0/3<r_0<l_0$时，式（4-22）可作近似计算：

$$L_P(r)=L_P(r_0)-15\lg(r/r_0) \tag{4-25}$$

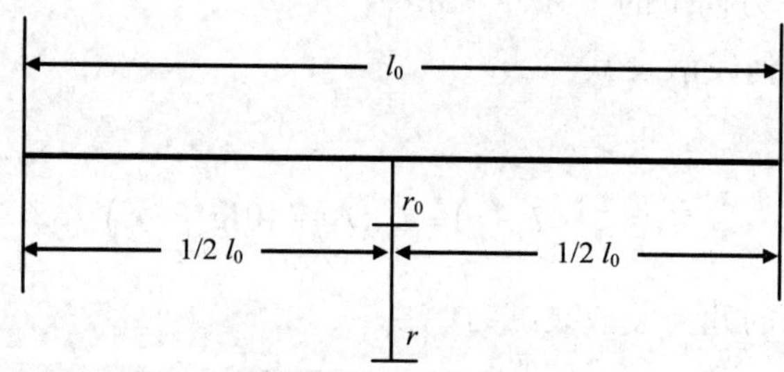

图 4-3 有限长线声源

（3）面声源的几何发散衰减

一个大型机器设备的振动表面，车间透声的墙壁，均可以认为是面声源。如果已知面声源单位面积的声功率为 W，各面积元噪声的位相是随机的，面声源可看作由无数点声源连续分布组合而成，其合成声级可按能量叠加法求出。

图 4-4 给出了长方形面声源中心轴线上的声衰减曲线。当预测点和面声源中心距离 r 处于以下条件时，可按下述方法近似计算：$r<a/\pi$ 时，几乎不衰减（$A_{div}\approx 0$）；当 $a/\pi<r<b/\pi$，距离加倍衰减 3 dB 左右，类似线声源衰减特性（$A_{div}\approx 10\lg(r/r_0)$）；当 $r>b/\pi$ 时，距离加倍衰减趋近于 6 dB，类似点声源衰减特性（$A_{div}\approx 20\lg(r/r_0)$）。其中，面声源的 $b>a$。图中虚线为实际衰减量。

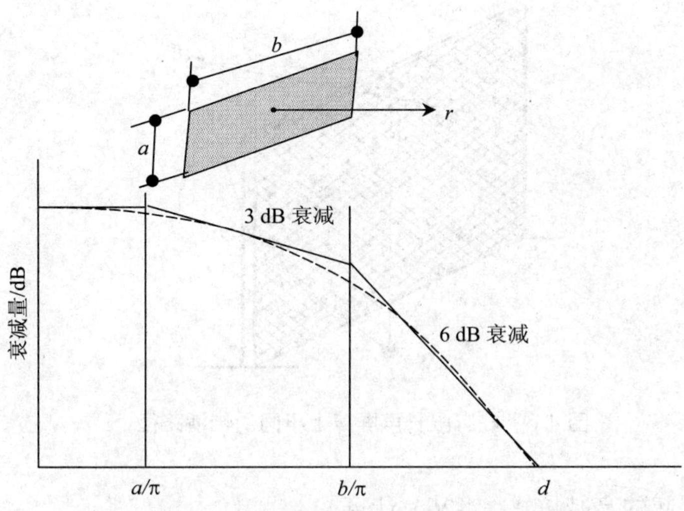

图 4-4 长方形面声源中心轴线上的衰减特性

2．声屏障阻隔衰减

位于声源和预测点之间的实体障碍物，如围墙、建筑物、土坡或地堑等起声屏障作用，从而引起声能量的较大衰减。在环境影响评价中，可将各种形式的屏障简化为具有一定高度的薄屏障。

如图 4-5 所示，S、O、P 三点在同一平面内且垂直于地面。

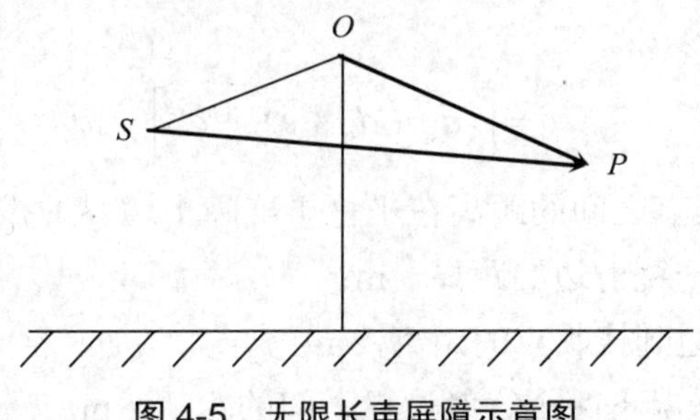

图 4-5 无限长声屏障示意图

定义 $\delta = SO + OP - SP$ 为声程差，$N = 2\delta / \lambda$ 为菲涅尔数，其中 λ 为声波波长。在噪声预测中，声屏障插入损失的计算方法应根据实际情况作简化处理。

（1）有限长薄屏障在点声源声场中引起的衰减计算

①首先计算图 4-6 所示三个传播途径的声程差 δ_1，δ_2，δ_3 和相应的菲涅尔数 N_1，N_2，N_3。

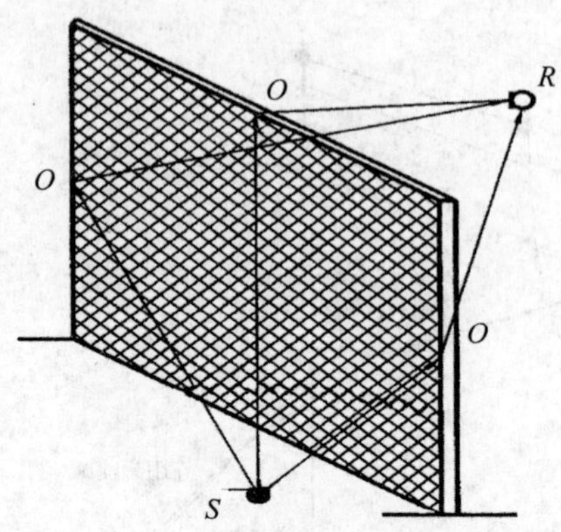

图 4-6 在有限长声屏障上不同的传播路径

②声屏障引起的衰减按式（4-26）计算：

$$A_{\mathrm{bar}} = -10\lg\left[\frac{1}{3+20N_1}+\frac{1}{3+20N_2}+\frac{1}{3+20N_3}\right] \tag{4-26}$$

当屏障很长（作无限长处理）时，则

$$A_{\mathrm{bar}} = -10\lg\left[\frac{1}{3+20N_1}\right] \tag{4-27}$$

（2）双绕射计算

对于图 4-7 所示的双绕射情景，可由式（4-28）计算绕射声与直达声之间的声程差δ：

$$\delta = \left[\left(d_{\mathrm{ss}}+d_{\mathrm{sr}}+e\right)^2+a^2\right]^{\frac{1}{2}}-d \tag{4-28}$$

式中，a——声源和接收点之间的距离在平行于屏障上边界的投影长度，m；

d_{ss}——声源到第一绕射边的距离，m；

d_{sr}——第二绕射边到接收点的距离，m；

e——在双绕射情况下两个绕射边界之间的距离，m。

屏障衰减 A_{bar} 参照 GB/T 17247.2 进行计算。

在任何频带上，屏障衰减 A_{bar} 在单绕射（即薄屏障）情况，衰减最大取 20 dB；屏障衰减 A_{bar} 在双绕射（即厚屏障）情况，衰减最大取 25 dB。

计算了屏障衰减后，不再考虑地面效应衰减。

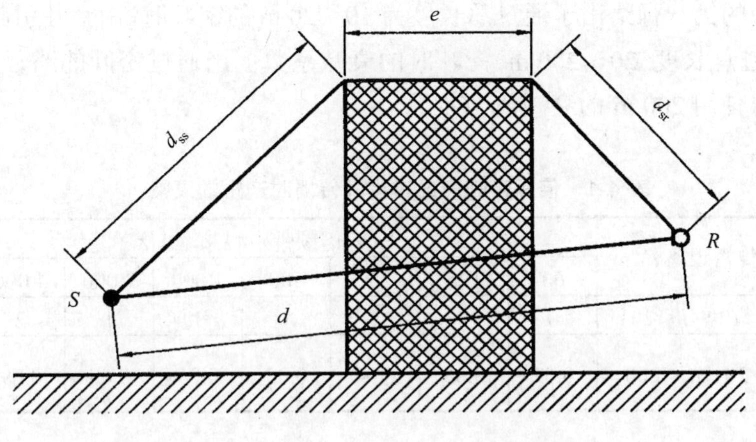

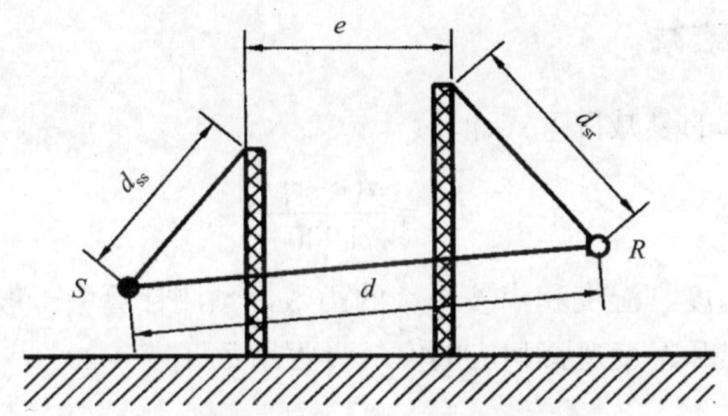

图 4-7　利用建筑物、土堤作为厚屏障

（3）绿化林带噪声衰减计算

绿化林带的附加衰减与树种、林带结构和密度等因素有关。在声源附近的绿化林带，或在预测点附近的绿化林带，或两者均有的情况都可以使声波衰减（图 4-8）。

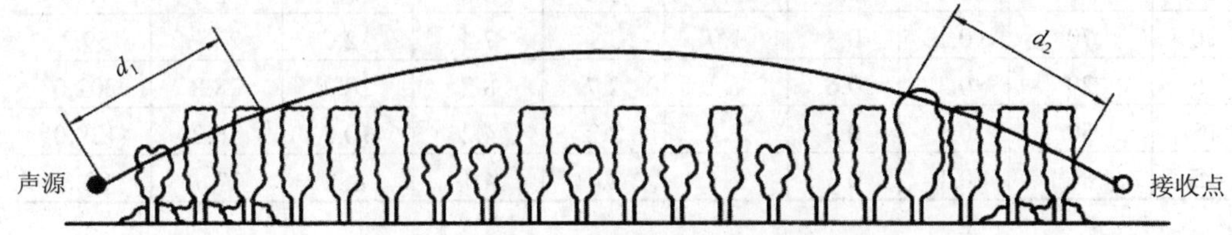

图 4-8　通过树和灌木时噪声衰减示意图

通过树叶传播造成的噪声衰减随通过树叶传播距离 d_f 的增长而增加，其中 $d_f = d_1 + d_2$，为了计算 d_1 和 d_2，可假设弯曲路径的半径为 5 km。

表4-1中的第一行给出了通过总长度为10～20 m的密叶时，由密叶引起的衰减；第二行为通过总长度 20～200 m 密叶时的衰减系数；当通过密叶的路径长度大于200 m时，可使用200 m的衰减值。

表4-1 倍频带噪声通过密叶传播时产生的衰减

项目	传播距离 d_f/m	倍频带中心频率/Hz							
		63	125	250	500	1 000	2 000	4 000	8 000
衰减/dB	$10 \leqslant d_f < 20$	0	0	1	1	1	1	2	3
衰减系数/（dB/m）	$20 \leqslant d_f < 200$	0.02	0.03	0.04	0.05	0.06	0.08	0.09	0.12

3．空气吸收衰减

空气吸收引起的衰减按下式计算：

$$A_{\text{atm}} = \frac{a(r - r_0)}{1\,000} \tag{4-29}$$

式中，a 为温度、湿度和声波频率的函数，预测计算中一般根据建设项目所处区域常年平均气温和湿度选择相应的空气吸收系数（表4-2）。

表4-2 倍频带噪声的大气吸收衰减系数α

温度/℃	相对湿度/%	大气吸收衰减系数α/（dB/km） 倍频带中心频率/Hz							
		63	125	250	500	1 000	2 000	4 000	8 000
10	70	0.1	0.4	1.0	1.9	3.7	9.7	32.8	117.0
20	70	0.1	0.3	1.1	2.8	5.0	9.0	22.9	76.6
30	70	0.1	0.3	1.0	3.1	7.4	12.7	23.1	59.3
15	20	0.3	0.6	1.2	2.7	8.2	28.2	28.8	202.0
15	50	0.1	0.5	1.2	2.2	4.2	10.8	36.2	129.0
15	80	0.1	0.3	1.1	2.4	4.1	8.3	23.7	82.8

4．其他因素衰减

其他衰减包括通过工业厂房隔声的衰减，通过建筑物群的衰减，地面吸收或反射衰减，噪声专门治理设施衰减等。在声环境影响评价中，一般情况下，不考虑自然条件（如风、温度梯度、雾）变化引起的附加修正。

三、噪声源工程分析

噪声源工程分析即为对噪声源种类、数量、分布、运行时间、噪声级等进行分析的过程。

1．噪声源识别

对噪声源的识别和分析很重要，是下一步环境影响评价的基础和条件。

噪声源按发声机理分，可分为机械噪声源、空气动力性噪声源和电磁噪声源。但同一噪声源产生噪声的机理不是单一的，即同一噪声源产生的噪声常由几种不同机理的噪声组成。

（1）机械噪声源

机械噪声由部件间的摩擦力、撞击力或非平衡力引起，使机械部件和壳体产生振动而辐射噪声。机械噪声的特性如声级大小、频率特性和时间特性等与激发力特性、物体表面振动的速度、边界条件及其固有振动模式等因素有关。在建设项目中涉及的齿轮变速箱、织布机、球磨机、车床等设备噪声是典型的机械噪声。机械噪声源发出的噪声又分为撞击噪声、激发噪声、摩擦噪声、结构噪声、轴承噪声和齿轮噪声等。

（2）空气动力性噪声源

气流噪声是一种气体动力性噪声，是由气体流动过程中的相互作用或气流和固体介质之间的相互作用而产生的，气流噪声的特性与气流的压力、流速等因素有关。常见的气流噪声有风机噪声、喷气发动机噪声、高压锅炉放气排空噪声和内燃机排气噪声等。空气动力性噪声源按其发声的机理又可以分为喷射噪声、涡流噪声、旋转噪声和燃烧噪声等。

（3）电磁噪声源

电磁噪声是由电磁场交替变化而引起某些机械部件或空间容积振动而产生的，电磁噪声的主要特性与交变电磁场特性、被迫振动部件和空间的大小形状等因素有关，电动机、发电机、变压器和镇流器等发出的噪声是典型的电磁噪声。与机械性噪声、空气动力性噪声相比，电磁噪声的强度较低，通常尚未构成显著的干扰和危害。

2．噪声源源强估算方法

获得噪声源数据有两个途径：类比测量法；引用已有的数据。

首先应考虑类比测量法。评价等级为一级，必须采用类比测量法；评价等级为二级、三级，可引用已有的噪声源声级数据。

（1）类比测量

选取与建设项目的声源具有相似的型号、工况和环境条件的声源进行类比测量，并根据条件的差别进行必要的声学修正。

为了获得声源声级的准确数据，必须严格按照现行国家标准进行测量。

对于改、扩建项目等需要对现有车间噪声现状进行调查的，应重点调查处于85 dB（A）以上的噪声源。目前，我国已发布实施多种噪声源噪声级测量方法。为了获得噪声源噪声级的准确数据，必须严格按照现行国家标准进行测量。对于未制定测试规范的，通常可按表 4-3 布置测点。

表 4-3 机器噪声测点布置

噪声机器分类	机器尺寸/m	测点与噪声机器的距离/m	测点数目/个	测点离地面的高度/m
大型	＞1	1	4～10 或更多	以噪声机器半高为准，但不得低于 0.5 m
中型	0.3～1	0.5	4～8	
小型	＜0.3	0.3	1～4	

（2）引用已有数据

评价等级为二级、三级的评价，可以引用已有的噪声源噪声级数据。引用的数据必须是公开发表的、经过专家鉴定并且是按有关标准测量得到的数据。表 4-4 列出常见设备噪声等效声级值。

表 4-4 常见设备噪声等效声级值 单位：dB（A）

序号	等效声级范围	常见设备名称
1	＞140	飞行状态飞机发动机、火箭发动机、矿山爆破、锤击打桩机
2	130～140	锅炉减压蒸汽排气、大型鼓风机、风铲、风铆、火车汽笛、防空警报
3	125～130	轧材热锯、锻锤、NO.8 风机
4	120～125	大型球磨机、加压制砖机、有齿锯（锯钢材）
5	115～120	柴油机试车、内冷发电机、6500 抽风机、热风炉、鼓风机
6	110～115	罗茨鼓风机、电锯（锯木料、石料）、挖掘机
7	105～110	织布机、电刨（木料）、破碎机、大螺杆压缩机、推土机
8	100～105	柴油发电机、大型鼓风钻机
9	95～100	防止车间、空压机站、泵房、冷冻机房
10	90～95	轧钢机、饼干机、封盖机、磨石机
11	85～90	机械机床（车床、刨床、铣床）、造纸机、印刷机、连动装订机、切草机
12	80～85	挤塑机、普通抽风机、怠速状态手扶拖拉机
13	75～80	一般小水泵、真空镀膜机

四、声环境影响预测与评价

1．预测的基本要求

（1）预测范围

噪声预测范围一般应与所确定的噪声评价范围相同，也可稍大于评价范围。

（2）预测点的确定原则

建设项目厂界（或场界、边界）和评价范围内的敏感目标应作为预测点。

（3）预测需要的基础资料

①声源资料

建设项目的声源资料主要包括声源种类、数量、空间位置、噪声级、频率特性、发声持续时间和对敏感目标的作用时间段等。

②影响声波传播的各类参量

影响声波传播的各类参量应通过资料收集和现场调查取得，各类参量如下：

a）建设项目所处区域的年平均风速和主导风向，年平均气温，年平均相对湿度。

b）声源和预测点间的地形、高差。

c）声源和预测点间障碍物（如建筑物、围墙等；若声源位于室内，还包括门、窗等）的位置及长、宽、高等数据。

d）声源和预测点间树林、灌木等的分布情况，地面覆盖情况（如草地、水面、水泥地面、土质地面等）。

2．预测的步骤

（1）建立坐标系，确定各声源坐标和预测点坐标，并根据声源性质以及预测点与声源之间的距离等情况，把声源简化成点声源，或线声源，或面声源。

（2）根据已获得的声源源强的数据和各声源到预测点的声波传播条件资料，计算出噪声从各声源传播到预测点的声衰减量，由此计算出各声源单独作用在预测点时产生的 A 声级（L_A）或等效感觉噪声级（L_{EPN}）。

（3）将建设项目各声源在预测点产生的 A 声级（L_A）进行叠加，得到等效声级贡献值（L_{eqg}）。

（4）将得到的等效声级贡献值（L_{eqg}）与预测点的背景值（L_{eqb}）相叠加，得到预测点的预测值（L_{eq}）。

3．典型建设项目噪声影响预测

（1）工业噪声预测

①固定声源分析

a）主要声源的确定

分析建设项目的设备类型、型号、数量，并结合设备类型、设备和工程边界、敏感目标的相对位置确定工程的主要声源。

b）声源的空间分布

依据建设项目平面布置图、设备清单及声源源强等资料，标明主要声源的位置。建立坐标系，确定主要声源的三维坐标。

c）声源的分类：将主要声源划分为室内声源和室外声源两类。

确定室外声源的源强和运行的时间及时间段。当有多个室外声源时，为简化计算，可视情况将数个声源组合为声源组团，然后按等效声源进行计算。

对于室内声源，需分析围护结构的尺寸及使用的建筑材料，确定室内声源的源强和运行的时间及时间段。

d）编制主要声源汇总表：以表格形式给出主要声源的分类、名称、型号、数量、坐标位置等；声功率级或某一距离处的倍频带声压级、A 声级。

②声波传播途径分析

列表给出主要声源和敏感目标的坐标或相互间的距离、高差，分析主要声源和敏感目标之间声波的传播路径，给出影响声波传播的地面状况、障碍物、树林等。

③预测内容

按不同评价工作等级的基本要求，选择以下工作内容分别进行预测，给出相应的预测结果。

a）厂界（或场界、边界）噪声预测

预测厂界噪声，给出厂界噪声的最大值及位置。

b）敏感目标噪声预测

——预测敏感目标的贡献值、预测值、预测值与现状噪声值的差值，敏感目标所处声环境功能区的声环境质量变化，敏感目标所受噪声影响的程度，确定噪声影响的范围，并说明受影响人口分布情况。

——当敏感目标高于（含）三层建筑时，还应预测有代表性的不同楼层所受的噪声影响。

c）绘制等声级线图

绘制等声级线图，说明噪声超标的范围和程度。

d）根据厂界（场界、边界）和敏感目标受影响的状况，明确影响厂界（场界、边界）和周围声环境功能区声环境质量的主要声源，分析厂界和敏感目标的超标原因。

④预测模式

预测模式详见《环境影响评价技术导则 声环境》附录A。

工业企业的专用铁路、公路等辅助设施的噪声影响预测，按第（2）、（3）小节进行。

（2）公路、城市道路交通运输噪声预测

①预测参数

a）工程参数

明确公路（或城市道路）建设项目各路段的工程内容，路面的结构、材料、坡度、标高等参数；明确公路（或城市道路）建设项目各路段昼间和夜间各类型车辆的比例、昼夜比例、平均车流量、高峰车流量、车速。

b）声源参数

按照《环境影响评价技术导则　声环境》附录A中大、中、小车型的分类，利用相关模式计算各类型车的声源源强，也可通过类比测量进行修正。

c）敏感目标参数

根据现场实际调查，给出公路（或城市道路）建设项目沿线敏感目标的分布情况，各敏感目标的类型、名称、规模、所在路段、桩号（里程）、与路基的相对高差及建筑物的结构、朝向和层数等。

②声传播途径分析

列表给出声源和预测点之间的距离、高差，分析声源和预测点之间的传播路径，给出影响声波传播的地面状况、障碍物、树林等。

③预测内容

预测各预测点的贡献值、预测值、预测值与现状噪声值的差值，预测高层建筑有代表性的不同楼层所受的噪声影响。按贡献值绘制代表性路段的等声级线图，分析敏感目标所受噪声影响的程度，确定噪声影响的范围，并说明受影响人口分布情况。给出满足相应声环境功能区标准要求的距离。

依据评价工作等级要求，给出相应的预测结果。

④预测模式

预测模式详见《环境影响评价技术导则 声环境》附录A。

(3) 铁路、城市轨道交通噪声预测

①预测参数

a) 工程参数

明确铁路(或城市轨道交通)建设项目各路段的工程内容，分段给出线路的技术参数，包括线路型式、轨道和道床结构等。

b) 车辆参数

铁路列车可分为客车、货车两类，牵引类型分为内燃机车、电力机车、蒸汽机车、动车组等；城市轨道交通可按车型进行分类。分段给出各类型列车昼间和夜间的开行对数、编组情况及运行速度等参数。

c) 声源源强参数

不同类型(或不同运行状况下)列车的声源源强，可参照国家相关部门的规定确定，无相关规定的应根据工程特点通过类比监测确定。

d) 敏感目标参数

根据现场实际调查，给出铁路(或城市轨道交通)建设项目沿线敏感目标的分布情况，各敏感目标的类型、名称、规模、所在路段、桩号(里程)、与路基的相对高差及建筑物的结构、朝向和层数等。视情况，给出铁路边界范围内的敏感目标。

②声传播途径分析

列表给出声源和预测点间的距离、高差，分析声源和预测点之间的传播路径，给出影响声波传播的地面状况、障碍物、树林等。

③预测内容

预测各预测点的贡献值、预测值、预测值与现状噪声值的差值，预测高层建筑有代表性的不同楼层所受的噪声影响。按贡献值绘制代表性路段的等声级线图，分析敏感目标所受噪声影响的程度，确定噪声影响的范围，并说明受影响人口分布情况。给出满足相应声环境功能区标准要求的距离。

④预测模式

预测模式详见《环境影响评价技术导则 声环境》附录A。

(4) 机场飞机噪声预测

①预测参数

a) 工程参数

机场跑道参数：跑道的长度、宽度、坐标、坡度、数量、间距、方位及海拔高度。

飞行参数：机场年日平均飞行架次；机场不同跑道和不同航向的飞机起降架次，机型比例，昼间、傍晚、夜间的飞行架次比例；飞行程序——起飞、降落、转弯的地面航迹；爬升、下滑的垂直剖面。

b）声源参数

利用国际民航组织和飞机生产厂家提供的资料，获取不同型号发动机飞机的功率—距离—噪声特性曲线，或者按国际民航组织规定的监测方法进行实际测量。

c）气象参数

机场的年平均风速、年平均温度、年平均湿度、年平均气压。

d）地面参数

分析飞机噪声影响范围内的地面状况（坚实地面、疏松地面、混合地面）。

②预测的评价量

根据 GB 9660 的规定，预测的评价量为 L_{WECPN}。

③预测范围

计权等效连续感觉噪声级（L_{WECPN}）等值线应预测到 70 dB。

④预测内容

在 1∶50 000 或 1∶10 000 地形图上给出计权等效连续感觉噪声级（L_{WECPN}）为 70 dB、75 dB、80 dB、85 dB、90 dB 的等声级线图。同时给出评价范围内敏感目标的计权等效连续感觉噪声级（L_{WECPN}）。给出不同声级范围内的面积、户数、人口。

依据评价工作等级要求，给出相应的预测结果。

⑤预测模式

改扩建项目应进行飞机噪声现状监测值和预测模式计算值符合性的验证，给出误差范围。预测模式详见《环境影响评价技术导则 声环境》附录 A。

（5）施工场地、调车场、停车场等噪声预测

①预测参数

a）工程参数

给出施工场地、调车场、停车场等的范围。

b）声源参数

根据工程特点，确定声源的种类。

固定声源：给出主要设备名称、型号、数量、声源源强、运行方式和运行时间。

流动声源：给出主要设备型号、数量、声源源强、运行方式、运行时间、移动范围和路径。

②声传播途径分析

根据声源种类的不同，进行声传播途径分析。

③预测内容

a）根据建设项目工程特点，分别预测固定声源和流动声源对场界（或边界）、敏感目标的噪声贡献值，进行叠加后作为最终的噪声贡献值。

b）根据评价工作等级要求，给出相应的预测结果。

④预测模式

依据声源的特征，选择相应的预测计算模式，详见《环境影响评价技术导则 声环境》附录A。

（6）敏感建筑建设项目声环境影响预测

①预测参数

a）工程参数

给出敏感建筑建设项目（如居民区、学校、科研单位等）的地点、规模、平面布置图等，明确属于建设项目的敏感建筑物的位置、名称、范围等参数。

b）声源参数

建设项目声源：对建设项目的空调、冷冻机房、冷却塔，供水、供热，通风机，停车场，车库等设施进行分析，确定主要声源的种类、源强及其位置。

外环境声源：对建设项目周边的机场、铁路、公路、航道、工厂等进行分析，给出外环境对建设项目有影响的主要声源的种类、源强及其位置。

②声传播途径分析

以表格形式给出建设项目声源和预测点（包括属于建设项目的敏感建筑物和建设项目周边的敏感目标）间的坐标、距离、高差，以及外环境声源和预测点（属于建设项目的敏感建筑物）之间的坐标、距离、高差，分别分析两部分声源和预测点之间的传播路径。

③预测内容

a）敏感建筑建设项目声环境影响预测应包括建设项目声源对项目及外环境的影响预测和外环境（如周边公路、铁路、机场、工厂等）对敏感建筑建设项目的环境影响预测两部分内容。

b）分别计算建设项目主要声源对属于建设项目的敏感建筑和建设项目周边的敏感目标的噪声影响，同时计算外环境声源对属于建设项目的敏感建筑的噪声影响，属于建设项目的敏感建筑所受的噪声影响是建设项目主要声源和外环境声源影响的叠加。

c）根据评价工作等级要求，给出相应的预测结果。

d）预测模式：根据不同声源的特点，选择相应的模式进行计算，详见《环境影响评价技术导则 声环境》附录A。

4．声环境影响评价

（1）评价标准的确定

应根据声源的类别和建设项目所处的声环境功能区等确定声环境影响评价标准，没有划分声环境功能区的区域由地方环境保护部门参照 GB 3096 和 GB/T 15190 的规定划定声环境功能区。

（2）评价的主要内容

①评价方法和评价量

根据噪声预测结果和环境噪声评价标准，评价建设项目在施工、运行期噪声的影响程度、影响范围，给出边界（厂界、场界）及敏感目标的达标分析。

进行边界噪声评价时，新建建设项目以工程噪声贡献值作为评价量；改扩建建设项目以工程噪声贡献值与受到现有工程影响的边界噪声值叠加后的预测值作为评价量。

进行敏感目标噪声环境影响评价时，以敏感目标所受的噪声贡献值与背景噪声值叠加后的预测值作为评价量。对于改扩建的公路、铁路等建设项目，如预测噪声贡献值时已包括了现有声源的影响，则以预测的噪声贡献值作为评价量。

②.影响范围、影响程度分析

给出评价范围内不同声级范围覆盖下的面积，主要建筑物类型、名称、数量及位置，影响的户数、人口数。

③噪声超标原因分析

分析建设项目边界（厂界、场界）及敏感目标噪声超标的原因，明确引起超标的主要声源。

对于通过城镇建成区和规划区的路段，还应分析建设项目与敏感目标间的距离是否符合城市规划部门提出的防噪声距离。

④对策建议

分析建设项目的选址（选线）、规划布局和设备选型等的合理性，评价噪声防治对策的适用性和防治效果，提出需要增加的噪声防治对策、噪声污染管理、噪声监测及跟踪评价等方面的建议，并进行技术、经济可行性论证。

应用举例 4-1：某工厂有两台固定于地面小水泵，相距 40 m，经类比，得知每台小水泵运行时产生噪声声功率级为 75 dB。厂界测点 A 位于两台小水泵的中垂线连线上，厂界测点 B 位于两声源连线的延长线上，A、B 距小水泵 1 的距离均为 40 m。该厂为日常上班制，厂区位于 2 类声环境功能区，问厂界噪声是否超标（忽略噪声背景值）？

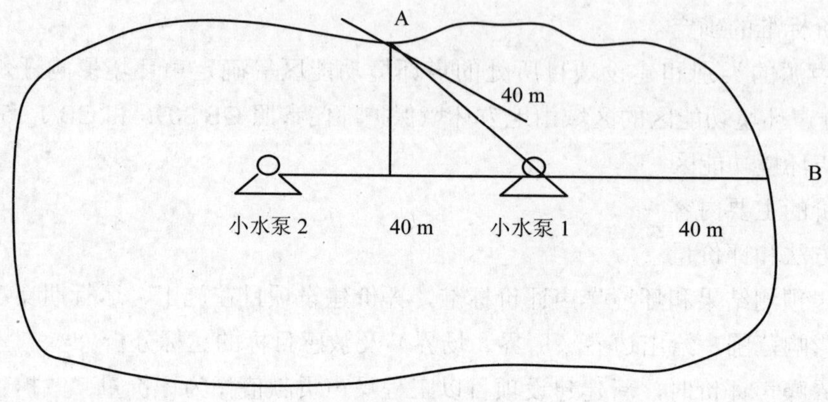

图 4-9 例题示意图

分析:

应分别求出单台小水泵对 A、B 两点贡献值，进行叠加，再与 2 类区昼间声环境功能区标准值进行对比判断是否超标。

解: 因为小水泵固定于地面，相当于声源处于半自由声场，可利用式（4-16）进行求解:

$$L_{A1}=75-20\lg40-8=32\ \text{dB}$$

$$L_{A2}=75-20\lg40-8=32\ \text{dB}$$

$$L_{B1}=75-20\lg40-8=32\ \text{dB}$$

$$L_{B2}=75-20\lg80-8=26\ \text{dB}$$

$$L_A=L_{A1}+L_{A2}=10(\lg10^{0.1L_{A1}}+10^{0.1L_{A2}})=10(\lg10^{0.1\times32}+10^{0.1\times32})=35\ \text{dB}$$

$$L_B=L_{B1}+L_{B2}=10(\lg10^{0.1L_{A1}}+10^{0.1L_{A2}})=10(\lg10^{0.1\times32}+10^{0.1\times26})=33\ \text{dB}$$

而 2 类区昼间声环境标准值为 60 dB，所以厂界点 A、B 均达标。

五、声环境保护措施

1．噪声防治措施的一般要求

（1）工业（工矿企业和事业单位）建设项目噪声防治措施应针对建设项目投产后噪声影响的最大预测值制定，以满足厂界（或场界、边界）和厂界外敏感目标（或声环境功能区）的达标要求。

（2）交通运输类建设项目（如公路、铁路、城市轨道交通、机场项目等）的噪声防治措施应针对建设项目不同代表性时段的噪声影响预测值分期制定，以满足声环境功能区及敏感目标功能要求。其中，铁路建设项目的噪声防治措施还应同时满足铁路边界噪声排放标准要求。

2．防治途径

（1）规划防治对策

主要指从建设项目的选址（选线）、规划布局、总图布置和设备布局等方面进行调整，提出减少噪声影响的建议。如采用“闹静分开”和“合理布局”的设计原则，使高噪声设备尽可能远离噪声敏感区；建议建设项目重新选址（选线）或提出城乡规划中有关防止噪声的建议等。

（2）技术防治措施

①声源上降低噪声的措施

主要包括：

a）改进机械设计，如在设计和制造过程中选用发声小的材料来制造机件，改进设备结构和形状、改进传动装置以及选用已有的低噪声设备等。

b）采取声学控制措施，如对声源采用消声、隔声、隔振和减振等措施。

c）维持设备处于良好的运转状态。

d）改革工艺、设施结构和操作方法等。

②噪声传播途径上降低噪声措施

主要包括：

a）在噪声传播途径上增设吸声、声屏障等措施。

b）利用自然地形物（如利用位于声源和噪声敏感区之间的山丘、土坡、地堑、围墙等）降低噪声。

c）将声源设置于地下或半地下的室内等。

d）合理布局声源，使声源远离敏感目标等。

③敏感目标自身防护措施

主要包括：

a）受声者自身增设吸声、隔声等措施。

b）合理布局噪声敏感区中的建筑物功能和合理调整建筑物平面布局。

（3）管理措施

主要包括提出环境噪声管理方案（如制定合理的施工方案、优化飞行程序等），制定噪声监测方案，提出降噪减噪设施的使用运行、维护保养等方面的管理要求，提出跟踪评价要求等。

3．典型建设项目噪声防治措施

（1）工业（工矿企业和事业单位）噪声防治措施

a. 应从选址，总图布置，声源，声传播途径及敏感目标自身等方面分别给出噪声防治的具体方案。主要包括：选址的优化方案及其原因分析，总图布置调整的具体内容及其降噪效果（包括边界和敏感目标）；给出各主要声源的降噪措施、效果和投资。

b. 设置声屏障和对敏感建筑物进行噪声防护等的措施方案、降噪效果及投资，并进行经济、技术可行性论证。

c. 在符合《城乡规划法》中规定的可对城乡规划进行修改的前提下，提出厂界（或场界、边界）与敏感建筑物之间的规划调整建议。

d. 提出噪声监测计划等对策建议。

（2）公路、城市道路交通噪声防治措施

a. 通过不同选线方案的声环境影响预测结果，分析敏感目标受影响的程度，提出优化的选线方案建议；

b. 根据工程与环境特征，给出局部线路调整、敏感目标搬迁、临路建筑物使用功能变更、改善道路结构和路面材料、设置声屏障和对敏感建筑物进行噪声防护等具体的措施方案及其降噪效果，并进行经济、技术可行性论证；

c. 在符合《城乡规划法》中规定的可对城乡规划进行修改的前提下，提出城镇规划区段线路与敏感建筑物之间的规划调整建议；

d. 给出车辆行驶规定及噪声监测计划等对策建议。

（3）铁路、城市轨道噪声防治措施

a. 通过不同选线方案声环境影响预测结果，分析敏感目标受影响的程度，提出优化的选线方案建议；

b. 根据工程与环境特征，给出局部线路和站场调整，敏感目标搬迁或功能置换，轨道、列车、路基（桥梁）、道床的优选，列车运行方式、运行速度、鸣笛方式的调整，设置声屏障和对敏感建筑物进行噪声防护等具体的措施方案及其降噪效果，并进行经济、技术可行性论证；

c. 在符合《城乡规划法》中明确的可对城乡规划进行修改的前提下，提出城镇规划区段铁路（或城市轨道交通）与敏感建筑物之间的规划调整建议；

d. 给出车辆行驶规定及噪声监测计划等对策建议。

（4）机场噪声防治措施

a. 通过不同机场位置、跑道方位、飞行程序方案的声环境影响预测结果，分析敏感目标受影响的程度，提出优化的机场位置、跑道方位、飞行程序方案建议；

b. 根据工程与环境特征，给出机型优选，昼间、傍晚、夜间飞行架次比例的调整，对敏感建筑物进行噪声防护或使用功能变更、拆迁等具体的措施方案及其降噪效果，并进行经济、技术可行性论证；

c. 在符合《城乡规划法》中明确的可对城乡规划进行修改的前提下，提出机场噪声影响范围内的规划调整建议；

d. 给出飞机噪声监测计划等对策建议。

拓展学习：《地面交通噪声污染防治技术政策》（环发〔2010〕7号）

一、总则

（一）为防治地面交通噪声污染，保证人们正常生活、工作和学习的声环境质量，促进经济、社会可持续发展，根据《中华人民共和国环境保护法》和《中华人民共和国环境噪声污染防治法》，制定本技术政策。

（二）本技术政策规定了合理规划布局、噪声源控制、传声途径噪声削减、敏感建筑物噪声防护、加强交通噪声管理五个方面的地面交通噪声污染防治技术原则与方法。

（三）本技术政策适用于公路、铁路、城市道路、城市轨道等地面交通设施（不含机场飞机起降及地面作业）的环境噪声污染预防与控制。

（四）地面交通噪声污染防治应遵循如下原则：

1. 坚持预防为主原则，合理规划地面交通设施与邻近建筑物布局；

2. 噪声源、传声途径、敏感建筑物三者的分层次控制与各负其责；

3. 在技术经济可行条件下，优先考虑对噪声源和传声途径采取工程技术措施，实施噪声主动控制；

4. 坚持以人为本原则，重点对噪声敏感建筑物进行保护。

（五）地面交通噪声污染防治应明确责任和控制目标要求：

1. 在规划或已有地面交通设施邻近区域建设噪声敏感建筑物，建设单位应当采取间隔必要的距离、传声途径噪声削减等有效措施，以使室外声环境质量达标。

2. 因地面交通设施的建设或运行造成环境噪声污染，建设单位、运营单位应当采取间隔必要的距离、噪声源控制、传声途径噪声削减等有效措施，以使室外声环境质量达标；如通过技术经济论证，认为不宜对交通噪声实施主动控制的，建设单位、运营单位应对噪声敏感建筑物采取有效的噪声防护措施，保证室内合理的声环境质量。

二、合理规划布局

（一）城乡规划宜考虑国家声环境质量标准要求，合理确定功能分区和建设布局，处理好交通发展与环境保护的关系，有效预防地面交通噪声污染。

（二）交通规划应当符合城乡规划要求，与声环境保护规划相协调，通过合理构建交通网络，提高交通效率，总体减轻地面交通噪声对周围环境的影响。

（三）规划行政主管部门宜在有关规划文件中明确噪声敏感建筑物与地面交通设施之间间隔一定的距离，避免其受到地面交通噪声的显著干扰。

（四）在4类声环境功能区内宜进行绿化或作为交通服务设施、仓储物流设施等非噪声敏感性应用。如4类声环境功能区有噪声敏感建筑物存在，宜采取声屏障、建筑物防护等有效的噪声污染防治措施进行保护，有条件的可进行搬迁或置换。

三、噪声源控制

（一）车辆制造部门宜提高道路车辆、轨道车辆的设计、制造水平，以摩托车、农用车、载重汽车、大型客车、城市公交车辆、轨道车辆等高噪声车辆为重点，降低其环境噪声排放。

（二）地面交通设施的建设需要慎重考虑噪声现状的改变和噪声敏感建筑物的保护，从线路避让、建设形式等方面有效降低交通噪声对周围环境的影响。

（三）地面交通线路的选择宜合理避让噪声敏感建筑物。新建二级及以上公路、铁路货运专线应避免穿越城市、村镇噪声敏感建筑物集中区域；新建城市轨道交通线路在穿越城市中心区时宜选择地下通行方式。

（四）公路、城市道路宜选择合理的建设形式。经过噪声敏感建筑物集中的路段，宜根据实际情况，考虑采用高架路、高路堤或低路堑等道路形式，以及能够降低噪声污染的桥涵构造和形式。鼓励对高速公路、城市快速路在噪声敏感建筑物集中的路段采用低噪声路面技术和材料。

（五）铁路、城市轨道交通线路宜采用焊接长钢轨、经过打磨处理的高表面平整度钢轨等措施，降低轮轨接触噪声，以及采用减振型轨下基础，对桥梁进行减振设计，降低振动辐射噪声。穿越城市、村镇的铁路宜进行线路封闭，减少平交道口。

四、传声途径噪声削减

（一）地面交通设施的建设或运行造成环境噪声污染，应考虑设置声屏障对噪声敏感建筑物进行重点保护。道路或轨道两侧为高层噪声敏感建筑物时，条件许可，可进行线路全封闭处理。

（二）声屏障的位置、高度、长度、材料、形状等是声屏障设计的重要内容，应根据噪声源特性、噪声衰减要求、声屏障与噪声源及受声点三者之间的相对位置，考虑道路或轨道结构形式、气候特点、周围环境协调性、安全性、经济性等因素进行专业化设计。

（三）宜合理利用地物地貌、绿化带等作为隔声屏障，其建设应结合噪声衰减要求、周围土地利用现状与规划、景观要求、水土保持规划等进行。

（四）绿化带宜根据当地自然条件选择枝叶繁茂、生长迅速的常绿植物，乔、灌、草应合理搭配密植。规划的绿化带宜与地面交通设施同步建设。

五、敏感建筑物噪声防护

（一）建筑设计单位应依据《民用建筑隔声设计规范》等有关规范文件，考虑周边环境特点，对噪声敏感建筑物进行建筑隔声设计，以使室内声环境质量符合规范要求。

（二）邻近道路或轨道的噪声敏感建筑物，设计时宜合理安排房间的使用功能（如居民住宅在面向道路或轨道一侧设计作为厨房、卫生间等非居住用房），以减少交通噪声干扰。

（三）地面交通设施的建设或运行造成噪声敏感建筑物室外环境噪声超标，如采取室外达标的技术手段不可行，应考虑对噪声敏感建筑物采取被动防护措施（如隔声门窗、通风消声窗等），对室内声环境质量进行合理保护。

（四）对噪声敏感建筑物采取被动防护措施，应使室内声环境质量达到有关标准要求，同时宜合理考虑当地气候特点对通风的要求。

六、加强交通噪声管理

（一）交通管理部门宜利用交通管理手段，在噪声敏感建筑物集中区域和敏感时段通过采取限鸣（含禁鸣）、限行（含禁行）、限速等措施，合理控制道路交通参数（车流量、车速、车型等），降低交通噪声。

（二）铁路车辆尽可能采用非鸣笛的信号联络方式（信号灯、无线通信等）。通过减少鸣笛次数、声级强度和鸣笛持续时间等方式，对铁路车辆在城市、村镇内鸣笛进行限制。

（三）路政部门宜对道路进行经常性维护，提高路面平整度，降低道路交通噪声。

（四）环境保护部门应加强对地面交通噪声的监测，对环境噪声超标的地面交通设施提出噪声削减意见或要求，监督有关部门实施。

七、附则

本技术政策中下列用语的含义是：

（一）地面交通设施：指道路、轨道等地面交通线路以及车站、编组站、货场、服务区等配套设施。

（二）地面交通干线：指铁路（铁路专用线除外）、高速公路、一级公路、二级公路、城市快速路、城市主干路、城市次干路、城市轨道交通（地面段和高架段），应根据铁路、交通、城市等规划确定。

（三）噪声敏感建筑物：指医院、学校、机关、科研单位、住宅等需要保持安静的建筑物。

（四）噪声主动控制：指对交通噪声采取的保证室外环境噪声达标的工程技术手段，包括噪声源控制、传声途径噪声削减两类噪声污染防治技术措施。

【思考与练习】

1. 声能衰减的主要形式是什么？

2. 某机修车间有 13 台设备，包括 1 台机床、2 台冲床、10 台小型车床。已知：每台机床、冲床、车床在车间中央点的噪声贡献值分别为 75 dB、72 dB、68 dB，请问：当全部设备同时运营时，车间中央点的总噪声级是多少？

3. 某厂房内机器开动时测得噪声值为 105 dB（A），机器停开时背景噪声为 100 dB（A），请问：机器发出的噪声值为多少？

4. 某建设项目声环境影响评价等级为一级，内设一大型泵房，通过类比同类项目，在同类项目泵房前 1 m 处测得泵房运行时噪声等效声级是 88 dB（A），请计算该泵房的声功率级。

5. 某建设项目声环境影响评价等级为三级，内设柴油发电机、电锯、小水泵等噪声较大设备，请估算该建设项目各噪声源的声功率级。

6. 声环境二级及三级声环境影响预测评价的内容有哪些不同？

7. 工业项目对周围村庄的声环境保护措施可以从哪些方面考虑？

8. 针对某城市高架路对两侧住宅建筑的交通噪声污染，可以采取哪些方面的噪声污染防治措施？

模块五　其他物理污染分析与评价

引文：本模块主要介绍除噪声污染外的其他物理污染分析与评价的基本概念、内容及相关标准。其他物理污染包括振动污染、电磁辐射污染、核辐射污染、光污染和热污染光污染和热污染。在学习完本模块后学生应对这些物理污染的评价有所了解。

一、振动污染

振动是一种很普遍的运动形式，在自然界、日常生产和生活中极为常见。当物体的全部或一部分沿直线或曲线往返颤动，且有一定的时间规律和周期时，就可以说物体在振动。从高层建筑的随风晃动到昆虫翅膀的轻微抖动，都属于振动这一现象。某些振动对人体是有害的，甚至可以破坏建筑物和机械设备。本节主要介绍振动的一些基本概念、振动的危害及其评价标准等。

1．振动

任何物理量，当其围绕一定的平衡值做周期性的变化时，都可称该物体在振动。换言之，当一个物体处于周期性的往复运动时，就可以说物体在振动。振动是自然界最普遍的现象之一。各种形式的物理现象，如声、光、热等都包含振动；人的生命现象也离不开振动，心脏的搏动、耳膜和声带的振动，都是人体不可缺少的功能；声音的产生、传播和接收都离不开振动。

2．振动污染

振动污染即振动超过一定界限，从而对人体的健康和设备产生损害。过量的振动会使人不舒适、疲劳，甚至导致人体损伤。振动将形成噪声源，以噪声的形式影响或污染环境。环境振动是环境污染的一个方面，铁路振动、公路振动、地铁振动、工业振动均会对人们的正常生活和休息产生不利的影响。

与噪声污染一样，振动污染带有很强烈的主观性，是一种危害人体健康的感觉公害。即振动本身不像大气污染物那样对人体有很大的影响；相反地，适度的振动，如婴儿在摇篮中安睡等，有时还使人感到舒适。振动污染这一特征不仅使振动污染问题的解决复杂化，而且也有碍于防治政策的顺利实施。

3．振动污染源

环境振动主要来源于自然振动和人为振动。自然振动主要由地震、火山爆发等自然现象引起，严重的会造成房屋倒塌、人员伤亡、生产中断。自然振动带来的灾害难以避免，只能加强预报减少损失。人为振动污染源主要包括工厂振动源、工程振动源、道路交通振动源、低频空气振动源等。

（1）工厂振动源

在工业生产中的振动源主要有旋转机械、往复机械、转动轴承、管道振动等，如锻压、锻造、切削、风动、破碎、球磨以及动力等机械和各种输气、液、粉的管道。工厂振动主要由工厂中的大型冲压机器运行产生的。常见的工厂振动源在其附近的面上振级为 60～100 dB。

（2）工程振动源

工程施工现场的振动主要是打桩机、打夯机、水泥搅拌机、碾压设备、爆破作业以及各种大型运输机车等。施工振动源主要来自于工地上的汽锤打桩、电钻打眼、采矿爆破、爆破拆除、深基坑或隧道开挖，以及一般的重型机械施工活动。常见的工程振动源在其附近的面上振级为 60～100 dB。

（3）道路交通振动源

道路交通振动源主要是铁路振源和公路振源，火车、地铁、汽车行驶中都会产生振动。对周围环境而言，铁路振动呈间歇振动状态；公路振动源则取决于车辆的种类、车速、公路地面结构、周围建筑物结构和离公路中心远近等因素。一般来说，在离铁轨 30 m 处的振动级在 75～90 dB，而公路交通振动的振级在 65～90 dB。

（4）低频工期振动源

低频空气振动源是指人耳可听见的 100 Hz 的低频振动，如玻璃窗、门产生的低频空气振动。这种振动多发生在工厂。

振动污染源按其形式又可分为两类：①固定式单个振动源，如一台机床或一台水泵等；②集合振动源，如厂界环境振动、建筑施工厂界环境振动、城市道路交通振动等均是各种振动源的集合作用。

按振动源的动态特征又可分为四类：①稳态振动源，如空压机、柴油机等往复运动机械或发电机、发动机、通风机等旋转机械类；②冲击振动源，如打桩机等建筑施工机械或冲床、锻锤等锻压机械；③无规则振动源，如道路交通振动或居民生活振动等；④铁路振动源，如铁路机车的运行。

4．振动污染的影响

振动与噪声相结合会严重影响人们的生活，降低工作效率，有时会影响人们的身体健康。而在工业生产中，机械设备运转发生的振动大多是有害的，振动使设备本身疲劳和磨损。此外，振动会对建筑物产生影响。总的来说，振动污染造成的影响如下述。

（1）对生理的影响

振动对人体各系统均可产生影响，按其作用于人体的方式，可分为全身振动和局部振动。

①全身振动 振动通过支撑面传递到整个人体，主要在运输工具或振动源附近发生。全身振动可影响手眼配合，使注意力不集中，大强度的剧烈振动可引起内脏移位甚至造成机械性损伤。在全身振动的作用下，交感神经处于紧张状态，血压升高，脉搏增快，心搏出血量减少，脉压增大，可致心肌局部缺血，心电图发生改变。全身振动还会引起运动病，患者先有疲劳感、精神不振、面色苍白、出冷汗等，继而出现眩晕、恶心、呕吐。部分患者伴有视物模糊、血压下降、眼球震颤。

②局部振动 振动主要通过作用于人体的某些部位，如使用电动工具，振动通过操作手柄传递到人的手和手臂系统，往往会引起不舒适，降低工作效率、危及身体健康。

（2）对心理的影响

人们在感受到振动时，心理上会产生不愉快、烦躁、不可忍受等反应。主要表现为操作能力降低，如对视力、平衡能力、反应时间和协调能力的影响。

（3）对工作效率的影响

振动引起人体的生理和心理变化，导致工作效率降低。振动可使视力减退，用眼工作时所花费的时间加长。振动使人反应滞后，妨碍肌肉运动，影响语言交谈，导致复杂工作的错误率上升等。

（4）对机械设备的影响

振动使机械设备本身疲劳和磨损，从而缩短机械设备的使用寿命，甚至使机械设备中的构件刚度和强度破坏。对于机械加工机床，如振动过大，可使加工精度降低；飞机机器的颤振、机轮的摆动和发动机的异常振动，都有可能造成飞行事故。

（5）对建筑物的影响

机械设备运行时产生的振动传递到建筑物的基础、楼板或其相邻结构，可以引起它们的振动，这种振动可以以弹性波的形式沿着建筑物结构进行传递，使相邻的建筑物空气发生振动，并产生辐射声波，引起建筑物的振动反应，从而对生活和工作在建筑物中的人和机械产生干扰，并且可能导致建筑物破坏、墙体龟裂、墙皮脱落、地基变形下沉、门窗翘曲变形、建筑物坍塌等，威胁到建筑物的整体性和安全性。

5．我国环境振动的评价及其标准

由各种机械设备，交通运输所产生的环境振动对人们正常工作、生活都会产生较大的影响。我国已经制定了《城市区域环境振动标准》（GB 10070—88）和《城市区域环境振动测量方法》（GB 10071—88）。表 5-1 是《城市区域环境振动标准》中的标准值及使用区域，列出了城市各类区域铅垂向 Z 振级标准值，其实用于连续发生的稳态振动、冲击振动和无规则振动。每日发生几次的冲击振动，其最大昼间不允许超过标准值 10 dB，夜间不超过 3 dB。

表 5-1　城市各类区域铅垂向 Z 振级标准值

适用地带范围	昼间	夜间
特殊住宅区	65	65
居民、文教区	70	67
混合区、商业中心区	75	72
工业集中区	75	72
交通干线道路两侧	75	72
铁路干线两侧	80	80

注：①“特殊住宅区”是指特别需要安宁的住宅区。②“居民、文教区”是指纯居民和文教、机关区。③“混合区”是指一般商业与居民混合区，工业、商业、少量交通与居民混合区。④“商业中心区”是指商业集中的繁华地区。⑤“工业集中区”是指在一个城市或区域内规划明确确定的工业区。⑥“交通干线道路两侧”是指车流量 100 辆/h 以上的道路两侧。⑦“铁路干线两侧”是指距每日车流量不少于 20 列的铁道外轨 30 m 外两侧的住宅区。

6．机械设备振动的评价

目前世界各国大多采用速度有效值作为量标来评价机械设备的振动（振动频率范围一般在 10～1 000 Hz），国际化标准组织颁布的 ISO 2372 设备振动国际标准规定，以振动烈度作为评价机械设备振动的量标。

该标准的适用范围是操作转速为 10～200 Hz（600～12 000 r/min）的机器。典型的这类设备包括小型直联式电机和泵、通用电机、中型电机、发电机、蒸汽透平、透平压缩机、离心泵和风机。部分机器使用刚性或柔性联轴器联结，或者通过齿轮箱联结。旋转轴可以是水平、垂直或者倾斜任意角度放置。机器分类如下：第一类机器——在正常运行条件下与整机连成一体的发动机或机器的单独部件（如 15 kW 及以下功率的电动机是这类机器的典型例子）。第二类机器——无专用基础的中型机器（如 15～75 kW 的电动机），刚性安装的发动机以及安装在专用基础上的机器（功率可达 100 kW）。第三类机器——振动测量方向上相对刚度较大的重型基础上安装的大型原动机和其他大型旋转机。第四类机器——振动测量方向上相对刚度较小的基础上安装的大型原动机和其他大型旋转机械（如透平发电机组）。可参见表 5-2 具体进行评价。

表 5-2 机械设备的评价

<table>
<tr><th rowspan="2">振动范围/（mm/s）</th><th colspan="4">设备类别</th></tr>
<tr><th>第一类</th><th>第二类</th><th>第三类</th><th>第四类</th></tr>
<tr><td>0.71</td><td>A</td><td rowspan="2">A</td><td rowspan="3">A</td><td rowspan="4">A</td></tr>
<tr><td>1.12</td><td rowspan="2">B</td></tr>
<tr><td>1.8</td><td rowspan="2">B</td></tr>
<tr><td>2.8</td><td rowspan="2">C</td><td rowspan="2">B</td></tr>
<tr><td>4.5</td><td rowspan="2">C</td><td rowspan="2">B</td></tr>
<tr><td>7.1</td><td rowspan="4">D</td><td rowspan="2">C</td></tr>
<tr><td>11.2</td><td rowspan="3">D</td><td rowspan="2">C</td></tr>
<tr><td>18</td><td rowspan="2">D</td></tr>
<tr><td>28</td><td>D</td></tr>
</table>

注：该标准对主要工作部件是往复运动的原动机和被驱动机不适用。

二、辐射污染

1．辐射的分类

辐射指的是能量以电磁波或粒子（如阿尔法粒子、贝塔粒子等）的形式向外扩散。自然界中的一切物体，只要温度在绝对温度 0℃以上，都以电磁波和粒子的形式时刻不停地向外传送热量，这种传送能量的方式被称为辐射。辐射分为两类，一类是电离辐射，是指波长短、频率高、能量高的射线（粒子或波的双重形式），如α（阿尔法）、β（贝塔）、γ（伽马）、X 和中子等射线，这些射线能够直接或间接地使物质电离（即原子或分子获得或失去电子而成为离子）。电离辐射按粒子带电情况又可分为带电粒子辐射（如α、β粒子）和不带电粒子辐射（如中子、X和γ射线）。另一类是非电离辐射，是指能量比较低，并不能使物质原子或分子产生电离的辐射，如可见光、紫外线、声辐射、热辐射和低能电磁辐射，非电离辐射之能量较电离辐射弱，非电离辐射不会电离物质，而会改变分子或原子之旋转，振动或价层电子轨态。

（1）电磁辐射污染

在电磁波中，波长最短的是X射线，其次是紫外线，再次是可见光（人眼能看见它们），此后是红外线，波长最长的是无线电波。

①光污染

光是一种电磁波，分为可见光和不可见光。光污染是指人类活动造成的过量光辐射对人类生活和生产环境形成不良影响的现象。光污染可分为可见光污染和不可见光污染。不可见光污染又可分为红外光污染和紫外光污染。

可见光污染有下列几种：灯光污染、眩光污染、视觉污染、其他可见光污染。

②其他电磁辐射污染

除光之外的其他电磁辐射污染，通常称为电磁辐射污染，简称电磁污染。但通常所讲的电磁辐射污染，主要是指人为发射的和电子设备工作时产生的电磁波对人体健康产生的危害。

电磁辐射对人体的危害程度随着电磁波波长的缩短而增加。根据电磁波的波长，电磁波分为微波、超短波、短波、中波、长波。因此，它们对人体的危害程度分别是：微波＞超短波＞短波＞中波＞长波。其中，中、短波频段俗称高频辐射。

人为电磁辐射污染源主要有广播、电视辐射系统的发射塔，人造卫星通讯系统的地面站，雷达系统的雷达站，高压输电线路、变压器和变电站，各种高频设备，如高频热合机、高频淬火机、高频焊接机、高频烘干机、高频和微波理疗机以及微波炉等。

（2）放射性辐射污染

放射性辐射污染通常简称放射性污染。放射性辐射污染是指排放出的放射性污染物造成的环境污染和人体危害。放射性辐射污染的主要来源有：宇宙线、地球上的天然放射性源、人类活动增加的辐射、核燃料的“三废”排放、医疗照射引起的放射性。

2．电磁辐射污染

人类认识电磁辐射现象已经有200多年的历史，19世纪60年代，麦克斯韦在前人的基础上预言了电磁波的存在，20年后物理学家赫兹首先发现了控制电磁传播，从此人类生活步入了信息时代。在电气化高度发展的今天，在地球上，各式各样的电磁波充满了人类生活的空间，给人们的生活、学习带来了极大的方便，但随之而来的电磁污染日益严重，不仅危害人类健康，还产生多方面的严重负面影响。

（1）电磁辐射

电场和磁场的交互变化产生的电磁波，电磁波向空中发射或泄漏的现象，叫电磁辐射。电磁辐射是以一种看不见、摸不着的特殊形态存在的物质。人类生存的地球本身就是一个大磁场，它表面的热辐射和雷电都可产生电磁辐射，太阳及其他星球也从外层空间源源不断地产生电磁辐射。围绕在人类身边的天然磁场、太阳光、家用电器等都会发出强度不同的辐射。

（2）电磁辐射污染

随着现代科技的高速发展，一种看不见、摸不着的污染源日益受到各界的关注，这就是被人们称为“隐形杀手”电磁辐射。由于电磁辐射，造成了局部空间或整个空间的电磁场强度过大，而对某些电磁敏感设备、仪器仪表，以及辐射环境中的生物体产生不良影响和危害。我们将这种有害作用称作污染。在电磁辐射污染中，以射频设备在工作中产生的电磁辐射给环境带来的污染最为突出。因此，目前关于电磁污染的论述，主要指射频辐射给环境带来的伤害。

（3）电磁污染源

电磁污染源就其来源可分为自然污染源（又称天然污染源）和人工污染源两大类。

①自然污染源

自然污染源是某些自然现象引起的，包括热辐射、太阳辐射、宇宙射线、雷电等，其中最常见的是雷电，雷电除了对电气设备、飞机、建筑物等直接造成伤害外，还会在广大地区产生严重的电磁干扰。此外，火山喷发、地震和太阳黑子活动引起的磁暴等都会产生电磁干扰。通常情况下，天然辐射的强度对人体影响不大，但局部地区雷电在瞬间的冲击放电可使人畜死亡，电气设备受损。一般认为天然辐射对人类并不构成严重的危害。天然电磁辐射对短波干扰特别严重。表 5-3 为天然电磁污染源。

表 5-3 天然电磁辐射污染源

分类	来源
大气与空气污染源	自然界的火花放电、雷电、台风、高寒地区飘雪、火山喷发等
太阳电磁场源	太阳黑子活动与黑体放射等
宇宙电磁场源	银河系恒星的爆发、宇宙间电子的移动等

②人工污染源

人工电磁污染源是由人工制造的若干系统、电气设备与电气装置产生的。在环境保护工作中通常分为五大类：

a. 广播电视发射设备 主要指广播、电视发射设备。辐射特征为大功率定时全向发射，转输信号送至天线辐射出去，对周围环境影响比较大，有的其影响半径可达数千米。

b. 通信雷达及导航发射设备 通信包括短波发射台、微波通信站、地面卫星通信站、移动通信基站、专业通信网站、寻呼通信基站。通信、雷达及导航多为定向不定时发射，传输信号同样通过天线辐射出去。

c. 工、科、医电磁设备 指工业、科学和医疗系统的电磁设备。该类设备把电能转换为热能或其他能量加以利用，但伴有电磁辐射产生并泄漏出去，引起工作场所环境污染。如高频感应加热设备（高频淬火、高频焊接等），它们在工作时产生比较强大的电磁感应场和辐射场，带来的环境污染比较突出。高频介质加热设备（塑料热合机、高频干燥处理机、介质加热联动机等），这些设备在工作时引发的电磁辐射比较严重，对值班人员及附近居民有不良影响。短波、超短波或微波理疗设备。微波加热及发射设备，由于天线系统的旋转会使周围环境受到较严重的影响。

d. 电力系统电磁辐射 指高压输变电线路和变电站。高压输电线包括架空输电线和地下电缆；变电站包括发电厂（升压站）和变压器电站降压站。这类设备一是产生电晕放电，由于高压线表面的电位梯度很大，因此高压线不断向周围空气放电，这就是电晕放电。放电的形式是脉冲型电磁噪声，其频率为数千赫兹。一般来说，当电位梯度小于 15 kV/cm 时，其电晕放电几乎不存在。对于正常运行的良好送电线路，对设备产生的电磁辐射干扰是以电晕放电为主的。二是产生绝缘子放电，由于高压架空送电线路和变电站绝缘子污秽或绝缘子串中损坏个数过多，使分配到每个绝缘子上的电位差过高等原因形成的。这种放电的频谱可高达数百兆赫兹，有时其强度也比电晕放电来的强。但是对于正常运行的良好送电线路，这种放电不是主要成分。

e. 交通系统电磁辐射干扰 包括电气化铁路、轻轨及电气化铁道、有轨道电车、无轨道电车等。

（4）电磁污染的传播途径

电磁辐射所造成的环境污染途径大致分为空间辐射、导线传播和复合污染三种。

①空间辐射。当电子设备或电气装置工作时，会不断向空间辐射电磁能量，设备本身就是一种多型发射天线。由射频设备所形成的空间辐射，分为两种：一种是以场源为中心，半径为一个波长之内的电磁能量传播，是以电磁感应方式为主，将

能量施加于附近的仪器仪表、电子设备和人体上；另一种是在半径为一个波长之外的电磁能量传播，以空间放射方式将电磁波施加于敏感元件和人体之上。

②导线传播。当射频设备与其他设备共用一个电源供电，或者两者间有电器连接时，电磁能量（信号）就会通过导线进行传播。此外，信号的输出与输入电路、控制电路等也能在强电磁场中拾取信号，并将拾取的信号再进行传播。

③复合污染。同时存在时空间辐射与导线传播所造成的电磁污染，称为复合传播污染。在实际工作中，多个设备之间发生干扰通常包含着许多途径的耦合，共同产生干扰。

电磁波污染的传播途径见图 5-1。

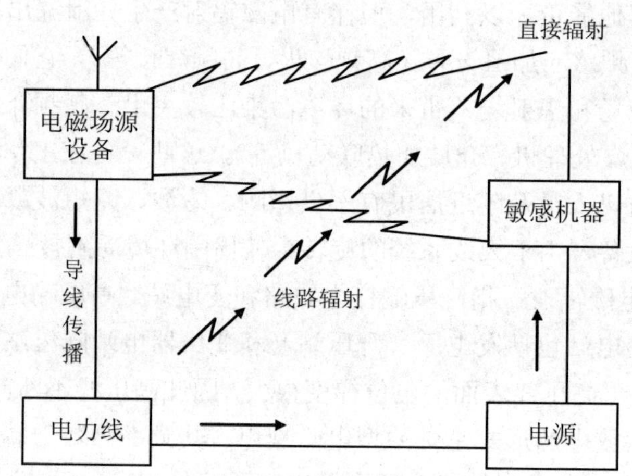

图 5-1　电磁污染的传播途径示意图

（5）电磁辐射的危害

电磁辐射污染的危害主要包括对电器设备的干扰和对人体健康的负面影响两大方面。

①对电器设备的干扰

一是无线通信发展迅速，但发射台、站的建设缺乏合理规划和布局，使航空通信受到干扰，如 1997 年 8 月 13 日，深圳机场由于附近山头上的数十家无线寻呼台发射的电磁辐射对机场指挥塔的无线电通信系统造成严重干扰，使地对空指挥失灵，机场被迫关闭 2 h。

二是一些企业使用的高频工业设备对广播电视信号造成干扰，使周围居民无法正常收看电视而导致严重的群众纠纷，如北京市东城区文具厂就曾因该厂的高频热合机干扰了电视台的体育比赛转播，被愤怒的群众砸坏了工厂的玻璃。

三是一些原来位于城市郊区的广播电台发射站，后来随着城市的发展被市区所包围，周围环境也从人烟稀少变为人口密集，电台发射出的电磁辐射干扰了当地百姓收看电视。

②对人体健康有五大影响

一是电磁辐射是心血管疾病、糖尿病、癌突变的主要诱因。美国一癌症疗基金会对一些遭电磁辐射损伤的病人抽样化验，结果表明在高压线附近工作的人快 24 倍。

二是电磁辐射对人体生殖系统、神经系统和免疫系统造成直接伤害。损害中枢神经系统，头部长期受电磁辐射影响后，轻则引起失眠多梦、头痛头昏、疲劳无力、记忆力减退、易怒、抑郁等神经衰弱症，重则使大脑皮细胞活动能力减弱，并造成脑损伤。

三是电磁辐射是造成孕妇流产、不育、畸胎等病变的诱发因素。电磁辐射对人体的危害是多方面的，女性和胎儿尤其容易受到伤害，调查表明：1～3 个月为胚胎期，受到强电磁辐射可能造成肢体缺陷或畸形；4～5 个月为胎儿成长期，受电磁辐射可导致免疫力功能低下，出生后身体弱，抵抗力差。

四是过量的电磁辐射直接影响儿童组织发育、骨骼发育、视力下降；肝脏造血功能下降，严重都可导致视网膜脱落。伤害眼睛功率密度与形成白内障的时间的阈值曲线不是直线，在每一个频率上照射兔眼似乎都需要一个微波功率密度阈值，低于这个曲线，即使连续照射也不会产生眼损伤。在 500 MHz 以上，白内障形成的最小功率密度约 150 mW/cm^2，低于 500 MHz 的频率引起眼损害的可能性不能完全排除。

五是电磁辐射可使男性性功能下降，女性内分泌紊乱，月经失调。1998 年世界卫生组织（WTO）在有关电脑屏幕与工人健康问题的最新修正意见中指出：在电脑屏幕工作环境下，有些因素可能影响妊娠结果。首先受到影响的是男方，长期受到电磁波辐照，有可能使男性精子减少，使精子基因畸形并可能变成不育或者畸胎；其次是孕妇，有报道说在电脑前 1 周工作 20 h 以上的孕妇生畸形的概率要比普通孕妇高 2～3 倍，而生女孩的概率大。

（6）电磁辐射危害人体的机理

电磁辐射危害人体的机理主要是热效应、非热效应和累积效应。

①热效应。人体 70%以上是水，水分子受到电磁波辐射后相互摩擦，引起机体升温，从而影响体内器官的正常工作。体温升高引发各种症状，如心悸、头胀、失眠、心动过缓、白细胞减少，免疫功能下降、视力下降等。产生热效应的电磁波功率密度在 10 mW/cm^2；微观致热效应 1～10 mW/cm^2；浅致热效应在 10 mW/cm^2 以下。当功率为 1 000W 的微波直接照射人时，可在几秒内致人死亡。

②非热效应。人体的器官和组织都存在微弱的电磁场，它们是稳定和有序的，一旦受到外界电磁场的干扰，处于平衡状态的微弱电磁场将遭到破坏，人体也会遭受损害。这主要是低频电磁波产生的影响，即人体被电磁辐射照射后，体温并未明显升高，但已经干扰了人体的固有微弱电磁场，使血液、淋巴液和细胞原生质发生改变，对人体造成严重危害，可导致胎儿畸形或孕妇自然流产；影响人体的循环、免疫、生殖和代谢功能等。

对人体的非热效应体现在以下几个方面：

神经系统：人体反复受到电磁辐射后，中枢神经系统及其他方面的功能发生变化。如条件反射性活动受到抑制，出现心动过缓等。

感觉系统：低强度的电磁辐射，可使人的嗅觉机能下降，当人头部受到低频小功率的声频脉冲照射时，就会使人听到好像机器响，昆虫或鸟儿鸣的声音。

免疫系统：我国初步观察到，长期接触低强度微波的人和同龄正常人相比，其体液与细胞免疫指标中的免疫球蛋白（lgG）降低，T 细胞花环与淋巴细胞转换率的乘积减小，使人体的体液与细胞免疫能力下降。

内分泌系统：低强度微波辐射，可使人的丘脑—垂体—肾上腺功能紊乱；CRT、ACTH 活性增加，内分泌功能受到显著影响。

遗传效应：微波能损伤染色体。动物试验已经发现；用 195 MHz、2.45 GHz 和 96 Hz 的微波照射老鼠，会在 4%～12%的精原细胞骨形成染色体缺陷，老鼠能继承这种染色体缺陷可引起受伤者智力迟钝、平均寿命缩短。

③累积效应。热效应和非热效应作用于人体后，对人体的伤害尚未来得及自我修复之前（通常所说的人体承受力——内抗力），再次受到电磁波辐射的话，其伤害程度就会发生累积，久之会成为永久性病态，危及生命。对于长期接触电磁波辐射的群体，即使功率很小，频率很低，也可能会诱发想不到的病变，应引起警惕。

（7）电磁辐射防护规定

为防止电磁辐射污染、保护环境、保障公众健康、促进伴有电磁辐射的正当实践的发展，我国制定了《电磁辐射防护规定》（GB 8702—88）。此规定适用于中华人民共和国境内产生电磁辐射污染的一切单位或个人、一切设施或设备。规定中防护限值的范围为 100 kHz～300 GHz。但本规定的防护限值不适用于为病人安排的医疗或诊断照射。其中划分为基本限值和导出限值。

①基本限值

职业照射：在每天 8 h 工作期间内，任意连续 6 min 按全身平均的比吸收率（SAR）应小于 0.1 W/kg。

公众照射：在 1 天 24 h 内，任意连续 6 min 按全身平均的比吸收率（SAR）应小于 0.02 W/kg。

②导出限值

职业照射：在每天 8 h 工作期间内，电磁辐射场的场量参数在任意连续 6 min 内的平均值应满足表 5-4 要求。

公众照射：在 1 天 24 h 内，环境电磁辐射场的参数在任意连续 6 min 内的平均值应满足表 5-5 要求。

对于一个辐射体发射几种频率或存在多个辐射体时，其电磁辐射场的场量参数在任意连续 6 min 内的平均值之和，应满足式（5-1）：

$$\sum_{i}\sum_{j}\frac{A_{i,j}}{B_{i,j,L}}\leqslant 1 \tag{5-1}$$

式中，$A_{i,j}$—— 第 i 个辐射体 j 频段辐射的发射水平；

$B_{i,j,L}$—— 对应于 j 频段的电磁辐射所规定的照射限值。

对于脉冲电磁波，除满足上述要求外，其瞬时峰值不得超过表 5-4，表 5-4 所列限值的 1 000 倍。在频率小于 100 MHz 的工业、科学和医学等辐射设备附近，职业工作者可以在小于 1.6 A/m 的磁场下 8 h 连续工作。

表 5-4　职业照射导出限值

频率范围/MHz	电场强度/（V/m）	磁场强度/（A/m）	功率密度/（W/m^2）
0.1～3	87	0.25	（20）①
3～30	$150/\sqrt{f}$	$0.40/\sqrt{f}$	（$60/f$）①
30～3 000	（28）②	（0.075）②	2
3 000～15 000	（$0.5\sqrt{f}$）②	（$0.001\,5\sqrt{f}$）②	$f/1\,500$
15 000～30 000	（61）②	（0.16）②	10

注：①系平面波等效值，供对照参考。

②供对照参考，不作为限值；表中 f 是频率，单位为 MHz；表中数据作了取整处理。

表 5-5　公众照射导出限值

频率范围/MHz	电场强度/（V/m）	磁场强度/（A/m）	功率密度/（W/m^2）
0.1～3	40	0.1	（40）①
3～30	$67/\sqrt{f}$	$0.17/\sqrt{f}$	（$12/f$）①
30～3 000	（12）②	（0.032）②	0.4
3 000～15 000	（$0.22/\sqrt{f}$）②	（$0.001\sqrt{f}$）②	$f/7\,500$
15 000～30 000	（27）②	（0.073）②	2

注：①系平面波等效值，供对照参考。

②供对照参考，不作为限值；表中 f 是频率，单位为 MHz；表中数据作了取整处理。

（8）环境电磁波卫生标准

《环境电磁波卫生标准》（GB 9175—88）适用于一切人群经常居住和活动场所的环境电磁辐射，不包括职业辐射和射频、微波治疗需要的辐射。其电磁波容许辐射强度分级标准见表 5-6。

表 5-6 环境电磁波容许辐射强度分级标准

波长	单位	容许场强	
		一级（安全区）	二级（中间区）
长、中、短波	V/m	＜10	＜25
超短波	V/m	＜5	＜12
微波	$\mu W/cm^2$	＜10	＜40
混合	V/m	按主要波段场强；若各波段场分散，则按复合场强	

其中一级标准为安全区，指在该环境电磁波强度下长期居住、工作、生活的一切人群（包括婴儿、孕妇和老弱病残者），均在会受到任何有害影响的区域；新建、改建或扩建电台、电视台和雷达站等发射天线，在其居民覆盖区内，必须符合“一级标准”的要求。二级标准为中间区，指在该环境电磁波强度下长期居住、工作和生活的一切人群（包括婴儿、孕妇和老弱病残者）可能引起潜在性不良反应的区域；在此区内可建造工厂和机关，但在许建造居民住宅、学校、医院和疗养院等，已建造必须采取适当的防护措施。超过二级标准地区，对人体可带来有害影响；在此区内可作绿化或种植农作物，但禁止建造居民住宅及人群经常活动的一切公共设施，如机关、工厂、商店和影剧院等；如在此区内已有这些建筑，则应采取措施，或限制辐射时间。

（9）电磁辐射环境保护管理办法

电磁辐射环境保护管理办法第十五条规定必须编制环境影响报告书（表）的，从事电磁辐射活动的单位或个人，必须对电磁辐射活动可能造成的环境影响进行评价，编制环境影响报告书（表），并按规定的程序报相应环境保护行政主管部门审批。电磁辐射环境影响报告书分两个阶段编制。第一阶段编制《可行性阶段环境影响报告书》，必须在建设项目立项前完成。第二阶段编制《实际运行阶段环境影响报告书》，必须在环境保护设施竣工验收前完成。工业、科学、医疗应用中的电磁辐射设备，必须在使用前完成环境影响报告表的编写。

第十一条规定从事电磁辐射活动的单位和个人建设或者使用《电磁辐射建设项目和设备名录》（见附件）中所列的电磁辐射建设项目或者设备，必须在建设项目申请立项前或者在购置设备前，按本办法的规定，向有环境影响报告书（表）审批权的环境保护行政主管部门办理环境保护申报登记手续。

拓展学习：《电磁辐射建设项目和设备名录》

电磁辐射建设项目和设备名录

一、发射系统

1. 电视（调频）发射台及豁免水平以上的差转台。

2. 广播（调频）发射台及豁免水平以上的干扰台。

3. 豁免水平以上的无线电台。

4. 雷达系统。

5. 豁免水平以上的移动通信系统。

二、工频强辐射系统

1. 电压在 100 kV 以上送、变电系统。

2. 电流在 100 A 以上的工频设备。

3. 轻轨和干线电气化铁道。

三、工业、科学、医疗设备的电磁能应用

1. 介质加热设备。

2. 感应加热设备。

3. 豁免水平以上的电疗设备。

4. 工业微波加热设备。

5. 射频溅射设备。

建设上列电磁辐射建设项目应在建设项目立项前办理环境保护申报登记手续，使用上列电磁辐射设备应在购置设备前办理环境保护申报登记手续。

豁免水平的确认由省级环境保护行政主管部门依据《电磁辐射防护规定》（GB 8702—88）有关标准执行。

豁免水平指的是满足下列电磁辐射条件的可以免于管理：

1. 输出功率等于或小于 15 W 的移动式无线电通信设备，如陆上、海上移动通信设备以及步话机等。

2. 向没有屏蔽空间的辐射等效功率小于表 5-7 所列数值的辐射体。

表 5-7 可豁免的电磁辐射体的等效辐射功率

频率范围/MHz	等效辐射功率/W
0.1～3	300
＞3～300 000	100

应用举例 5-1：某市电视台有电视（调频）发射台 1 座，变配电站一座。变配电站输入电压 30 kV，输出电压 380 V 和 220 V，总用电功率 800 kW。请问该电视台上述电磁设备是否应该纳入环境影响评价范畴？

解：根据电磁辐射环境保护管理办法第十一条规定从事电磁辐射活动的单位和个人建设或者使用《电磁辐射建设项目和设备名录》中所列的电磁辐射建设项目或者设备，必须在建设项目申请立项前或者在购置设备前，按本办法的规定，向有环境影响报告书（表）审批权的环境保护行政主管部门办理环境保护申报登记手续。对照《电磁辐射建设项目和设备名录》可知，电视（调频）发射台应该纳入环境影响评价范畴，变配电站输入电压 30 kV，小于 100 kV，不纳入环境影响评价范畴。

3．放射性污染

在自然界和人工生产的元素中，有一些能自动发生衰变，并放射出肉眼看不见的射线。这些元素统称为放射性元素或放射性物质。在自然状态下，来自宇宙的射线和地球环境本身的放射性元素一般不会给生物带来危害。20 世纪 50 年代以来，人的活动使得人工辐射和人工放射性物质大大增加，环境中的射线强度随之增强，危及生物的生存，从而产生了放射性污染。放射性污染很难消除，射线强弱只能随时间的推移而减弱。

（1）环境中放射性的来源

环境中放射性的来源分天然放射源和人工放射源。

天然放射源主要来自宇宙辐射、地球和人体内的放射性物质，这种辐射通常称为天然本底辐射。地球上到处存在天然放射性核素，它们衰变放出α、β或γ射线。天然放射性核素种类很多，分布很广。岩石、土壤、天然水、大气、动植物和建筑材料都含有天然放射性核素。地壳是天然放射性核素的重要贮存库，尤其是原生放射性核素。

土壤主要由岩石的侵蚀和风化作用而产生的，可见其中的放射性是从岩石转移而来的。由于岩石的种类很多，受到自然条件的作用程度也不尽一致，可以预期土壤中天然放射性核素的浓度变化范围很大。土壤的地理位置、地质来源、水文条件、气候，以及农业历史等都是影响土壤中天然放射性核素含量的重要因素。

存在于岩石和土壤中的放射性物质，由于地下水的浸滤作用而受损失，地下水中的天然放射性核素主要来源于此途径。此外，黏附于地表颗粒土壤上的放射性核素，在风力的作用下，可转变成尘埃或气溶胶，进而转入到大气圈并进一步迁移到植物或动物体内。土壤中的某些可溶性放射性核素被植物根吸收后，继而输送到可食部分，最终成为食品中和人体中放射性核素的重要来源之一。

对公众造成自然条件下原本不存在的辐射的辐射源称为人工辐射源。人工放射性污染可分为原子能工业排放的放射性废物，核武器试验的沉降物以及医疗、科研排出的含有放射性物质的废水、废气、废渣等。

①原子能工业排放的废物，原子能工业中核燃料的提炼、精制和核燃料组件的制造，都会有放射性废弃物产生和废水、废气的排放。这些放射性“三废”都有可能造成污染，由于原子能工业生产过程的操作运行都采取了相应的安全防护措施。“三废”排放也受到严格控制，所以对环境的污染并不十分严重。但是，当原子能工厂发生意外事故，其污染是相当严重的。国外就有因原子能工厂发生故障而被迫全厂封闭的实例。

②核武器试验的沉降物，在进行大气层、地面或地下核试验时，排入大气中的放射性物质与大气中的飘尘相结合，由于重力作用或雨雪的冲刷而沉降于地球表面，这些物质称为放射性沉降物或放射性粉尘。放射性沉降物播散的范围很大，往往可以沉降到整个地球表面，而且沉降很慢，一般需要几个月甚至几年才能落到大气对流层或地面。

③医疗放射性，在医疗检查和诊断过程中，患者身体都要受到一定剂量的放射性照射，例如，进行一次肺部 X 光透视，接受（4～20）×0.000 1 Sv 的剂量（1 Sv 相当于每克物质吸收 0.001 J 的能量），进行一次胃部透视，接受 0.015～0.03 Sv 的剂量。

④科研放射性，科研工作中广泛地应用放射性物质，除原子能利用的研究单位外，金属冶炼、自动控制、生物工程、计量等研究部门、几乎都有涉及放射性方面的课题和试验。在这些研究工作中都有可能造成放射性污染。

（2）放射性污染特点

和人类生存环境中的其他污染相比，放射性污染有以下特点。

①危害作用的持续性和长时性　一旦产生和扩散到环境中，就不断对周围发出放射线，永不停止。只是遵循各种放射性核同位素内在固定速率不断减少其活性，其半衰期即活度减少到一半所需的时间从几分钟到几千年不等。

②自然条件的阳光、温度无法改变放射性核同位素的放射性活度，人们也无法用任何化学或物理手段使放射性同位素失去放射性。

③效果（剂量）累积性　放射性污染是发射α、β、γ或中子射线来伤害人，α、β、γ、中子等辐射都属于电离辐射。电离辐射对于人（生物）危害效果（剂量）具有较明显的累积性。

④公众无感知性　放射性污染既不像化学污染多数有气味、颜色，也不像噪声

振动、热、光等污染，公众可以直接感知其存在；放射性辐射哪怕强到致死水平，人类的感官对它都无任何直接感受，从而无法及时采取躲避防行动，只能继续受害。

（3）放射性污染的危害

放射性污染与一般化学污染有很大差别，如果化学污染物质在环境中含量较少，就可能不产生危害，而放射性物质即使是微量的，也有危害作用。另外，化学污染可以通过化学反应，使有害物质变为无害物质，从而消除污染。而放射性污染却不然，不论是在大气、土壤还是在水中，放射性物质都能产生放射性辐射，能长期存在于环境中。

由于放射性污染的这些特点，由它造成的环境污染问题已经引起了人们格外的关注。

第二次世界大战时期，美国于 1945 年 8 月 6 日 8 点 15 分，在日本的广岛上空投了一颗代号为“小男孩”的原子弹，随着一声惊天动地的巨响，日本广岛上空冉冉升起了一朵蘑菇云。强烈的冲击波和高能量的热辐射使 8 万居民当即死去。可包括制造这颗原子弹的少数科学家在内的大多数人们没有想到，在事隔 50 多年以后，放射性辐射给爆炸幸存者造成的危害至今仍未能消除。另外，在 1986 年 4 月 26 日，苏联的第 4 号反应堆爆炸，大量放射性物质外泄，造成大面积的放射性污染。

放射性物质主要是通过食物链经消化道进入人体，其次是经呼吸道进入人体，通过皮肤吸收的可能性很小。^{90}Sr 和 ^{137}Cs 是对人体危害较大的长寿命放射性核素。放射性锶的化学性质同元素钙类似，均参与骨组织的生长代谢，并在体内同一部位蓄积。放射性物质进入人体后，可造成内照射损伤，使受害者头昏、疲乏无力、脱发、白细胞减少或增多，以致发生癌变等。此外，长寿命的放射性核素因衰变周期长，一旦进入人体，其通过放射性裂变而产生的α射线、β射线、γ射线，将对机体产生持续的照射使机体的一些细胞遭受破坏或变异。此过程将持续至放射性核素蜕变成稳定核素或全部被排出体外为止。

科学研究发现，一些环境污染物如放射性物质稳定性大、在自然界或生物体内能长期存在且对组织亲和力强的污染物，都可通过食物链由低级向高级传递，并在传递过程中富集、浓缩而对人体和其他生物造成危害。切尔诺贝利核电站事故发生后数天，在离核电厂 9 km 的莱列夫村，测得儿童甲状腺辐射量高达 250 雷姆（rem）究其原因，是摄食被放射性物质碘-131 污染的青草和水，而孩子饮入人体的碘-131 被富集在甲状腺里，所以，被伤害儿童甲状腺的辐射量很高。

正是由于通过食物链传递，且富集浓缩的作用，使许多污染物，尤其是半衰期长的放射性元素，性质稳定且在自然界能长期存在的氯化碳氢化合物及重金属等，可能对生态系统造成危害。即使原始污染域污染物的浓度很低，不足以伤害生物，但经过富集浓缩之后就可积累到可以伤害生物的程度，而且，可以远距离起破坏作用。

放射性物质对人体的危害主要包括三个方面。

①直接损伤。放射性物质直接使机体物质的原子或分子电离，破坏机体内某些大分子（如脱氧核糖核酸、核糖核酸、蛋白质分子以及一些重要的酶）。

②间接损伤。各种放射线首先将体内广泛存在的水分子电离，生成活性很强的 H^+、OH^- 和分子产物等，继而通过他妈与机体的有机成分作用，产生与直接损伤作用相同的结果。

③远期效应。主要包括辐射致癌、白血病、白内障、寿命缩短等方面的损害以及遗传效应等。根据有关资料介绍，青年妇女怀孕前受到诊断性照射后其小孩发生 Downs 综合征的概率增加 9 倍。又如，当手受到多次照射损伤时，指甲周围皮肤呈红色，并且发亮，同时指甲变脆、变形、手指皮肤光滑、失去指纹、手指无感觉，随后发生溃烂。

（4）核辐射环境质量评价一般规定

《核辐射环境质量评价一般规定》（GB 11215—89）规定了核辐射环境质量评价的一般原则和应遵循的技术规定。目的是提高核辐射环境质量评价工作的科学性，改善环境质量，保证公众的辐射安全。此标准适用于进行核辐射环境质量评价的企、事业单位，包括核燃料循环系统的各个单位，陆上固定式核动力厂和核热电厂，拥有生产或者操作量相应于甲、乙实验室（或操作场所）并向环境排放放射性物质的研究、应用单位。

①评价区域。上述所列的各单位，以主要放射性污染物排放点为中心，半径 80 km 范围作为评价区域。评价半径的圆心应以向环境释放放射性的主要排放点为中心来确定。核电站以及核燃料循环的大、中型企业以 80 km 半径为评价范围。

②评价子区。子区划分原则：评价子区应以释放到环境中的放射性核素的运输途径（气途径，水途径），结合单位所在地的环境特性来划分。子区划分方法：在评价范围内按一定距离划分同心圆，再按 16 个方位划分扇形区，两相邻同心圆与两相邻方位线围成小区域作为评价子区。

③核辐射环境质量评价的剂量基本标准。根据《辐射防护规定》中对公众成员的年有效剂量当量的基本限值，核辐射环境质量评价的剂量基本标准规定如下：全身为 1 mSv（某些年份允许 5 mSv/A）。

④评价指标。核辐射环境质量评价采用的剂量评价指标为关键人群组的个人年有效剂量以及评价范围内集体剂量。

⑤评价方法。把环境的辐射减到可合理达到的最低水平是核辐射环境评价和管

理的基本原则，应贯穿在整个核辐射环境质量评价工作中，特别是评价结论的分析和建议中。核辐射环境影响评价系预断评价，应选用合适的模式和参数以模式估算正常工况和事故工况下评价指标所述的两种剂量的量值。核辐射环境质量现状评价应以模式计算为主，并结合环境监测资料估算正常工况和事故工况下评价指标所述的两种剂量的量值。退役核设施的核辐射环境影响评价内容，应包括核设施拆除过程和核设施封存后的辐射环境质量评价。对核电站的环境影响评价，应按照核电站环境影响报告书的内容和格式的规定执行。

（5）辐射防护规定

1988 年 3 月 11 日，原国家环境保护局批准了《辐射防护规定》（GB 8703—88）。《辐射防护规定》是为了保障放射工作人员和广大公众的安全与健康、保护环境，促进核科学技术、核能和其他辐射应用事业的发展而制定的。伴有辐射照射的一切实践和设施的选址、设计、运行和退役，都必须遵守此规定。

《辐射防护规定》分总则、剂量限值体制、辐射照射的控制措施、放射性废物管理、放射性物质安全运输、选址要求、辐射监测、辐射事故管理、辐射防护评价、辐射工作人员的健康管理及名词术语的定义和解释 11 节，还有 A～K11 个附录，规定了有关剂量当量（表 5-8）。

表 5-8 个人年剂量当量限值①

人员	有效剂量当量/（mSv/a）	眼球/（mSv/a）	其他单个器官或组织/（mSv/a）	一次/mSv	一生/mSv	孕妇/（mSv/a）	16～18 岁青年/（mSv/a）
职业人员	50	150	500	100	250	15	15②
公众人员	1③	50	50	—	—	—	—

注：①表内所列数值均指内、外照射的总剂量当量，但不包括医疗照射和天然本底照射。

②16 岁以下人员按公众成员控制。

③如果按终生剂量平均的年有效剂量当量不超过 1 mSv，则在某些年份里允许以每年 5 mSv 作为剂量限值。

三、光污染和热污染

1．光污染

随着人们生活水平的日益提高，日常生活也变得越来越丰富，活动范围从室内扩大到室外，活动时间也从白天延长到夜晚。在这样的转变过程中，人们借助光源获得了更为舒适和美好的生活环境。但是人们在享受灯火辉煌的同时，却发现眼睛如果长期处于强光和弱光的条件下，视力就会受到损伤。光源的不恰当使用或者灯具的光线欠佳也会对人们的生活和生产环境产生不良的影响。

光污染问题最早于20世纪30年代由国际天文界提出，他们认为光污染是城市室外照明使天空发亮造成对天文观测的负面的影响。后来英国、美国等国称为“干扰光”，在日本则称为“光害”。

现在一般认为，光污染泛指影响自然环境，对人类正常生活、工作、休息和娱乐带来不利影响，损害人们观察物体的能力，引起人体不舒适感和损害人体健康的各种光。人的眼睛由于瞳孔的调节作用，对于一定范围内的光辐射都能适应，但光辐射增至一定量时，将会对于人体健康产生不良影响，这称为“光污染”。从波长10 nm至1 mm的光辐射，即紫外辐射，可见光和红外辐射，在不同的条件下都可能成为光污染源。

（1）光污染的定义

广义的光污染包括一些可能对人的视觉环境和身体健康产生不良影响的事物，包括生活中常见的书本纸张、墙面涂料的反光甚至是路边彩色广告的“光芒”也可算在此列，光污染所包含的范围之广由此可见一斑。在日常生活中，人们常见的光污染的状况多为由镜面建筑反光所导致的行人和司机的眩晕感，以及夜晚不合理灯光给人体造成的不适。

全国科学技术名词审定委员会审定公布光污染的定义：

①过量的光辐射对人类生活和生产环境造成不良影响的现象。包括可见光、红外线和紫外线光污染外线造成的污染。

②影响光学望远镜所能检测到的最暗天体极限的因素之一。通常指天文台上空的大气辉光、黄道光和银河系背景光、城市夜天光等使星空背景变亮的效应。

（2）光污染的分类

依据不同的分类原则，光污染可以分为不同的类型。

国际上一般将光污染分成三类，即白亮污染、人工白昼和彩光污染。

①白亮污染

当太阳光照射强烈时，城市里建筑物的玻璃幕墙、釉面砖墙、磨光大理石和各种涂料等装饰反射光线，明晃白亮、眩眼夺目。专家研究发现，长时间在白色光亮污染环境下工作和生活的人，视网膜和虹膜都会受到程度不同的损害，视力急剧下降，白内障的发病率高达45%。还使人头昏心烦，甚至发生失眠、食欲下降、情绪低落、身体乏力等类似神经衰弱的症状。

夏天，玻璃幕墙强烈的反射光进入附近居民楼房内，增加了室内温度，影响正常的生活。有些玻璃幕墙是半圆形的，反射光汇聚还容易引起火灾。烈日下驾车行驶的司机会出其不意地遭到玻璃幕墙反射光的突然袭击，眼睛受到强烈刺激，很容易诱发车祸。

据光学专家研究，镜面建筑物玻璃的反射光比阳光照射更强烈，其反射率高达82%～90%，光几乎全被反射，大大超过了人体所能承受的范围。长时间在白色光亮污染环境下工作和生活的人，容易导致视力下降，产生头昏目眩、失眠、心悸、食欲下降及情绪低落等类似神经衰弱的症状，使人的正常生理及心理发生变化，长期下去会诱发某些疾病。夏天，玻璃幕墙强烈的反射光进入附近居民楼房内，破坏室内原有的良好气氛，也使室温平均升高4～6℃，影响正常的生活。

②人工白昼

夜幕降临后，商场、酒店上的广告灯、霓虹灯闪烁夺目，令人眼花缭乱。有些强光束甚至直冲云霄，使得夜晚如同白天一样，即所谓的人工白昼。在这样的“不夜城”里，夜晚难以入睡，扰乱人体正常的生物钟，导致白天工作效率低下。人工白昼还会伤害鸟类和昆虫，强光可能破坏昆虫在夜间的正常繁殖过程。

目前，大城市普遍、过多使用灯光，使天空太亮，看不见星星，影响了天文观测、航空等，很多天文台因此被迫停止工作。据天文学统计，在夜晚天空不受光污染的情况下，可以看到的星星约为 7 000 个，而在路灯、背景灯、景观灯乱射的大城市里，只能看到20～60个星星。

③彩光污染

舞厅、夜总会安装的黑光灯、旋转灯、荧光灯以及闪烁的彩色光源构成了彩光污染。据测定，黑光灯所产生的紫外线强度大大高于太阳光中的紫外线，且对人体有害影响持续时间长。人如果长期接受这种照射，可诱发流鼻血、脱牙、白内障，甚至导致白血病和其他癌变。彩色光源让人眼花缭乱，不仅对眼睛不利，而且干扰大脑中枢神经，使人感到头晕目眩，出现恶心、呕吐、失眠等症状。科学家最新研究表明，彩光污染不仅有损人的生理功能，而且对人的心理也有影响。“光谱光色度效应”测定显示，如以白色光的心理影响为100，则蓝色光为152，紫色光为155，红色光为158，黑色光最高，为187。要是人们长期处在彩光灯的照射下，其心理积累效应，也会不同程度地引起倦怠无力、头晕，神经衰弱等身心方面的病症。

（3）光污染的危害

①光污染使夜空失色

据美国一份最新的调查研究显示，夜晚的华灯造成的光污染已使世界上 1/5 的人对银河系视而不见。这份调查报告的作者之一埃尔维奇说：“许多人已经失去了夜空，而正是我们的灯火使夜空失色”。他认为，现在世界上约有2/3的人生活在光污染里。

在远离城市的郊外夜空，可以看到 2 000 多颗星星，而在大城市却只能看到几十颗。在欧美和日本，光污染的问题早已引起人们的关注。美国还成立了国际黑暗夜空协会，专门与光污染做斗争。

②噪光污染损害眼睛

近视与环境有关，人们都知道水污染、大气污染、噪声污染对人类健康的危害，却没有发觉身边潜在的威胁——噪光污染，正严重损害着人们的眼睛。

近年来，环境污染日益加剧。无数悲剧的发生，让人们越来越懂得环境对人类生存健康的重要性。人们关注水污染、大气污染、噪声污染等，并采取措施大力整治，但对噪光污染却重视不够。其后果就是各种眼疾，特别是近视比率迅速攀升。据统计，我国高中生近视率达 60%以上，居世界第二位。

为此，我国每年都要投入大量资金和人力用于对付近视，见效却不大，原因就是没有从改善视觉环境这个根本入手。有关卫生专家认为，视觉环境是形成近视的主要原因，而不是用眼习惯。

据有关专家介绍，视觉环境中的噪光污染大致可分为三种：一是室外视环境污染，如建筑物外墙；二是室内视环境污染，如室内装修、室内不良的光色环境等；三是局部视环境污染，如书簿纸张、某些工业产品等。

随着城市建设的发展和科学技术的进步，日常生活中的建筑和室内装修采用镜面、瓷砖和白粉墙日益增多，近距离读写使用的书簿纸张越来越光滑，人们几乎把自己置身于一个“强光弱色”的“人造视环境”中。

目前，很少有人认识到噪光污染的危害。据科学测定：一般白粉墙的光反射系数为 69%～80%，镜面玻璃的光反射系数为 82%～88%，特别光滑的粉墙和洁白的书簿纸张的光反射系数高达 90%，比草地、森林或毛面装饰物面高 10 倍左右，这个数值大大超过了人体所能承受的生理适应范围，构成了现代新的污染源。经研究表明，噪光污染可对人眼的角膜和虹膜造成伤害，抑制视网膜感光细胞功能的发挥，引起视疲劳和视力下降。

据有关卫生部门对数十个歌舞厅激光设备所做的调查和测定表明，绝大多数歌舞厅的激光辐射压已超过极限值。这种高密集的热性光束通过眼睛晶状体再集中于视网膜时，其聚光点的温度可达到 70℃，这对眼睛和脑神经十分有害。它不但可导致人的视力受损，还会使人出现头痛头晕、出冷汗、神经衰弱、失眠等大脑中枢神经系统的病症。

③光污染对其他生物的影响

人们发现，鸟类、昆虫等小生物在夜间的光照下不再交配了，有些植物因为光照时间太长不会开花了。据美国鸟类专家统计，每年都有很多候鸟因撞上高楼上的广告灯而死去。城市里的鸟则因灯光而分不清四季，于是不在春季而在秋季筑巢，巢未筑好，而冬天来临，结果鸟儿被冻死。光污染还会破坏植物体内的生物钟节律，有碍其生长，导致其茎或叶变色，甚至枯死；对植物花芽的形成造成影响，并会影响植物休眠和冬芽的形成。

（4）光环境的评价标准

评价光环境质量好与坏，主要依靠人的视觉反应，但这种反应只是一种感觉，没有具体的物理指标来评定。为了使人的生理和光环境能够和谐统一，各国的研究人员进行了大量的研究，通过大量的视觉功效的心理物理实验，找出了评价光环境质量的客观标准，这些研究成果被列入照明规范、照明标准或者照明设计指南，成为光环境设计和评价的准则。

①民用建筑照明设计标准

为了使民用建筑照明设计符合建筑功能和保护人们视力健康的要求，做到节约能源、技术先进、经济合理、使用安全和维修方便，制定《民用建筑照明设计标准》（GBJ 133—90）。此标准适用于新建、改建和扩建的公共建筑和住宅的照明设计。

民用建筑照明照度标准值应按以下系列分级：0.5 lx、1 lx、2 lx、3 lx、5 lx、10 lx、15 lx、20 lx、30 lx、50 lx、75 lx、100 lx、150 lx、200 lx、300 lx、500 lx、750 lx、1 000 lx、1 500 lx 和 2 000 lx。照度标准值是指工作或生活场所参考平面上的平均照度值。根据各类建筑不同活动或作业类别，将照度标准规定为高、中、低三个值。设计人员应根据建筑等级、功能要求和使用条件，从中选取适当的标准值，一般情况下应取中间值。下面几个表给出了部分不同性质建筑照明的照度标准。

表 5-9　住宅建筑照明的照度标准值

类别		参考平面及其高度/m	照度标准值/lx		
			低	中	高
卧室起居室	一般活动区	0.75 水平面	20	30	50
	书写、阅读	0.75 水平面	150	200	300
	床头阅读	0.75 水平面	75	100	150
	精细作业	0.75 水平面	200	300	500
餐厅或方厅、厨房		0.75 水平面	20	30	50
卫生间		0.75 水平面	10	15	20
楼梯间		地面	5	10	15

表 5-10 办公楼建筑照明的照度标准值

类别	参考平面及其高度/m	照度标准值/lx		
		低	中	高
办公室、报告厅、会议室、接待室、陈列室、营业厅	0.75 水平面	100	150	200
有视觉显示屏的作业	工作台水平面	150	200	300
设计室、绘图室、打字室	实际工作面	200	300	500
装订、辅音、晒图、档案室	0.75 水平面	75	100	150
值班室	0.75 水平面	50	75	100
门厅	地面	30	50	75

表 5-11 商店建筑照明的照度标准

类别		参考平面及其高度/m	照度标准值/lx		
			低	中	高
一般商店营业厅	一般区域	0.75 水平面	75	100	150
	柜台	柜台面上	100	150	200
	货架	1.5 垂直面	100	150	200
	陈列柜、橱窗	货物所处平面	200	300	500
室内菜市场营业厅		0.75 水平面	50	75	100
自选商场营业厅		0.75 水平面	150	200	300
试衣室		试衣位置 1.5 高处垂直面	150	200	300
收款处		收款台面	150	200	320
库房		0.75 水平面	30	50	75

②工业企业照明设计标准

为了在工业企业照明设计中贯彻执行国家有关的技术经济政策，有利于保护视力、提高产品质量和劳动生产率，做到节约能源、技术先进、经济合理、使用安全、维修方便，制定《工业企业照明设计标准》(GB 50034—92)。此标准适用于工业企业中的新建、改建和扩建工程。不适用于地下建筑、地下矿井、无窗厂房等。

工业企业照明的照度标准值，应按以下系列分级：0.1 lx、1 lx、2 lx、3 lx、5 lx、10 lx、15 lx、20 lx、30 lx、50 lx、75 lx、100 lx、150 lx、200 lx、300 lx、500 lx、750 lx、1 000 lx、1 500 lx、2 000 lx 和 3000 lx。照明设计标准值应为生产场所作业面上的平均照度值。作业面上的照度标准值，根据工作场所和视觉作业的具体要求，应按高、中、低选取适当的标准值，一般情况下采用照度范围的中间值。工作场所作业面上的照度标准值，应符合表 5-12 的规定。

表 5-12　工作场所作业面上的照度标准值

视觉作业特性	识别对象的最小尺寸 d/mm	视觉作业分类等级		亮度对比	照度范围/lx					
					混合照明			一般照明		
					低	中	高	低	中	高
特别精细作业	d≤0.15	Ⅰ	甲	小	1 500	2 000	3 000	—	—	—
			乙	大	1 000	1500	2 000	—	—	—
很精细作业	0.15＜d≤0.3	Ⅱ	甲	小	750	1 000	15 000	200	300	500
			乙	大	500	750	1 000	150	200	300
精细作业	0.3＜d≤0.6	Ⅲ	甲	小	500	750	1 000	150	200	300
			乙	大	300	500	750	150	200	300
一般精细作业	0.6＜d≤1.0	Ⅳ	甲	小	300	500	750	100	150	200
			乙	大	200	300	500	75	100	150
一般作业	1.0＜d≤2.0	Ⅴ	—	—	150	200	300	50	75	100
较粗糙作业	2.0＜d≤5.0	Ⅵ	—	—	—	—	—			
粗糙作业	d＞5.0	Ⅶ	—	—	—	—	—			
一般观察生产过程	—	Ⅷ	—	—	—	—	—			
大件贮存	—	Ⅸ	—	—	—	—	—			
有自发光材料的车间	—	Ⅹ	—	—	—	—	—	30	50	75

2．热污染

随着科技水平的不断提高和社会生产力的不断发展，工农业生产和人们的日常生活都取得了巨大的进步，这其中大量的能源消耗（包括化石燃料和核燃料），不仅产生了有害及放射性的污染物，而且还产生了二氧化碳、水蒸气、热水等一些污染物，它们会使局部环境或全球环境增温，并形成对人类和生态系统的直接或间接、及时或潜在的危害。这种日益现代化的工农业生产和人类生活中排放的废热所造成的环境污染，即为热污染。

热污染是一种能量污染，是指人类活动危害热环境的现象。若把人为排放的各种温室气体、臭氧层损耗物质、气溶胶颗粒物等所导致直接的或间接的影响全球气候变化的这一特殊危害热环境的现象除外，常见的热污染有①因城市地区人口集中，建筑群、街道等代替了地面的天然覆盖层，工业生产排放热量，大量机动车行驶，大量空调排放热量而形成城市气温高于郊区农村的热岛效应；②因热电厂、核电站、炼钢厂等冷却水所造成的水体温度升高，使溶解氧减少，某些毒物毒性提高，鱼类不能繁殖或死亡，某些细菌繁殖，破坏水生生态环境进而引起水质恶化的水体热污染。

（1）热污染的产生

随着人口和耗能量的增长，城市排入大气的热量日益增多。按照热力学定律，人类使用的全部能量终将转化为热，传入大气，逸向太空。这样，使地面反射太阳热能的反射率增高，吸收太阳辐射热减少，沿地面空气的热减少，上升气流减弱，阻碍云雨形成，造成局部地区干旱，影响农作物生长。近一个世纪以来，地球大气中的二氧化碳不断增加，气候变暖，冰川积雪融化，使海水水位上升，一些原本十分炎热的城市，变得更热。专家们预测，如按现在的能源消耗的速度计算，每 10 年全球温度会升高 0.1～0.26℃；一个世纪后即为 1～2.6℃，而两极温度将上升 3～7℃，对全球气候会有重大影响。

（2）热污染的危害

热能够改变大气和水自然特性。发电厂、钢铁厂的循环冷却系统排出的热水以及石油、化工、铸造、造纸等工业排出的主要废水中含有大量废热，排入地表面水体后，导致水温急剧升高，水中溶解氧气减少，可引起鱼类等水生动植物死亡。对于河湖港汊，因热污染使水体处于缺氧状态，厌氧菌大量繁殖，有机物腐败严重，影响了周边环境和生态平衡。

大气中的含热量增加，还可影响地球气候变化。按照大气热力学原理，现代社会生活中的其他能量都可转化为热能，使地表面反射太阳热能的反射率增高，吸收太阳辐射热减少，促使地表面上升的气流相应减弱，阻碍水汽的凝结和云雨的形成，导致局部地区干旱少雨，影响农作物生长歉收。气候变化将引起海水热膨胀和极地冰川融化，海平面上升，加快生物物种灭绝。

热污染还对人体健康产生了许多危害。它全面降低了人体机理的正常免疫功能，包括致病病毒或细菌对抗生素越来越强的耐热性以及生态系统的变化降低了肌体对疾病的抵抗力，从而加剧各种新、老传染病并发大流行。温度上升为蚊子、苍蝇、蟑螂、跳蚤和其他传病昆虫以及病原体微生物等提供了最佳的滋生繁衍条件和传播机制，形成一种新的“互感连锁效应”，导致以疟疾、登革热、血吸虫病、恙虫病、流行性脑膜炎等病毒病原体疾病的扩大流行和反复流行。特别是以蚊子为媒介的传染病，目前已呈急剧增长趋势。

（3）热污染的相关标准规范

各国对水热污染及其影响进行了多方面的研究，并制定了冷却水温度排放标准。美国、苏联等国按不同季节和水域制定了冷却水温度排放标准；德国以不同河流的最高允许增幅度为依据，制定了冷却水温度排放标准；瑞士则以排热口与混合后的增温界限为最高允许值，制定排放标准。我国和其他一些国家尚未制定有关排放标准。

我国环境质量标准中，只有部分水标准对热污染有规定，环境空气质量标准尚无相关规定。在《地表水环境质量标准》（GB 3838—2002）中，温度标准从对针对夏季和冬季变成了四季，相比旧标准更加全面具体。

表 5-13 《地表水环境质量标准》中温度标准

<table>
<tr><th rowspan="2">标准号</th><th rowspan="2">项目</th><th colspan="5">标准值</th></tr>
<tr><th>Ⅰ类</th><th>Ⅱ类</th><th>Ⅲ类</th><th>Ⅳ类</th><th>Ⅴ类</th></tr>
<tr><td>GB 3838—2002</td><td>水温/℃</td><td colspan="5">人为造成的环境水温变化应限制在：周平均最大温升≤1，周平均最大温降≤2</td></tr>
<tr><td>GB 3838—88</td><td>水温/℃</td><td colspan="5">人为造成的环境水温变化应限制在：夏季周平均最大温升≤1，冬季均最大温降≤2</td></tr>
</table>

表 5-14 《海水水质标准》（GB 3097—1997）中温度标准

<table>
<tr><th>项目</th><th>第一类</th><th>第二类</th><th>第三类</th><th>第四类</th></tr>
<tr><td>水温/℃</td><td colspan="2">人为造成的海水温升夏季不超过当时当地 1，其他季节不超过 2</td><td colspan="2">人为造成的海水温升不超过当时当地 4</td></tr>
</table>

【思考与练习】

1. 振动的环境标准有哪些？
2. 电磁辐射的环境标准有哪些？
3. 某工业企业具有一座市电入厂变配电站，输入电压 10 kV，输出电压 380 V 和 220 V，总用电功率 500 kW，另外在办公楼顶设置有一座移动通信发射基站，功率 45 W。请问该厂上述电磁设备是否应该纳入环境影响评价范畴？
4. 核辐射的环境标准有哪些？
5. 光的环境标准有哪些？
6. 热的环境标准有哪些？

模块六　固体废物环境影响分析及防治

引文：本模块主要介绍固体废物相关的基础知识，包括定义、来源、分类、特点等，并介绍固体废物进入环境的方式、主要的环境影响、污染防治措施等内容。在学习完本模块后学生应对固体废物环境影响评价技术有所理解。

一、认识固体废物

1．定义

《中华人民共和国固体废物污染环境防治法》（2016 年 11 月 7 日修订，以下简称《固废法》）中明确提出固体废物的法律定义：是指在生产、生活和其他活动中产生的丧失原有利用价值或者虽未丧失利用价值但被抛弃或者放弃的固态、半固态和置于容器中的气态的物品、物质以及法律、行政法规规定纳入固体废物管理的物品、物质。由此可见，《固废法》除针对半固态废弃物的污染防治外，对液态废物和置于容器中的气态废物的污染防治同样适用。

从广义上讲，根据物质的形态划分，废物包括固态、液态和气态废弃物质。在液态和气态废弃物中，大部分为废弃的污染物质混掺在水和空气中，直接或经处理后排入水体或大气。在我国，它们被习惯地称为废水和废气，而纳入水环境或大气环境管理体系管理。其中不能排入水体的液态废物和不能排入大气的置于容器中的气态废物，由于多具有较大的危害性，在我国归入固体废物管理体系。

固体废物一词中的“废”具有鲜明的时间和空间特征。从时间方面讲，它仅仅相对于目前的科学技术和经济条件，随着科学技术的飞速发展，矿物资源的日趋枯竭，生物资源滞后于人类需求，昨天的废物势必又将成为明天的资源。从空间角度看，废物仅仅相对于某一过程或某一方面没有使用价值，而并非在一切过程或一切方面都没有使用价值，某一过程的废物，往往是另一过程的原料。我国目前已建立了许多废物回收利用工厂，如用粉煤灰制砖、用煤矸石发电、用高炉渣生产水泥、从电镀污泥中回收贵重金属等。所以固体废物又有“放错地方的资源”之称。

2．来源

固体废物来自人类活动的许多环节，主要包括生产过程和生活活动的一些环节。表 6-1 列出从各类发生源产生的主要固体废物。

表 6-1 从各类发生源产生的主要固体废物

产生源	产生的主要固体废物
居民生活	食物、垃圾、纸、木、布、庭院植物修剪物、金属、玻璃、塑料、陶瓷、燃料灰渣、脏土、碎砖瓦、废器具、粪便、杂品等
商业、机关	除上述废物外，另有管道、碎砌体、沥青及其他建筑材料，含有易爆、易燃腐蚀性、放射性废物以及废汽车、废电器、废器具等
市政维护、管理部门	脏土、碎砖瓦、树叶、死畜禽、金属、锅炉灰渣、污泥等
矿业	废石、尾矿、金属、废木、砖瓦、水泥、砂石等
冶金、金属结构、交通、机械等工业	金属、渣、砂石、模型、芯、陶瓷、涂料、管道、绝热和绝缘材料、黏结剂、污垢、废木、塑料、橡胶、纸、各种建筑材料、烟尘等
建筑材料工业	金属、水泥、黏土、陶瓷、石膏、石棉、砂、石、纸、纤维等
食品加工业	肉、谷物、蔬菜、硬壳果、水果、烟草等
橡胶、皮革、塑料等工业	橡胶、塑料、冷革、布、线、纤维、染料、金属等
石油化工工业	化学药剂、金属、塑料、橡胶、陶瓷、沥青、油毡、石棉、涂料等
电器、仪器仪表等工业	金属、玻璃、橡胶、木、塑料、化学药剂、研磨料、陶瓷、绝缘材料等
纺织服装工业	布头、纤维、金属、橡胶、塑料等
造纸、木材、印刷等工业	刨花、锯末、碎木、化学药剂、金属填料、塑料等
核工业和放射性医疗单位	金属、含放射性废渣、粉尘、污泥、器具和建筑材料等
农业	秸秆、蔬菜、水果、果树枝条、糠秕、人和畜禽粪便、农药等

3．分类

固体废物有多种分类方法，既可根据其来源、组分、形态，也可就其危险性、燃烧特性等分别区分为：

（1）根据其来源分为工业固体废物、农业废物、生活垃圾等；

（2）按其化学组成可分为有机废物和无机废物；

（3）按其形态可分为固态废物（如玻璃瓶、报纸、塑料袋、木屑等）、半固态废物（如污泥、油泥、粪便等）和液态（气态）废物（如废酸、废油与废有机溶剂等）；

（4）按其污染特性可分为危险废物和一般废物；

（5）按其燃烧特性可分为可燃废物（通常指1 000℃以下可燃烧者，如废纸、废塑料、废机油等）和不可燃废物（通常在1 000℃焚烧炉内仍无法燃烧者，如金属、玻璃、砖石等）。

依照《固废法》的规定，将固体废物分为生活垃圾、工业固体废物和危险废物三类。

（1）生活垃圾

生活垃圾是指在日常生活中或者为日常生活提供服务的活动中产生的固体废物以及法律、行政法规规定视为生活垃圾的固体废物。在该定义中，生活垃圾包括了城市生活垃圾和农村生活垃圾。《固废法》中指明：城市生活垃圾应当按照环境卫生行政主管部门的规定，在指定的地点放置，不得随意倾倒、抛撒或者堆放。农村生活垃圾污染环境防治的具体办法，由地方性法规规定。

根据目前我国环卫部门的工作范围，城市生活垃圾包括居民生活垃圾、园林废物、机关单位排放的办公垃圾等。不过，在实际收集到的城市生活垃圾中，可能还包括有部分中、小型企业产生的工业固体废物和少量危险废物（如废打火机、废油漆、废电池、废日光灯管等），由于后者具有潜在危害，需要在相应的法规特别是管理工作中，逐步制定和采取有效措施对其进行分类收集和进行适当的处理处置。

（2）工业固体废物

工业固体废物是指在各种工业、企业、交通等部门在生产过程中产生的固体废物，主要包括以下几类：

①冶金工业固体废物。主要包括各种金属冶炼或加工过程中所产生的各种废渣，如高炉炼铁产生的高炉渣、平炉转炉电炉炼钢产生的钢渣、铜镍铅锌等有色金属冶炼过程产生的有色金属渣、铁合金渣及提炼氧化铝时产生的赤泥等。

②能源工业固体废物。主要包括燃煤电厂产生的粉煤灰、炉渣、烟道灰、采煤及洗煤过程中产生的煤矸石等。

③石油化学工业固体废物。主要包括石油及加工工业产生的油泥、焦油页岩渣、废催化剂、废有机溶剂等，化学工业生产过程中产生的硫铁矿渣、酸渣碱渣、盐泥、釜底泥、精〔蒸〕馏残渣以及医药和农药生产过程中产生的医药废物、废药品、废农药等。

④矿业固体废物。矿业固体废物主要包括采矿废石和尾矿。废石是指各种金属、非金属矿山开采过程中从主矿上剥离下来的各种围岩，尾矿是指在选矿过程中提取精矿以后剩下的尾渣。

⑤轻工业固体废物。主要包括食品工业、造纸印刷工业、纺织印染工业、皮革工业等工业加工过程中产生的污泥、动物残物、废酸、废碱以及其他废物。

⑥其他工业固体废物。主要包括机加工过程产生的金属碎屑、电镀污泥、建筑废料以及其他工业加工过程产生的废渣等。

表 6-2 中列举若干工业固体废物的来源和产生的废物种类。由此可见不同工业类型所产生的固体废物种类和性质是迥然相异的。

表 6-2　工业固体废物来源和种类

工业类型	产废工艺	废物种类
军工产品	生产、装配	金属、塑料、橡胶、纸、木材、织物、化学残渣等
食品类产品	加工、包装、运送	肉、油脂、油、骨头、下水、蔬菜、水果、果壳、谷类等
织物产品	编织、加工、染色、运送	织物及过滤残渣
服装	裁剪、缝制、熨烫	织物、纤维、金属、塑料、橡胶
木材及木制品	锯床、木制容器、各类木制产品生产	碎木头、刨花、锯屑，有时还有金属、塑料、纤维、胶、封蜡、涂料、溶剂等
木制家具	家庭及办公家具的生产、隔板、办公室和商店附属装置、床垫	碎木头、刨花、锯屑，另有金属、塑料、纤维、胶、封蜡、涂料、溶剂、织物及衬垫残余物等
金属家具	家庭及办公家具的生产、锁、弹簧、框架	金属、塑料、树脂、玻璃、木头、橡胶、胶黏剂、织物、纸等
纸类产品	造纸、纸和纸板制品、纸板箱及纸容器的生产	纸和纤维残余物、化学试剂、包装纸及填料、墨、胶、扣钉等
印刷及出版	报纸出版、印刷、平版印刷、雕版印刷、装订	纸、白报纸、卡片、金属、化学试剂、织物、墨、胶、扣钉等
化学试剂及其产品	无机化学制品的生产和制备（从药品和脂肪酸盐变成涂料、清漆和炸药）	有机和无机化学制品、金属、塑料、橡胶、玻璃油、涂料、溶剂、颜料等
石油精炼及其工业	精炼、加工	沥青和焦油、毡、石棉、纸、织物、纤维
橡胶及各种塑料制品	橡胶和塑料制品加工业	橡胶和塑料碎料、被加工的化合物染料
皮革及皮革制品	鞣革和抛光、皮革和衬垫材料加工业	皮革碎料、线、染料、油、处理及加工的化合物
石头、黏土及玻璃制品	平板玻璃生产、玻璃加工制作、混凝土、石膏及塑料的生产，石头和石头产品、研磨料、石棉及各种矿物质的生产及加工	玻璃、水泥、黏土、陶瓷、石膏、石棉、石头、纸、研磨料

工业类型	产废工艺	废物种类
金属工业	冶炼、铸造、锻造、冲压、滚轧、成型、挤压	黑色及有色金属碎料、炉清、尾矿、铁芯、模子、黏合剂
金属加工产品	金属容器、手工工具、非电加热器、管件附件加工、农用机械设备、金属丝和金属的涂层与电镀	金属、陶瓷制品、尾矿、炉渣、铁屑、涂料、溶剂、润滑剂、酸洗剂
机械（不包括电动）	建筑、采矿设备、电梯、移动楼梯、输送机、工业卡车、拖车、升降机、机床等的生产	炉渣、尾矿、铁心、金属碎料、木材、塑料、树脂、橡胶、涂料、溶剂、石油产品、织物
电动机械	电动设备、装置及交换器的生产，机床加工、冲压成型焊接用印模冲压、弯曲、涂料、电镀、烘焙工艺	金属碎料、炭、玻璃、橡胶、塑料、树脂、纤维、织物、残余物
运输设备	摩托车、卡车及汽车车体的生产，摩托车零件、飞机及零件、船及零件等	金属碎料、玻璃、橡胶、塑料、纤维、织物、木料、涂料、溶剂、石油产品
专用控制设备	生产工程、实验室和研究仪器及有关的设备	金属、玻璃、橡胶、塑料、树脂、木料、纤维、研磨料
电力生产	燃煤发电工艺	粉煤灰（包括飞灰和炉渣）
采选工业	煤炭、铁矿、石英石等的开采	煤矸石、各种尾矿
其他生产	珠宝、银器、电镀制品、玩具、娱乐、运动物品、服饰、广告	金属、玻璃、橡胶、塑料、树脂、皮革、混合物、骨状物、织物、胶黏剂、涂料、溶剂等

有些国家将废矿石和尾矿单独列为矿山废物，而我国《固废法》中规定：“露天贮存冶炼渣、化工渣、燃烧灰渣、废矿石、尾矿和其他工业固体废物，应当设置专用的贮存设施、场所。”可见，已明确将废矿石和尾矿纳入工业固体废物类加以管理。

（3）危险废物

危险废物是指列入国家危险废物名录或者根据国家规定的危险废物鉴别标准和鉴别方法认定的具有危险特性的废物。

危险废物的特性通常包括急性毒性、易燃性、反应性、腐蚀性、浸出毒性和疾病传染性。根据这些性质，各国均制定有各自的鉴别标准和危险废物名录。联合国环境规划署《控制危险废物越境转移及其处置巴塞尔公约》列出了“应控制的废物类别”共 45 类，“须特别考虑的废物类别”共 2 类。

根据 2016 年 6 月 14 日由环境保护部、国家发展和改革委员会、公安部联合颁布的《国家危险废物名录》（环境保护部第 39 号令）（以下简称《名录》），我国危险废物共分为 46 类（表 6-3）。《名录》将具有下列情形之一的固体废物和液态废物列入本名录：

①具有腐蚀性、毒性、易燃性、反应性或者感染性等一种或几种危险特性的；

②不排除具有危险特性，可能对环境或人体健康造成有害影响，需要按照危险废物进行管理的。

表 6-3　中国国家危险废物名录

编号	废物类别	编号	废物类别
HW01	医疗废物	HW24	含砷废物
HW02	医药废物	HW25	含硒废物
HW03	废药物、药品	HW26	含镉废物
HW04	农药废物	HW27	含锑废物
HW05	木材防腐剂废物	HW28	含碲废物
HW06	废有机溶剂与含有机溶剂废物	HW29	含汞废物
HW07	热处理含氰废物	HW30	含铊废物
HW08	废矿物油与含矿物油废物	HW31	含铅废物
HW09	油/水、烃/水混合物或乳化液	HW32	无机氟化物废物
HW10	多氯（溴）联苯类废物	HW33	无机氰化物废物
HW11	精（蒸）馏残渣	HW34	废酸
HW12	染料、涂料废物	HW35	废碱
HW13	有机树脂类废物	HW36	石棉废物
HW14	新化学物质废物	HW37	有机磷化合物废物
HW15	爆炸性废物	HW38	有机氰化物废物
HW16	感光材料废物	HW39	含酚废物
HW17	表面处理废物	HW40	含醚废物
HW18	焚烧处置残渣	HW45	含有机卤化物废物
HW19	含金属羰基化合物废物	HW46	含镍废物
HW20	含铍废物	HW47	含钡废物
HW21	含铬废物	HW48	有色金属冶炼废物
HW22	含铜废物	HW49	其他废物
HW23	含锌废物	HW50	废催化剂

《名录》规定“医疗废物”属于危险废物。

《名录》规定：未列入本名录和《医疗废物分类目录》的固体废物和液态废物，由国务院环境保护行政主管部门组织专家，根据国家危险废物鉴别标准和鉴别方法认定具有危险特性的，属于危险废物，适时增补进本名录。家庭日常生活中产生的废药品及其包装物、废杀虫剂和消毒剂及其包装物、废油漆和溶剂及其包装物、废矿物油及其包装物、废胶片及废相纸、废荧光灯管、废温度计、废血压计、废镍镉电池和氧化汞电池以及电子类危险废物等，可以不按照危险废物进行管理。将这些废弃物从生活垃圾中分类收集后，其运输、贮存、利用或者处置，按照危险废物进行管理。

《名录》还规定：列入本名录附录《危险废物豁免管理清单》中的危险废物，在所列的豁免环节，且满足相应的豁免条件时，可以按照豁免内容的规定实行豁免管理。

目前，我国已制定实施如下的危险废物鉴别标准和技术规范：

①《危险废物鉴别标准—腐蚀性鉴别》（GB 5085.1—2007）；

②《危险废物鉴别标准—急性毒性初筛》（GB 5085.2—2007）；

③《危险废物鉴别标准—浸出毒性鉴别》（GB 5085.3—2007）；

④《危险废物鉴别标准—易燃性鉴别》（GB 5085.4—2007）；

⑤《危险废物鉴别标准—反应性鉴别》（GB 5085.5—2007）；

⑥《危险废物鉴别标准—毒性物质含量鉴别》（GB 5085.6—2007）；

⑦《危险废物鉴别标准—通则》（GB 5085.7—2007）；

⑧《危险废物鉴别技术规范》（HJ/T 298—2007）。

除上述三类废物外，农业废物和放射性废物的管理问题也十分重要。

随着我国农业产业化发展和农村生活水平的提高，农业废物和农村垃圾所造成的污染问题已开始显现。对城乡垃圾的区别对待，不仅使农村垃圾处于无序堆放的状态，还导致城市垃圾向农村转移，造成垃圾围城、土壤和水源污染、农村卫生条件恶化等环境问题。为了逐步消除农村固体废物污染，改善农村卫生条件，将农村固体废物纳入固体废物污染防治体系是非常必要的。经过修订的《固废法》规定“从事畜禽规模养殖应当按照国家有关规定收集、贮存、利用或者处置养殖过程中产生的畜禽粪便，防止污染环境。禁止在人口集中地区、机场周围、交通干线附近以及当地人民政府划定的区域露天焚烧秸秆”，同时，将“城市生活垃圾污染环境的防治”一节修改为“生活垃圾污染环境的防治”，使该节的管理覆盖面扩大到农村。并明确“农村生活垃圾污染环境防治的具体办法，由地方性法规规定”。从而表明我国将农业和农村固体废物纳入了固体废物污染防治体系进行管理。

由于放射性废物在管理方法和处置技术等方面与其他废物有明显的差异性，大多数国家都不将其包含在危险废物范围内。我国的《固废法》中也未涉及放射性废物。但由于核能和核技术在各个领域得到广泛利用，其安全与污染防治问题日益突出，我国于 2003 年颁布实施了《中华人民共和国放射性污染防治法》，该法对放射性固体废物的管理和处置均有明确的规定。

所谓放射性废物是指含有放射性核素或者被放射性核素污染，其浓度或者比活度大于国家确定的清洁解控水平，预期不再使用的废弃物。从处理和处置的角度，按比活度和半衰期将放射性废物分为高放长寿命、中放长寿命、低放长寿命、中放短寿命和低放短寿命五类。对于低、中水平放射性固体废物在符合国家规定的区域实行近地表处置。高水平放射性固体废物和α放射性固体废物实行集中的深地质处置。禁止在内河水域和海洋上处置放射性固体废物。

4．特点

固体废物的固有特性及其对环境的潜在污染危害决定对其进行管理和污染控制的管理方法和管理体制。概括地讲，固体废物对环境的潜在污染特点包括以下几个方面。

（1）数量巨大、种类繁多、成分复杂

如前所述，我国的固体废物污染控制已成为环境保护领域的突出问题之一。随着工业生产规模的扩大、人口的增加和居民生活水平的提高，各类固体废物的产生量也逐年增加。据统计，全国工业固体废物的产生量在 2002 年已经达到 9.4 亿多 t，而且还以每年 10%的速度在增加。随着我国城市化进程和居民生活水平的逐步提高，城市生活垃圾产生量仍以每年 4.8%的速度递增，2002 年全国城市垃圾清运量已经超过 1.36 亿 t，而城市垃圾有效处理率还不足 70%。城市人均日产垃圾量超过 1.0 kg，接近工业发达国家的水平，从这个数字来说，我国已处在超前污染的状态。

固体废物的来源十分广泛，例如，工业固体废物包括了工业生产、加工，燃料燃烧，矿石采选，交通运输等行业，以及环境治理过程所产生和丢弃的固体和半固体的物质。另外，从固体废物的分类，我们可以大致了解固体废物组成的复杂状态。除在城市垃圾中包含了几乎所有日常生活中接触到的物质以外，危险废物的种类将随着科学技术的发展而日益增多。

（2）资源和废物的相对性

固体废物具有鲜明的时间和空间特征，是在错误时间放在错误地点的资源。从时间方面讲，它仅仅是在目前的科学技术和经济条件下无法加以利用的资源，但随着时间的推移、科学技术的发展以及人们的要求变化，今天的废物可能成为明天的资源。从空间角度看，废物仅仅相对于某一过程或某一方面没有使用价值，而并非在一切过程或一切方面都没有使用价值。一种过程的废物，往往可以成为另一种过程的原料。固体废物，一般具有某些工业原材料所具有的化学、物理特性，且较废水、废气容易收集、运输、加工处理，因而可以回收利用。

（3）滞留期久、危害性强

固体废物除直接占用土地和空间外，其对环境的危害影响需要通过水、大气或土壤等介质方能进行。以固态形式存在的有害物质向环境中的扩散速率相对比较缓慢，例如，渗滤液中的有机物和重金属在黏土层中的迁移速率，大约在每年数厘米的数量级上，其对地下水和土壤的污染需要经过数年，甚至数十年后才能显现出来。与废水、废气污染环境的特点相比，固体废物污染环境的滞后性非常强，但一旦显现了对环境的污染，其后果将非常严重，因此，固体废物对环境的影响具有长期性、潜在性和不可恢复性等复杂后果。

（4）处理过程的终态，污染环境的源头

在废气的治理过程中，利用洗气、吸附或除尘等技术可以有效地将存在于气相中的粉尘或可溶性污染物（如酸性气体）转移到或转化为固体物质。同样，在水处理工艺中，无论是采用物化处理技术（如混凝、沉淀、超滤等）还是生物处理技术（如好氧生物处理、厌氧生物处理等），在水得到净化的同时，总是将水体中的无机和有机污染物质以固相的形式分离出来，因而产生大量的污泥或残渣。从这个意义上讲，可以认为废气治理或水处理的过程，实际上都是将环境中的污染物转化为比较难以扩散的形式，将液态或气态的污染物转变为固态的污染物，降低污染物质向环境迁移的速率。由于固体废物对环境的危害影响需通过水、大气或土壤等介质方能进行，因此，固体废物既是污染水、大气、土壤等的“源头”，又是废水和废气处理过程的“终态”，也正是由于这一特点，对固体废物的管理既要尽量避免和减少其产生，又要力求避免和减少其向水体、大气以及土壤环境的排放。最终处置需要解决的就是废物中有害组分的最终归宿问题，也是控制环境污染的最后步骤。最终处置对于具有永久危险性的物质，即使在人工设置的隔离功能到达预定工作年限以后，处置场地的天然屏障也应该保证有害物质向生态圈中的迁移速率不致引起对环境和人类健康造成威胁。

由此可见，固体废物对环境的污染和危害是不应低估更是不容忽视的。

二、固体废物环境影响分析评价

1．固体废物中污染物的释放

来自固体废物堆放、贮存和处置场的污染物可以通过一种或三种形态释放到环境中，即液态、固态和气态形式。排放的液体可以直接到达地表水或浸入地下水。固体废物中释放的大气污染物包括挥发性物质和从烟囱中排入大气的释放物。排放

的烟道气中含有 CO_2、H_2S 和未完全燃烧的痕量有机气体及颗粒物。以固体形式排放的污染物可以进入空气和水中。

污染物的释放分为有控和无控排放，有控排放属于固体废物管理实践和废物处理运行的一部分。无控排放是在无直接管理操作下的排放。

（1）排放到大气中的污染物

大气排放物可以来自点源、线源、面源、体源或非连续源。点源是最确定的典型的污染源，而线源、面源和体源被认为大部分是由泄漏产生的，泄漏排放是不合理地通过烟囱、高烟囱、出烟孔或其他功能设备排放的，如汽车排气。断续释放是另一种泄漏排放，它是瞬间来自溢出或其他事故排放。

空气排放物又可分为气相排放物或颗粒物质排放物。气相释放物主要由有机化合物组成，主要的释放机制是挥发，气相排放物也可以由加工制造和废物处理过程产生。颗粒排放物基本上是来自燃烧、风的侵蚀和机械过程。这些颗粒物中含有许多污染物，不仅包括有机物、金属，而且还有某些通常很稳定的物质（如氧化物）。

①挥发

挥发是把化学物质从液体转到气体相，挥发大部分不可控。大气释放源主要来自有害废物处理处置现场；地面的废物储存罐，管道的连接接口处，以及各种废物潴留池的表面，还有地面以下的源，如来自土地填埋物浸出液释放的污染物进入地下水。有机物还可以从地下水中挥发出来到达地表面中，排放物还可以来自污染的地下水中的化学物质的挥发。

挥发部分依赖于温度、蒸汽压及液相和气相间的浓度差。挥发的有机物可以直接进入大气，也可能通过曲折路径。

②颗粒物质排放

废物处理操作会产生颗粒物排放，焚烧可以直接排放颗粒物质。

更大的灰尘产生源是含有土壤处理的修铺工作。被污染的土壤常常需要补救，这既包括为处理处置场地的开挖，也包括对污染物的覆盖。开挖时如没有控制措施进行运输，并露天堆置或在池中贮存，那么每一操作过程都要产生大量尘土，即使土壤不需要开挖，但某种形式的表面平整也是必要的，这也将产生尘土。

（2）排放到水体的污染物

水是环境中传输污染物的很好的介质，污染物通过可控制的排放进入地表水的现象相当普遍。

固体废物中污染物进入水环境的途径有两种：一种是把水体作为固体废物的接纳体，直接向水体倾倒废物，从而导致水体的直接污染；另一种是固体废物在堆积过程中，经过自身分解和雨水淋溶产生的渗滤液流入江河、湖泊和渗入地下而导致地表水和地下水的污染。危险废物直接排入地下水中是很少的。固体废物中污染物进入水体的典型例子是填埋场渗滤液排入地表水或渗入地下水中。

①填埋场渗滤液产生

废物填埋场渗滤液的来源，概括起来有如下几个方面：

（i）降水（包括降雨和降雪）直接落入填埋场；

（ii）地表水进入填埋场；

（iii）地下水进入填埋场；

（iv）处置在填埋场中的废物中含有部分水。

②填埋场渗滤液中污染物

浸入废物的水首先是被固体废物材料吸着，当废物含水率达到饱和状态时，水就通过重力运动经过废物，这种水就将成为被污染的水。渗滤液中污染物的成分包含了在填埋场中各类废物的成分，渗滤液中各组分的浓度与废物的填埋量、水的浸入速率以及污染物溶解度、废物与水的接触表面积、接触时间和 pH 等因素有关。

2．固体废物中污染物的迁移转化

（1）固体废物对人体健康影响的途径

固体废物往往不是环境介质，但常常是多种污染成分存在的终态而长期存在于环境中，在一定条件下会发生化学的、物理的或生物的转化，对周围环境造成一定的影响。如果处理、处置管理不当，污染成分就会通过水、气、土壤、食物链等途径污染环境，危害人体健康。

（2）填埋场渗滤液中污染物的迁移转化

对于固体废物处理处置工程，填埋场渗滤液对地下水的污染控制是填埋场建设的核心问题。

①渗滤液实际渗流速度

为确定渗滤液中污染物通过场底垂直向下迁移的速度和穿过包气带及潜水层的时间，需要确定渗滤液在衬层和各土层中的实际渗流速度：

$$v=\frac{q}{\eta_e} \tag{6-1}$$

式中，v——渗滤液实际渗流速度，cm/s；

q——单位时间渗漏率，cm/s；

η_e——多孔介质的有效孔隙度。

②污染物迁移速度

污染物在衬层和包气带土层中的迁移是由于地下水的运动速度，污染物与介质之间的吸附/解吸、离子交换、化学沉淀/溶解和机械过滤等多种物理化学反应共同作用所致，其迁移路线与地下水的运移路线基本相同，而污染物迁移速度 v'则与地下水的运移速度 v 有下述关系：

$$v' = \frac{v}{R_d} \tag{6-2}$$

式中，R_d ——污染物在地质介质中的滞留因子，量纲一。

如果污染物在地下水-地质介质中的吸附平衡为线性关系，则

$$R_d = 1 + \frac{\rho_b}{\eta_e} K_d \tag{6-3}$$

式中，ρ_b——土壤堆积容重（干），g/cm^3；

K_d——污染物在土壤-水体系中的吸附平衡分配系数，应通过土壤对渗滤液中污染物的静态和动态吸附实验来确定，mL/g。

3．固体废物对环境的影响

正是由于固体废物具有如上的诸多特点，一旦对环境的潜在污染变成现实，要消除这些污染往往需要耗费较大的代价。具体来说，固体废物对环境介质可能造成的污染危害表现在以下几个方面：

（1）对土地的影响

固体废物的堆放需要占用土地，据统计，每堆积 1 万 t 废渣约需占用土地 0.067 hm^2。我国 1995 年全国工业固体废物的产生量约为 6.4 亿 t，历年累计堆存的工业固体废物量已达 66 亿 t，堆存占地约 5.5 万 hm^2。我国许多城市的近郊也常常是城市垃圾的堆放场所，形成垃圾围城的状况。固体废物的任意堆放，不但占用一定土地，而且其累计的存放量越多，所需的面积也越大，导致可耕地面积短缺的势头加剧。

随着我国经济发展和国民生活水平的提高，固体废物的产生量会越来越大，如不加以妥善管理，固体废物侵占土地的问题会变得更加严重。即使是固体废物的填埋处置，若不着眼于场地的选择评定以及场基的工程处理和封场后的科学管理，废物中的有害物质还会通过不同途径而排入环境中，乃至对生物包括人类产生危害。

（2）对水体的影响

固体废物对水体的污染途径有直接污染和间接污染两种：前者是把水体作为固体废物的接纳体，向水体直接倾倒废物，从而导致水体的直接污染；而后者是固体废物在堆积过程中，经过自身分解和雨水淋溶产生的渗滤液流入江河、湖泊和渗入地下而导致地表和地下水的污染。

有不少国家直接将固体废物倾倒于河流、湖泊或海洋，甚至以后者当成处置固体废物的场所之一。例如，美国仅在 1968 年就向太平洋、大西洋和墨西哥湾倾倒固体废物 4 800 多万 t。到 2002 年，我国每年仍有超过 2 000 万 t 的工业固体废物排入环境，其中约有 1/3 直接排入天然水体，成为地表水和地下水的重要污染源之一。固体废物弃置于水体，将使水质直接受到污染，严重危害水生生物的生存条件，并影响水资源的充分利用。此外，堆积的固体废物经过雨水的浸渍和废物本身的分解，其渗滤液和有害化学物质的转化和迁移，势必对附近地区的河流及地下水系和资源造成污染。

（3）对大气的影响

固体废物在堆存和处理、处置过程中会产生有害气体，若不加以妥善处理将对大气环境造成不同程度的影响。例如，露天堆放和填埋的固体废物会由于有机组分的分解而产生沼气，一方面，沼气中的氨气、硫化氢、甲硫醇等的扩散会造成恶臭的影响；另一方面，沼气的主要成分甲烷气体是一种温室气体，其温室效应是二氧化碳的 21 倍，而甲烷在空气中含量达到 5%～15%时很容易发生爆炸，对生命安全造成很大威胁。固体废物在焚烧过程中会产生粉尘、酸性气体、二噁英等，也会对大气环境造成污染。

另外，堆放的固体废物中的细微颗粒、粉尘等可随风飞扬，从而对大气环境造成污染。据研究表明：当发生 4 级以上的风力时，在粉煤灰或尾矿堆表层的粒径为 1～1.5 mm 以上的粉末将出现剥离，其飘扬的高度可达 20～50 m。在季风期间可使平均视程降低 30%～70%。

（4）对土壤和生物群落的影响

固体废物及其渗滤液中所含有害物质会改变土壤的性质和土壤结构，并将对土壤中微生物的活动产生影响。这些有害成分的存在，不仅有碍植物根系的发育和生长，而且还会在植物有机体内积蓄，通过食物链危及人体健康。

此外，生物群落特别是一些水生动物的休克死亡，可以认为是固体废物处置场释出污染物质的前兆。例如，在雨季，填埋场产生的渗滤液会通过地表径流或地下水进入江河湖泊引起大量鱼群死亡。这类危害效应可从个体发展到种群，直到生物链，并将导致受影响地区营养物循环的改变或产量降低。

（5）对人体健康的影响

固体废物，特别是在露天存放、处理或处置过程中，其中的有害成分在物理、化学和生物的作用下会发生浸出，含有害成分的浸出液可通过地表水、地下水、大气和土壤等环境介质直接或间接被人体吸收，从而对人体健康造成危害。

根据物质的化学特性，当某些不相容物相混时，可能发生不良反应，包括热反应（燃烧或爆炸）、产生有毒气体（砷化氢、氰化氢、氯气等）和产生可燃性气体（氢气、乙炔等）。若人体皮肤与废强酸或废强碱接触，将发生烧灼性腐蚀作用。若误吸收一定量农药，能引起急性中毒，出现呕吐、头晕等症状。贮存化学物品的空容器，若未经适当处理或管理不善，能引起严重中毒事件。化学废物的长期暴露会产生对人类健康有不良影响的恶性物质。这类潜存的负面效应，应予以高度重视。

4．固体废物环境影响评价的主要内容及特点

（1）环境影响评价类型与内容

固体废物的环境影响评价主要分两大类型：第一类是对一般工程项目产生的固体废物，由产生、收集、运输、处理到最终处置的环境影响评价；第二类是对处理、处置固体废物设施建设项目的环境影响评价。

对第一类的环境影响评价内容主要包括：①污染源调查。根据调查结果，要给出包括固体废物的名称、组分、性态、数量等内容的调查清单，同时应按一般工业固体废物和危险废物分别列出。②污染防治措施的论证。根据工艺过程、各个产出环节提出防治措施，并对防治措施的可行性加以论证。③提出最终处置措施方案，如综合利用、填埋、焚烧等。并应包括对固体废物收集、贮运、预处理等全过程的环境影响及污染防治措施。

对处理、处置固体废物设施的环境影响评价内容，则是根据处理处置的工艺特点，依据《环境影响评价技术导则》，执行相应的污染控制标准进行环境影响评价，如一般工业废物贮存、处置场，危险废物贮存场所，生活垃圾填埋场，生活垃圾焚烧厂，危险废物填埋场，危险废物焚烧厂等。在这些工程项目污染物控制标准中，对厂（场）址选择，污染控制项目，污染物排放限值等都有相应的规定，是环境影响评价必须严格予以执行的。

（2）固体废物环评的特点

由于国家要求对固体废物污染实行由产生、收集、贮存、运输、预处理直至处置全过程控制，因此在环评中必须包括所建项目涉及的各个过程。对于一般工程项目产生的固体废物将可能涉及收集、运输过程。另外，为了保证固体废物处理、处置设施的安全稳定运行，必须建立一个完整的收、贮、运体系，因此在环评中这个体系是与处理、处置设施构成一个整体的。例如，这一体系中必然涉及运输设备、运输方式、运输距离、运输路径等，运输可能对路线周围环境敏感目标造成影响，如何规避运输风险也是环评的主要任务。

5．固体废物管理原则

（1）固体废物“三化”管理基本原则

《固废法》规定：“国家对固体废物污染环境的防治，实行减少固体废物的产生、充分合理利用固体废物和无害化处置固体废物的原则”。这样，就是从法律上确立了固体废物污染防治的“三化”基本原则，即固体废物污染防治的“减量化、资源化、无害化”，并以此作为我国固体废物管理的基本技术政策。

①减量化原则

“减量化”是指通过采用合适的管理和技术手段减少固体废物的产生量和排放量。实现固体废物减量化实际上包括两方面内容，首先要从源头上解决问题，这也就是通常所指的“源削减”；其次要对产生的废物进行有效的处理和最大限度的回收利用，以减少固体废物的最终处置量。

目前固体废物的排放量十分巨大，如果能够采取措施，最小限度地产生和排放固体废物，就可以从“源头”上直接减少或减轻固体废物对环境和人体健康的危害，可以最大限度地合理开发利用资源和能源。减量化的要求，不只是减少固体废物的数量和减少其体积，还包括尽可能地减少其种类、降低危险废物的有害成分的浓度、减轻或清除其危险特性等。减量化是对固体废物的数量、体积、种类、有害性质的全面管理，积极开展清洁生产工艺。因此，减量化是防止固体废物污染环境的优先措施。就国家而言，应当改变粗放经营的发展模式，鼓励和支持开展清洁生产，开发和推广先进的生产技术和设备，充分合理地利用原材料、能源和其他资源。

②资源化原则

“资源化”是指采取管理和工艺措施从固体废物中回收物质和能源，加速物质和能源的循环，创造经济价值的广泛的技术方法。

从便于固体废物管理的观点来说，资源化的定义包括以下三个范畴：①物质回收，即从处理的废弃物中回收一定的二次物质如纸张、玻璃、金属等；②物质转换，即利用废弃物制取新形态的物质，如利用废玻璃和废橡胶生产铺路材料；利用炉渣生产水泥和其他建筑材料；利用有机垃圾生产堆肥等；③能量转换，即从废物处理过程中回收能量，以生产热能或电能，例如，通过有机废物的焚烧处理回收热量，进一步发电；利用垃圾厌氧消化产生沼气，作为能源向居民和企业供热或发电。

③无害化原则

“无害化”是指对已产生又无法或暂时尚不能利用的固体废物，尽可能采用物理、化学或生物手段，加以无害或低危害的安全处理、处置，达到消毒、解毒或稳定化，以防止并减少固体废物对环境的污染影响。

（2）固体废物全过程管理原则

固体废物的污染控制，经历了从简单处理到全面管理的发展过程。在初期，世界各国都把注意力放在就事论事的简单末端治理上，在经历了许多事故与教训之后，人们越来越意识到对固体废物实行首端控制的重要性，于是出现了“从摇篮到坟墓”的固体废物全过程管理的新概念。目前，在世界范围内取得共识的解决固体废物污染控制问题的基本对策是：避免产生（Clean）、综合利用（Cycle）和妥善处置（Control）的“3C 原则”。

《固废法》确立了对固体废物进行全过程管理的原则，即对固体废物的产生、收集、运输、利用、贮存、处理和处置的全过程及各个环节都实行控制管理和开展污染防治。

对危险废物而言，由于其种类繁多，性质复杂，危害特性和方式各有不同，则应根据不同的危害特性与危害程度，采取区别对待、分类管理的原则。即对具有特别严重危害性质的危险废物，要实行严格控制和重点管理。因此，《固废法》中提出了危险废物的重点控制原则，并提出较一般废物更严格的标准和更高的技术要求。

在“3C 原则”中，对源头的生产，尤其是工业生产的生产工艺（包括原材料和产品结构等）进行改革与更新，尽量采用“清洁工艺”显得更为重要。

（3）循环经济理念下的固体废物管理原则

新修订的《固废法》将循环经济理念融入相关政府对固体废物进行管理中。实施循环经济战略，乃是实现固体废物减量化、资源化、无害化的根本出路。因此，在固体废物管理和污染控制方面，需要体现循环经济的理念，主要是赋予政府责任，为推进固体废物循环利用创造条件、提供激励。为此，《固废法》明确提出“国家促进清洁生产和循环经济发展”。在政府责任方面，《固废法》还规定“国务院有关部门、县级以上地方人民政府及其有关部门编制城乡建设、土地利用、区域开发、产业发展等规划，应当统筹考虑减少固体废物的产生量和危害性、促进固体废物的综合利用和无害化处置”以及“国家鼓励单位和个人购买、使用再生产品和可重复利用产品”。

所谓“循环经济”是一种以物质闭环流动为特征的经济模式，一改传统的以单纯追求经济利益为目标的线性（资源—产品—废物）经济发展模式，借鉴生态学原理和规律，将经济、社会生活的每个环节与自然生态的各个要素有机地结合成一个整体，运用生态学规律指导人类社会的经济活动，使物质和能源在“资源—产品—废物—资源”的封闭循环过程中得到最大限度合理、高效和持久的利用，并把经济活动对自然环境的影响降低到尽可能小的程度，从而形成“低开采、高利用、低排放”的新型经济发展模式，实现可持续发展所要求的环境与经济的“双赢”。

因此，循环经济是一种运用生态学规律指导人类社会经济活动的发展理念，该体系中要求所有物质和能源能够通过不断的经济循环体系得到合理和持久的利用，从而将人类经济活动对自然的影响尽可能降低到最低限度。循环经济倡导建立与自然和谐的经济发展模式，以“低开采、高利用、低排放”为特征，要求人类经济活动形成“资源—产品—再生资源”的正反馈。针对固体废物管理，需要综合运用生态学、环境学、经济学的理论作为管理规划的基础，强调循环再生原则和废物最小量化原则，在统计区域或者不同区域层面之间建立“链”式管理模式。

①循环再生原则

循环再生原则是循环经济理念下固体废物管理中必须遵循的重要调控原则之一。其基本思想就是要在城市的生态系统内部形成一套完整的生态工艺流程。在这个生态工艺流程中，要求每一组分既是下一组分的“源”，又是上一组分的“汇”，即在系统中不再有“因”和“果”之分，也没有“资源”和“废物”之分。所有的物质都将在其中得到循环往复和充分利用。

循环再生原则包括生态系统内物质循环再生、能量梯级利用、时间生命周期、气候变化周期以及信息反馈、关系网络、因果效应等循环。

②废物最小化原则

废物最小化原则包括两层含义：一是降低城市生活和生产过程中产生的废物量，使其达到最小；二是降低资源的损耗，如城市管网系统中因管道渗漏而造成的损耗。废物最小量化的目标之一就是要实现人类资源需求的最小化，这就意味着在人类生产生活过程中尽量减少资源利用，同时最大限度地循环再利用，最大限度地依赖修理而不是替换。

废物最小化原则需要大量的创新，包括延长产品寿命、降低商店内的商品积压、减少和再利用大型发电厂的废热等。废物最小化原则必须应用于产品的整个生命循环周期中，而不是仅仅强调于循环环节或结尾环节，因而目标控制必须应用到原料开采、生产、产品使用、处理和循环再利用。

释放到环境中的废物量最小化意味着要在全社会范围进行更大程度的物资回收、循环和再利用，不仅需要寿命更长的产品，也要保证这些产品能通过简单的维修后继续使用，同时要能够获得一些必要的闲置的部件在生产和生活中进一步发挥作用。

6. 固体废物污染控制标准和技术规范

大体来说，我国的固体废物污染控制标准和技术规范可以分为三大类：

第一类是废物处理处置控制标准及规范，即对某种特定废物的处理处置标准、要求。目前，这类标准有《含多氯联苯废物污染控制标准》（GB 13015—91）、《医疗废物集中处置技术规范》（环发〔2003〕206号）、《废塑料回收与再生利用污染控制技术规范（试行）》（HJ/T 364—2007）等。

第二类是进口可用作原料的固体废物环境保护控制标准，即对某种特定进口废物的控制要求。目前，这类标准有《进口可用作原料的固体废物环境保护控制标准—骨废料》（GB 16487.1—2005）、《进口可用作原料的固体废物环境保护控制标准—冶炼渣》（GB 16487.2—2005）等，对骨废料、冶炼渣、木及木制品废料、废纸或纸板、废纤维、废钢铁、废有色金属、废电机、废电线电缆、废五金电器、供拆卸的船舶及其他浮动结构体、废塑料、废汽车压件13种进口废物设定了控制标准。

第三类标准则是设施控制标准及规范，如《生活垃圾填埋场污染控制标准》（GB 16889—2008）、《生活垃圾焚烧污染控制标准》（GB 18485—2001）、《危险废物填埋污染控制标准》（GB 18598—2001）、《危险废物焚烧污染控制标准》（GB 18484—2001）、《危险废物贮存污染控制标准》（GB 18597—2001）、《一般工业固体废物贮存、处置场污染控制标准》（GB 18599—2001）、《危险废物集中焚烧处置工程建设技术规范》（HJ/T 176—2005）、《医疗废物集中焚烧处置工程技术规范》（HJ/T 177—2005）。这些标准中都规定了各种处置设施的选址、设计与施工、入场、运行、封场的技术要求和释放物的排放标准以及监测要求。

【思考与练习】

1. 固体废物对环境的影响体现在哪些方面？

2. 垃圾填埋场在运营期的主要环境影响有哪些？（提示：从阅读材料二中寻找答案）

3. 我国固体废物处理处置设施的污染控制标准有哪些，各自的适用范围是什么？

4. 某城市拟建一座危险废物处理处置中心，拟接纳含铜电镀污泥、表面处理工业废液、医疗废物、废矿物油、废甲乙醇混合物以及生活垃圾焚烧厂的飞灰。请写出上述危险废物的编号、类别。

实训项目指导书

实训项目 1：确定项目声环境影响评价等级及评价范围

实训项目 2：拟订某房地产项目声环境现状调查方案及现状评价

实训项目 3：工业项目声环境影响预测评价

实训项目 1：确定项目声环境影响评价等级及评价范围

实训目的：

学会根据项目所在地的基本情况资料，划分声环境影响评价的工作等级，以及确定相应的评价范围。

实训学时安排：1 学时

实训场地要求：多媒体课室

实训工具材料：

1. 教师给定实际建设项目所在地基本资料；
2. 实训记录表。

实训方法：

由学生根据教师给定的项目所在地的基本情况资料，对照教材中评价工作等级的划分依据，确定评价工作的等级，以及评价的范围。

实训步骤：

材料（1）：某拟建道路经过五个地级市，推荐线声环境敏感点共 125 个，主要为自然村落、学校等（位于 GB 3096—2008 中的 2 类区），由于项目营运期交通量较大，预计建成后道路两侧敏感点的噪声将显著增加 5 dB（A）以上。

材料（2）：某工业项目，拟建于 GB 3096—2008 中的 2 类区，项目周围有 3 户居民居住，建成后会导致周围敏感点噪声增加 1～2 dB（A）。

材料（3）：某快递公司拟在 GB 3096—2008 中的 3 类区建设一物流仓库，项目周围居民点较少，但建成后由于运输车辆增加，会导致噪声增加 3～4 dB（A）。

第一步：根据项目所在地的基本情况资料，确定声环境影响的评价工作等级。

注意：建设项目符合两个以上级别的划分原则时，应该如何确定评价工作等级。

第二步：根据确定的声环境影响的评价工作等级确定声环境影响评价工作的范围。

实训记录：本项目实训结果以纸质版方式提交。

附：实训记录表

实训项目 1：确定项目声环境影响评价等级及评价范围　实训记录表

实训地点：________________________________

实训人员：__________学号：__________班级：__________

实训日期：________________________________

实训材料一

某拟建道路经过五个地级市，推荐线声环境敏感点共 125 个，主要为自然村落、学校等（位于 GB 3096—2008 中的 2 类区），由于项目营运期交通量较大，预计建成后道路两侧敏感点的噪声将显著增加 5 dB（A）以上。

实训结果一：

1. 项目的声环境影响评价等级

2. 项目的声环境影响评价范围

实训材料二

某工业项目，拟建于 GB 3096—2008 中的 2 类区，项目周围有 3 户居民居住，建成后会导致周围敏感点噪声增加 1～2 dB（A）。

实训结果二：

1. 项目的声环境影响评价等级

2. 项目的声环境影响评价范围

实训材料三

某快递公司拟在 GB 3096—2008 中的 3 类区建设一物流仓库，项目周围居民点较少，但建成后由于运输车辆增加，会导致噪声增加 3～4 dB（A）。

实训结果三：

1. 项目的声环境影响评价等级

2. 项目的声环境影响评价范围

实训项目 2：拟订某房地产项目声环境现状调查方案及现状评价

实训目的：

掌握声环境现状调查的内容，学会制定房地产项目声环境现状监测方案，能根据监测数据对声环境现状进行评价。

实训学时安排： 1 学时

实训场地要求： 多媒体课室或电脑机房

实训工具材料：

1. 房地产建设项目的基本内容；
2. 实训记录纸。

实训方法： 由每位学生根据教师给定的实训材料独立完成。

实训步骤：

材料：

某房地产项目选址于佛山市禅城区汾江南路西侧、魁奇路北侧，拟进行综合性开发，包括有住宅、商业大楼、商场及汽车客运站。目前项目所属地块尚未平整，区内以杂草丛、荒地为主。项目地块北面相距 20 m 为绿景苑别墅区围墙；东北角外 40 m 为财富大厦；东边靠地铁站魁奇路站 C 出口，东边隔汾江南路为丽日豪庭商住小区；南面临魁奇路；西面为在建工地。

第一步：结合案例，列出声环境现状应调查的内容。

第二步：制定房地产项目声环境现状监测方案（需绘制噪声监测布点图）。

第三步：根据监测数据，绘制监测结果统计表，按各边界和敏感点使用功能进行初步声功能区划，然后进行声环境现状评价。

实训记录： 本项目实训结果以纸质版方式提交。

附：实训记录表

实训项目 2：拟订某房地产项目声环境现状调查方案及现状评价　　实训记录表

实训地点：________________________________

实训人员：____________学号：____________班级：____________

实训日期：________________________________

实训材料

某房地产项目选址于佛山市禅城区汾江南路西侧、魁奇路北侧，拟进行综合性开发，包括有住宅、商业大楼、商场及汽车客运站。目前项目所属地块尚未平整，区内以杂草丛、荒地为主。项目地块北面相距 20 m 为绿景苑别墅区围墙；东北角外 40 m 为财富大厦；东边靠地铁站魁奇路站 C 出口，东边隔汾江南路为丽日豪庭商住小区；南面临魁奇路；西面为在建工地。

实训结果：

第一步：结合案例，列出声环境现状应调查的内容。

第二步：制定房地产项目声环境现状监测方案（需绘制噪声监测布点图）。

第三步：根据监测数据，绘制监测结果统计表，按各边界和敏感点使用功能进行初步声功能区划，然后进行声环境现状评价。

实训项目 3：工业项目声环境影响预测评价

实训目的：

学会根据工程分析中的声源强度及位置、现在调查中的背景值，以及项目所在区域的声环境功能区预测评价项目建成后声环境达标情况。

实训学时安排：2 学时

实训场地要求：多媒体课室

实训工具材料：

1. 教师给定实际建设项目工程分析、现状调查及声环境功能区划情况；
2. 实训记录表。

实训方法：

由学生根据教师给定的实际建设项目工程分析、现状调查及声环境功能区划情况，对照教材中预测评价步骤进行预测评价。

实训步骤：

第一步：根据项目工程分析中得到的项目产生噪声贡献值在厂界进行叠加。

第二步：将叠加后的噪声贡献值与环境背景值进行叠加，得到噪声预测值。

第三步：将噪声预测值与项目所在区域的声环境质量标准进行对比，判断项目厂界达标情况。

实训记录：本项目实训结果以纸质版方式提交。

附：实训记录表

实训项目 3：工业项目声环境影响预测评价　　实训记录表

实训地点：________________________________

实训人员：__________学号：____________班级：____________

实训日期：________________________________

实训材料

某工业企业位于 M 市 N 工业区，现有 3 间厂房，10 台噪声源设备。企业北边界外 50 m 处建有居民小区 K，其他厂界外为空旷地。

该企业拟进行扩建，新建 1 间厂房，该厂房内分布有 A、B 两个噪声源设备，24 h 不间断运行生产，设备经厂房墙壁隔声后，传播到厂房外 2 m 处的噪声强度分别为：A 源为 65 dB（A），

B 源为 68 dB（A）。2 个新增的噪声源距四个厂区边界处及居民小区 K 的距离见下图。

对现有项目四周的声环境现状进行监测，监测结果见下表。

编号	监测位置	监测结果/dB（A）		编号	监测位置	监测结果/dB（A）	
		昼间	夜间			昼间	夜间
①	东侧厂界	60	51	②	西侧厂界	61	50
③	南侧厂界	63	52	④	北侧厂界	62	50
⑤	居民小区 K	58	48				

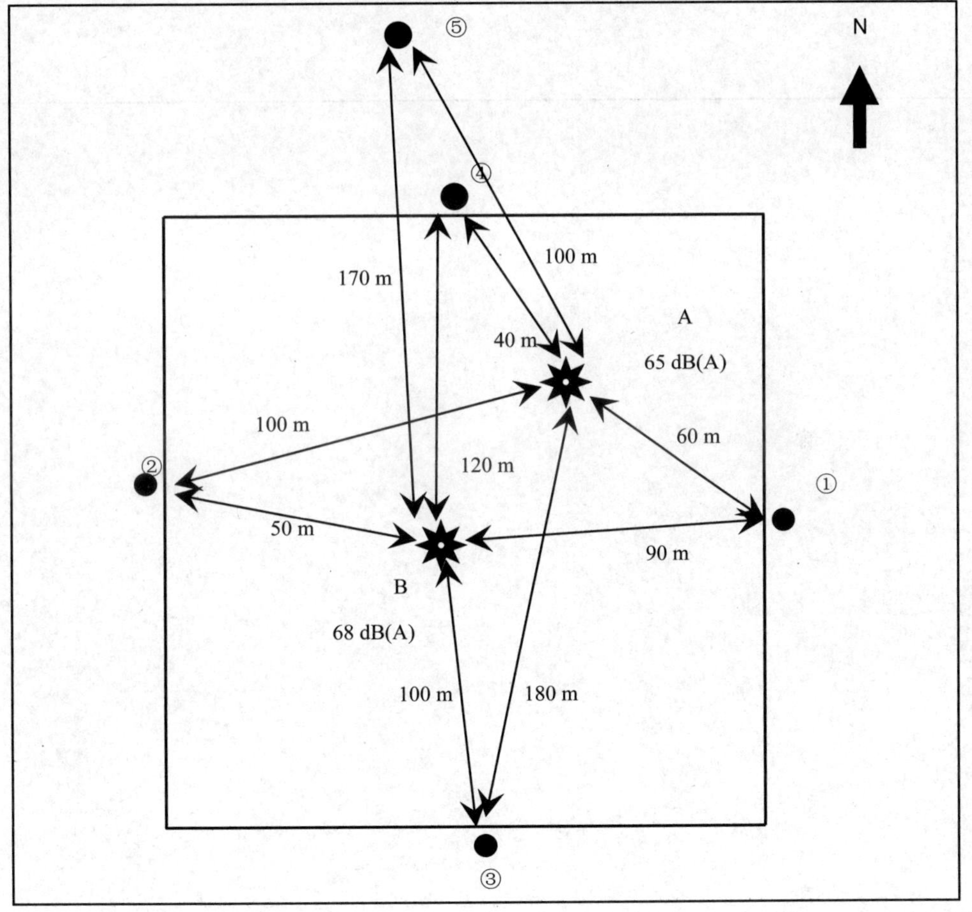

该地区相对湿度为 60%，相应的空气传播衰减常数α = 0.004 dB（A）/m。

经调查，该项目所在区域的声环境功能区划情况如下：企业厂界处为 3 类区，居民小区 K 为 2 类区。

实训结果：

第一步：根据项目工程分析中得到的项目产生噪声贡献值在厂界和敏感点处进行叠加。

第二步：将叠加后的噪声贡献值与环境背景值进行叠加，得到噪声预测值。

第三步：将噪声预测值与项目所在区域的声环境质量标准进行对比，判断项目厂界和敏感点处的达标情况。

阅读材料一：公路项目声环境影响评价（要点）

1．公路工程设计

通过可行性研究报告或初步设计分段给出公路、道路结构、坡度、路面材料、标高、地面材料，交叉口、道桥的数量。分段给出公路、道路昼间和夜间各类型车辆的平均车流量，车速。在缺少相应昼夜比例和车型比例的预测参数时，可通过附近类似道路的类比调查获取。

2．项目污染源强分析

确定车辆运行的噪声级。噪声级计算原则上应采用类比实测数据，实测有困难时可利用经过筛选和验证的有关资料进行选用。

3．公路环境噪声现状调查

沿线的敏感目标——城镇、学校、医院、居民集中区或农村生活区建筑物的分布及所在的功能区。

根据噪声敏感区域分布状况和工程特点，贯彻“以点代线，点段结合，反馈全线”的原则，确定若干有代表性的典型噪声测量断面和代表性的敏感点进行测量。若有噪声源（固定源、流动源）应调查其分布情况和敏感点受其影响情况。

调查结果经统计、计算，针对最终结果对照相应标准进行评价分析。

4．声环境影响预测评价

（1）预测参数

①工程参数

包括公路设计参数和车辆运行时的噪声级等。

②声波传播路径参数

A. 地面参数的确定：根据现场实际调查，确定公路到预测点之间的地面类型。

B. 其他参数的确定：工程和预测点之间的障碍物（建筑物，围墙，树林），地形高差等。

③敏感点参数

敏感点的名称、类型、敏感点名称、类型、所在路段、桩号和路基的相对高差、人口数量、沿线分布情况、建筑物的朝向、层数、现状声级，采用的评价标准等。

（2）预测评价

根据预测结果，采用噪声控制标准评述下列问题：针对项目建设期和不同运行阶段，评价沿线评价范围内各敏感目标（包括城镇、学校、医院、生活集中区等）按标准要求评价其达标及超标状况，并分析受影响人口的分布情况。

对工程沿线两侧的城镇规划受到噪声影响的范围绘制等声级曲线，明确合理的噪声控制距离和规划建设控制要求。

结合工程选线和建设方案布局，评述项目的合理性和可行性，必要时提出环境替代方案。

5．交通噪声防治对策

对提出的各种噪声防治措施应进行经济、技术可行性论证，在多方案比选后确定应采取的措施，并说明其降噪效果。

公路、道路交通噪声可通过线路比选，道路和敏感建筑物之间距离的调整，道路路面结构、路面材料改变，道路和敏感建筑物之间的土地利用规划，道路车辆的行驶规定，临街建筑物使用功能的变更，声屏障和敏感建筑物本身防护或拆迁安置来降低和减轻公路、道路交通噪声对周围环境和居民的影响。

应用案例

一、项目基本情况

1. 项目背景

规划 A 路南段工程位于××市北部，规划为城市 I 级次干道，全线南北走向。规划红线宽度 40 m，设计行车速度为 40 km/h，全长 2.323 km。

2. 评价工作等级

根据拟建工程特点及《公路建设项目环境影响评价规范（试行）》（交通部，JTJ 005 —96）和《环境影响评价技术导则》，确定该项目的评价等级如下：

根据《声环境质量标准》（GB 3096—2008），本项目沿线区域为居住及商业混合区，属 2 类声环境功能区；根据类比估算，建设前后评价范围内敏感目标噪声级增高量达 5 dB（A）以上。根据《环境影响评价技术导则　声环境》（HJ 2.4—2009）

中的有关规定，确定本次声环境影响评价等级为一级。

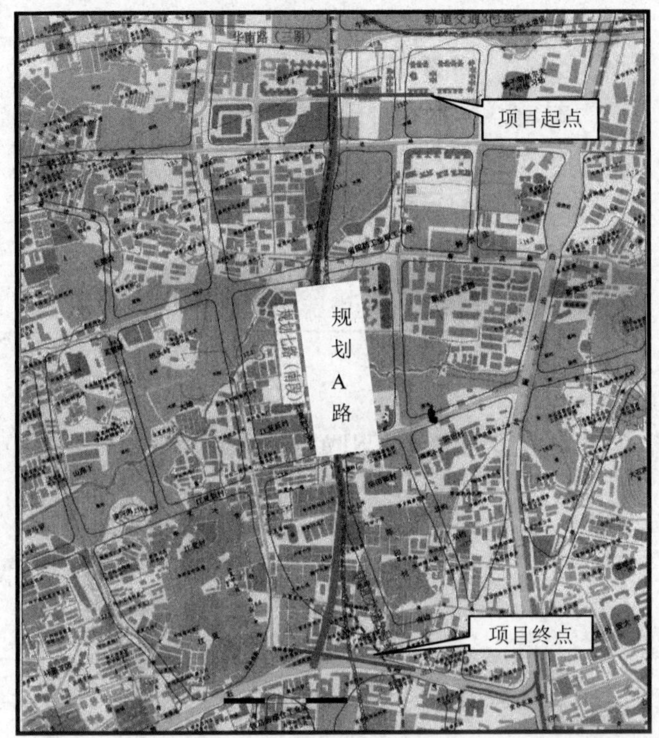

图 1-1　项目路线走向图

3. 评价范围

声环境影响评价范围：为拟选道路中心线两侧各 200 m 以内的区域，若到红线外 200 m 处仍不能满足相应功能区标准值，应将评价范围扩大到满足标准值的距离。根据预测，本项目红线外 200 m 处昼夜噪声均符合相应功能区标准，因此本项目声环境影响评价范围为拟选道路中心线两侧各 200 m 以内的区域。

4. 声环境功能区及执行标准

（1）声环境功能区

根据当地文件，建成的城市交通干线两侧 30 m 区域，声环境按 4a 类功能区控制，执行《声环境质量标准》（GB 3096—2008）的 4a 类标准，当纵深范围内有高于 3 层楼房以上（含 3 层）的建筑物时，建筑物面向道路一侧的区域划为 4a 类标准使用区域，建筑物背向道路一侧适用相邻区域标准。由于本项目道路沿线的敏感点住宅都在 3 层或以上，因此除第一排建筑执行 4a 类标准外，其他区域均执行 2 类标准。另外，根据《关于公路、铁路（含轻轨）等建设项目环境影响评价中环境噪声有关问题的通知》，评价范围内的学校、医院（疗养院、敬老院）等特殊敏感建筑，其室外噪声执行 2 类标准。因此，大学和中学执行 2 类标准。本项目执行的声环境质量标准详见表 1-1。

表 1-1 声环境质量评价执行标准 等效声级 L_{eq}：dB（A）

类别	昼间	夜间	适用范围
4a 类	70	55	A 小区、机关 D、C 住宅区的第一排建筑以及空旷路段道路红线两侧 30 m 范围
2 类	60	50	评价范围内除 4a 类以外的其他区域

（2）噪声排放标准

施工期噪声评价执行《建筑施工场界噪声限值》（GB 12523—90），见表 1-2。

表 1-2 建筑施工场界噪声限值 等效声级 L_{eq}：dB（A）

施工阶段	主要噪声源	噪声限值	
		昼间	夜间
土石方	推土机、挖掘机、装载机等	75	55
打桩	各种打桩机等	85	禁止施工
结构	混凝土搅拌机、振捣棒、电锯等	70	55
装修	吊车、升降机等	65	55

5. 环境保护目标和主要敏感点

本项目声环境及大气环境保护目标主要为：拟建项目施工场地周边、距离道路中心线两侧各 200 m 以内范围存在村庄、住宅区、办公楼、学校等环境敏感点，使其环境质量满足相应的质量标准要求。项目周围的主要环境敏感点情况如表 1-3 所示。敏感点分布图如图 1-2 所示。

表 1-3　项目主要环境敏感点分布一览表

序号	敏感点地名	桩号	相对高差/m	类型/性质	最近住宅距红线/中心线距离/m	敏感点规模	相对方位	执行声环境质量标准
1	A 小区	K0～K0+180	0	住宅	6/26	第一排包括4栋18层住宅,共144户,504人	西侧	第一排建筑执行 4a 类，其他执行 2 类
2	机关 D	K0～K0+20	0	办公	10/30	1栋10层办公楼,约400人	东侧	第一排建筑执行 4a 类，其他执行 2 类
3	F 大学	K0+500～K1+620	0	学校	180/200	第一排为3栋5层宿舍楼和办公楼，约400人	东侧	全部执行 2 类
4	B 住宅区	K0+670～K0+910	0	住宅	150/170	第一排为2栋9层住宅，约80户，280人	东侧	全部执行 2 类
5	C 住宅区	K0+980～K1+400	0	住宅	10/30	第一排包括5栋11～32层住宅，共180户，630人	东侧	第一排建筑执行 4a 类，其他执行 2 类
6	H 村	K1+260～K2+250	0	住宅	30/50	第一排包括45栋4～8层住宅，约270户，945人；第二排和第一排规模基本一致	西侧	全部执行 2 类
7	G 村	K1+580～K2+150	0	住宅	60/80	第一排包括40栋4～8层住宅，约200户，700人；第二排和第一排规模基本一致	东侧	全部执行 2 类
8	E 中学	K1+200～K2+250	0	学校	50/70	第一排为1栋4层教学楼，16间教室，约400人，临路一侧无窗户	西侧	全部执行 2 类

分析：敏感点参数包括敏感点名称、类型、所在路段、桩号和路基的相对高差、人口数量、沿线分布情况、建筑物第一排情况、层数、采用的评价标准等。用列表和图示进行说明。

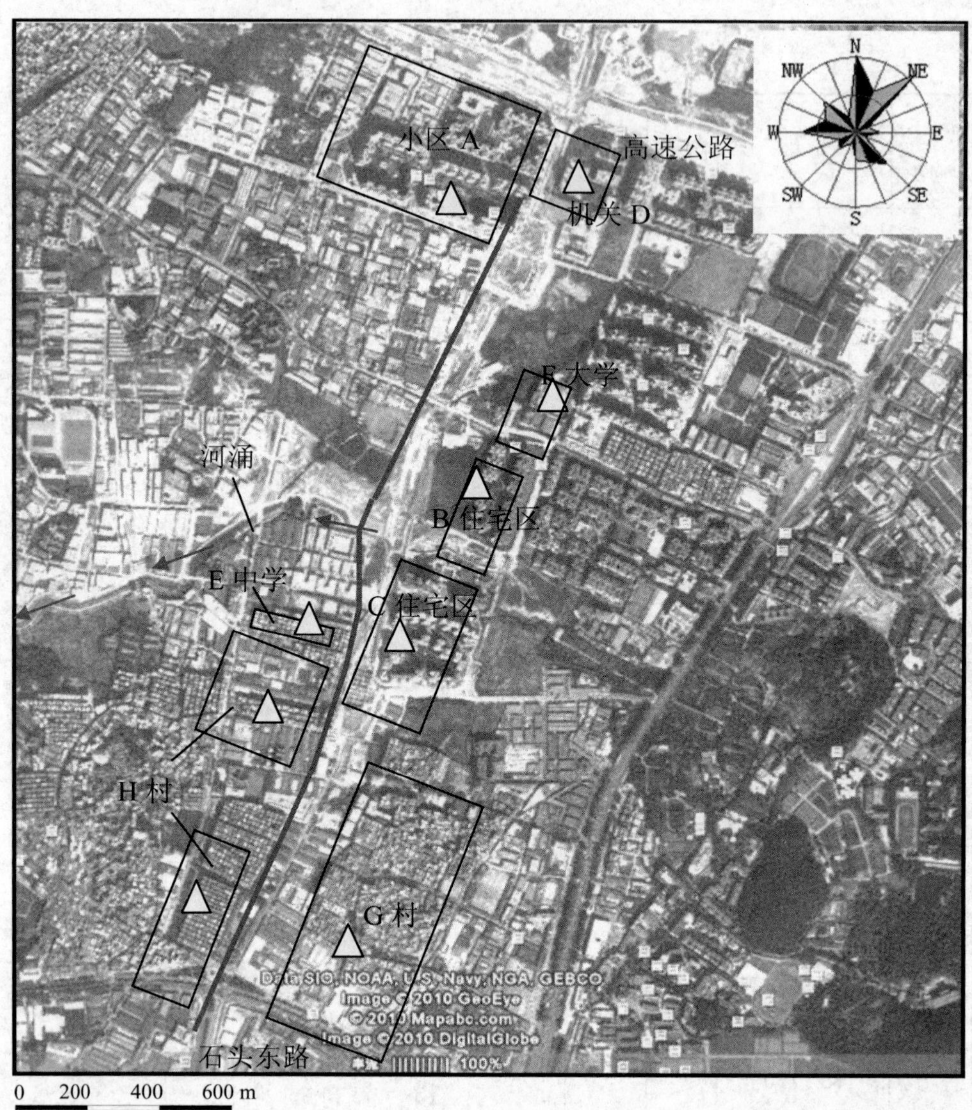

图 1-2　项目主要敏感点分布

二、工程概况

1. 工程规模与主要工程量

表 2-1　拟建项目主要工程数量汇总表

序号	项目名称		单位	数量
1	道路长度		m	2 322.58
2	规划红线宽度		m	40
3	土方		m^3	257 908.8
4	路基防护工程		m	2 322.58
5	机动车路面		m^2	68 900
6	人行道		m^2	28 344
7	箱形桥		m^2	422/1
8	涵洞		m	55.18/1
9	交通工程		km	2.323
10	照明工程		km	2.323
11	排水工程		km	2.323
12	征　地		亩	158
13	拆迁	A 类	m^2	1 541
		B 类	m^2	10 014
		C 类	m^2	3 156
		D 类	m^2	1 834
14	工程费用		万元	10 114.65
15	工程估算总额		万元	23 873.51

2. 预测交通量

根据本项目工程可研报告的交通量预测，选取 2012 年、2018 年及 2026 年作为各预测水平年，预测项目建成通车后的车流量各预测年日均交通量如表 2-2 所示，高峰小时交通量见表 2-3，昼间小时交通量见表 2-4，夜间小时交通量见表 2-5。

表 2-2　日均交通量预测值　　单位：辆/d

路段	特征年份	小型车	中型车	大型车	合计
规划 A 路	2012	18 888	4 400	2 588	25 876
	2018	25 975	6 050	3 563	35 588
	2026	35 438	8 250	4 850	48 538

表 2-3　高峰小时交通量预测值

单位：辆/h

路段	特征年份	小型车	中型车	大型车	合计
规划 A 路	2012	1 889	440	259	2 588
	2018	2 598	605	356	3 559
	2026	3 544	825	485	4 854

表 2-4　昼间小时交通量预测值

单位：辆/h

路段	特征年份	小型车	中型车	大型车	合计
规划 A 路	2012	968	226	133	1 326
	2018	1 331	310	183	1 824
	2026	1 816	423	249	2 488

表 2-5　夜间小时交通量预测值

单位：辆/h

路段	特征年份	小型车	中型车	大型车	合计
规划 A 路	2012	425	99	58	582
	2018	584	136	80	801
	2026	797	186	109	1 092

3. 主要技术指标

本项目按双向六车道，设计行车速度为 40 km/h 的城市 I 级次干道设计。

表 2-6　建设项目主要技术指标一览表

项　　目	单位	规范值	设计采用值
道路等级			城市 I 级次干道
计算行车速度	km/h	50、40	40
道路宽度	m		40
规划红线宽度	m		40
路面设计年限	年	15	15
路面设计荷载			BZZ-100
桥涵设计荷载			公路-II 级
路面横坡	%	1～2	2
停车视距	m	60	60
抗震等级	级		按烈度Ⅶ度设防
防洪标高	m		新建道路≥7.8

项目		单位	规范值	设计采用值
平曲线	设超高最小半径	m	100	300
	不设超高最小半径	m	400	500
	不设缓和曲线最小半径	m	700	700
	平曲线最小长度	m	85	97.7
	缓和曲线最小长度	m	45	50
竖曲线	凹型竖曲线最小半径	m	1 050	13 000
	凸型竖曲线最小半径	m	1 350	15 000
	最大纵坡	%	7	0.6
	最小坡长	m	140	150
	竖曲线最小长度	m	40	80
其他	路面结构			沥青混凝土
	排水系统			雨、污分流制管道排水

4. 路基、路面工程设计

根据道路在路网中的地位和作用及交通量预测结果，本工程道路按计算行车速度 40 km/h 的城市 I 级次干道设计，道路规划红线宽 40 m，道路全长 2.323 km。

（1）路基工程（略）

（2）路面工程

该地区属于华南沿海台风区，年平均降雨量为 1 700 mm，土基以黏性土为主。

由于沥青路面较水泥混凝土路面而言具有行车舒适、噪声小、施工机械化程度高、维护方便、可大面积铺设、养护容易等优点，所以本设计从行车条件、施工工艺、施工工期等方面综合考虑采用沥青路面。人行道、侧、平石等参照市亚运会大中修工程管理指引要求进行设计。

①路面结构

A. 机动车道路面结构

细粒式改性沥青混凝土（AC-13C） 4 cm

中粒式沥青混凝土（AC-20C） 8 cm

稀浆封层（ES-2） 0.6 cm

5%水泥稳定碎石 18 cm+17 cm

4%水泥稳定石屑 15 cm

路面结构层总厚 62.6 cm

B. 自行车道（略）

C. 人行道（略）

D. 路缘石设计（略）

②路面排水工程

路面雨水通过道路横坡、道路纵坡引入设置在道路上的雨水进水口，排入道路排水系统，最终汇入河涌。

5. 桥梁、涵洞工程

此次设计为保证既有沟渠排水畅通，在路线里程 K0+654.277 处设置一座（1～4）m×2 m 钢筋混凝土箱涵；在路线里程 K1+161.387 处设置一座（1～8）m×3.3 m 钢筋混凝土箱形桥。

①桥梁设计荷载标准：公路-Ⅱ级，人群荷载：3.5 kN/m^2

②桥梁宽度：3.0 m（人行道）+1.5 m（自行车道）+1.5 m（绿化带）+12.0 m（车行道）+4.0 m（中央分隔带）+12.0 m（车行道）+1.5 m（绿化带）+1.5 m（自行车道）+3.0 m（人行道）＝40 m

③桥面横坡：2%

④地震烈度：七度

6. 排水工程（略）

7. 公交车站布置（略）

8. 非机动车与人行（略）

9. 照明工程（略）

10. 交通工程（略）

11. 绿化工程

在道路范围内，利用中央分隔带和道路两侧的景观绿化带采用大包块、大面积的简洁处理，规划式与自由式相结合，并注意树种配置的四季景象变化、前后层次变化、高低错落变化，形成一个良好的四维空间环境。在树种选择时，选用树形美观整齐、枝叶繁茂、色泽清雅、观赏价值高的树种，适当配置灌木、花卉。常绿树与落叶树配合，速生树与慢生树配合，常绿灌木、落叶灌木、搭配，并配置不同花期的花卉，达到空间绿化丰富多彩、四季景色优美的目的。

本工程拟在两侧人行道布置行道树，中分带种植灌、乔木结合绿化苗种。

12. 道路横断面

城市道路横断面形式的选择，是道路设计的关键之一，其关系到整个工程的建设规模、服务水平、土地使用、工程投资等方面。本次道路标准横断面的布置形式如下：3.0 m（人行道）+1.5 m（自行车道）+1.5 m（人行道）+12.0 m（车行道）+4.0 m（中间带）+12.0 m（车行道）+1.5 m（人行道）+1.5 m（自行车道）+3.0 m（人行道）＝40 m，具体情况见图 2-1。

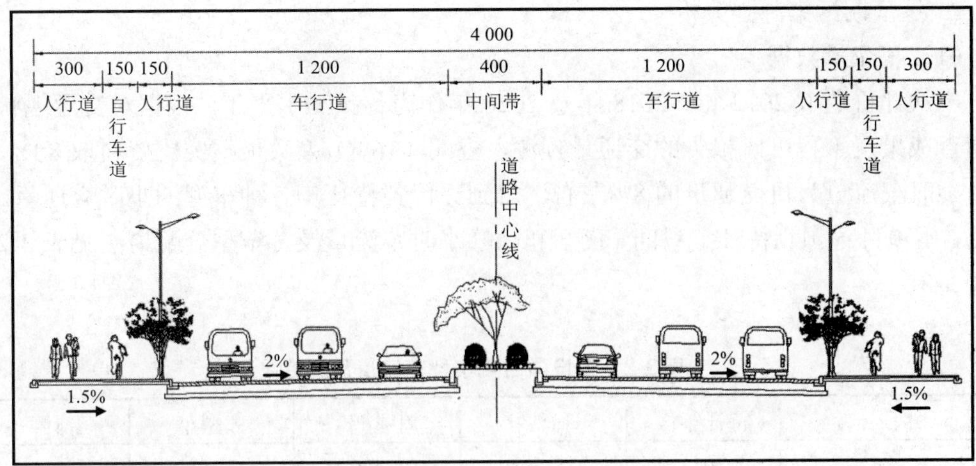

图 2-1 规划 A 路标准横断面

三、项目污染源强分析

1. 施工期污染源强分析

主要来自于施工机械和运输车辆辐射的噪声。如单斗挖掘机、履带式推土机、轮式装载机、自行式平地机、振动式压路机、沥青摊铺机及拌和机等，这些机械运行时在距离声源 5 m 处的噪声可达 76～98 dB（A），见表 3-1。

表 3-1 道路工程施工机械噪声测试值

序号	机械类型	型号	测点距施工机械距离/m	最大声级/dB
1	轮式装载机	ZL40 型	5	90
2	轮式装载机	ZL50 型	5	90
3	平地机	PY160A 型	5	90
4	振动式压路机	YZJ10B 型	5	86
5	双轮双振压路机	CC21 型	5	81
6	三轮压路机		5	81
7	轮胎压路机	ZL16 型	5	76
8	推土机	T140 型	5	86
9	轮胎式液压挖掘机	W4-60C 型	5	84
10	摊铺机（英国）	Fifond311ABG CO	5	82
11	摊铺机（德国）	VOGELE	5	87
12	发电机组（2 台）		1	98

资料来源：《公路建设项目环境影响评价规范》（JTJ 005—96）。

2. 运营期污染源强分析

（1）车流量数据

本次评价选取 2012 年、2018 年及 2026 年作为各预测水平年。根据对交通现状的调查成果及工程可研报告的交通量预测，昼间（16 h）系数根据类比资料取 88%，高峰小时车流量为日交通量的 8%左右，得到评价各特征年各种车型的小时交通量。综上，本项目各预测特征年昼间、夜间和高峰小时车流量及各车型分配情况见表 3-2 和表 3-3。

表 3-2　建设项目各车型车流量预测结果　　单位：辆/d

路段	特征年份	小型车	中型车	大型车	合计
规划 A 路	2012	18 888	4 400	2 588	25 876
	2018	25 975	6 050	3 563	35 588
	2026	35 438	8 250	4 850	48 538

表 3-3　各特征年小时车流量预测　　单位：辆/h

车型	昼间			夜间			高峰		
	2012 年	2018 年	2026 年	2012 年	2018 年	2026 年	2012 年	2018 年	2026 年
小	968	1331	1816	425	584	797	1 889	2 598	3 544
中	226	310	423	99	136	186	440	605	825
大	133	183	249	58	80	109	259	356	485

（2）单车行驶辐射噪声级 L_{oi}

车辆在行驶辐射噪声级与车速、车辆类型有关，单车噪声源强参照《公路建设项目环境影响评价规范》（交通部，JTGB 03—2006），各类车型在参照点（7.5 m 处）的平均辐射噪声级（dB（A））L_{oi} 按下式计算：

小型车 L_o，S=12.60+34.73 lgV_S

中型车 L_o，M=8.8+40.48 lgV_M

大型车 L_o，L=22.0+36.32 lgV_L

式中，S、M、L——V_L、V_M、V_S 分别表示大、中、小型车的车速。

规划 A 路设计车速为 40 km/h，各型车的平均车速就按 40 km/h 来计算。

本项目大、中、小三种车型的平均辐射声级见表 3-4。

表 3-4 各预测年单车噪声辐射声级

路段	$(\overline{L}_{0E})_i$	昼间、夜间、高峰小时	
		平均车速/（km/h）	单车辐射声级/dB（A）
规划 A 路	小型车	40	68.2
	中型车	40	73.7
	大型车	40	80.2

（3）公交车站噪声辐射声级

公交车站对交通噪声的影响程度与公交车的比例、加速和减速时产生的附加噪声、加速和减速的距离、停车时间等因素有关。在道路距离相等的情况下，公交车站附近的观测点噪声比远离车站的观测点噪声增加 2 dB（A）左右。公交车站对最近环境敏感点的影响如表 3-5 所示。

表 3-5 本项目公交车站对周边环境敏感点的影响一览表

序号	行车方向	桩号	工程阶段	与最近敏感点最近距离/m	影响范围	影响程度
1	由南向北	K2+190	二期工程	89	G 村、H 村	较小
2		K1+316	一期工程	22	C 住宅区	较大
3		K0+573	一期工程	215	B 住宅区	很小
4		K0+095	一期工程	43	A 小区	较大
5	由北向南	K0+324	一期工程	141	A 小区	很小
6		K0+837	一期工程	73	B 住宅区	较小
7		K1+520	二期工程	91	G 村、H 村	较小
8		K2+190	二期工程	49	G 村、H 村	较大

本项目类比 2007 年 9 月中山大学智能交通研究中心交通环境研究小组［《公交车站对交通噪声的影响分析》（中国环境监测 Vol.25，No.1，Feb. 2009）］对广州市新港西路怡乐村公交车站附近的交通噪声的测量结果，则本项目公交车站的噪声辐射声级介于 72.1～74.2 dB（A）。

四、沿线环境概况（略）

五、声环境现状调查与评价

根据《环境影响评价技术导则　声环境》（HJ 2.4—2009）的要求，本评价做如下声环境现状调查与评价。

1. 影响声波传播的环境要素

（1）气象特征

表 5-1　气候特征

序号	项目	数值
1	年平均风速	1.9 m/s
2	年平均气温	21.8℃
3	极端最高气温	38.7℃
4	极端最低气温	0℃
5	年平均相对湿度	78%
6	年均降水量	1 697 mm
7	年均降雨天数	164 d
8	年平均日照时数	1 830 h

（2）地形地貌

评价范围内主要为住宅小区、村庄、空地及少量厂房等。根据卫星图片上显示的数据及现场踏勘，项目所在区域地势平坦，无凹凸地。项目噪声源和环境敏感点之间的地形高差很小，本评价视其为平地。影响声波传播的主要环境因素为几何发散衰减。

2. 声环境质量现状

（1）监测布点

根据《环境影响评价技术导则　声环境》（HJ 2.4—2009）及《公路建设项目环境影响评价规范》（交通部，JTJ 005—96）中的有关规定，并结合项目特点和实地勘察，本评价在项目沿线布设了 10 个监测区，多层建筑选取有代表性的不同楼层设置测点（分室内、室外监测点），共 88 个监测点，各监测点概况见表 5-2，具体位置如图 5-1 所示。

表 5-2　各噪声监测点概况一览表

监测点位	噪声源	车流量记录	监测时间	最近住宅距红线/中心线距离/m	周边环境概况
1#机关 D	生活噪声 交通噪声 施工噪声	高速公路： 4 125 辆/h	2011.02.18— 2011.02.19	10/30	北面为高速公路，东面为住宅小区，南面为空地，西面为本项目
2#小区 A	生活噪声 交通噪声 施工噪声	高速公路： 4 125 辆/h 规划北路： 1 659 辆/h	2011.02.18— 2011.02.19	6/26	北面为高速公路，东面为本项目，南面为规划北路，西面为市场
3#F 大学	生活噪声	—	2011.02.18— 2011.02.19	180/200	北面为水稻田，东、南面为住宅小区西面为本项目
4#B 住宅区	生活噪声	—	2011.02.21— 2011.02.22	150/170	北面为 F 大学，东面为、南面为住宅小区，西面为绿化地
5# C 住宅区	生活噪声 施工噪声	—	2011.02.21— 2011.02.22	10/30	北面为住宅区，东面和南面为菜地，西面为本项目
6#E 中学	生活噪声 施工噪声	—	2011.02.21— 2011.02.22	50/70	位于 H 村，东面为本项目
7#H 村 1	生活噪声 工业噪声	—	2011.02.23— 2011.02.24	30/50	位于 H 村，周围有居民楼、商铺和小型工厂，东面为本项目
8#H 村 2	交通噪声 生活噪声 工业噪声	石头东路： 5 617 辆/h	2011.02.23— 2011.02.24	50/70	位于 H 村，周围有居民楼、商铺和小型工厂，东面为本项目，南面为石头东路
9#G 村 1	生活噪声 工业噪声	—	2011.02.23— 2011.02.24	60/80	位于 G 村，周围有居民楼、商铺和小型工厂，西面为本项目
10#G 村 2	交通噪声 生活噪声 工业噪声	石头东路： 5 617 辆/h	2011.02.23— 2011.02.24	60/80	位于 G 村，周围有居民楼、商铺和小型工厂，南面为汽车修配厂，西面为本项目

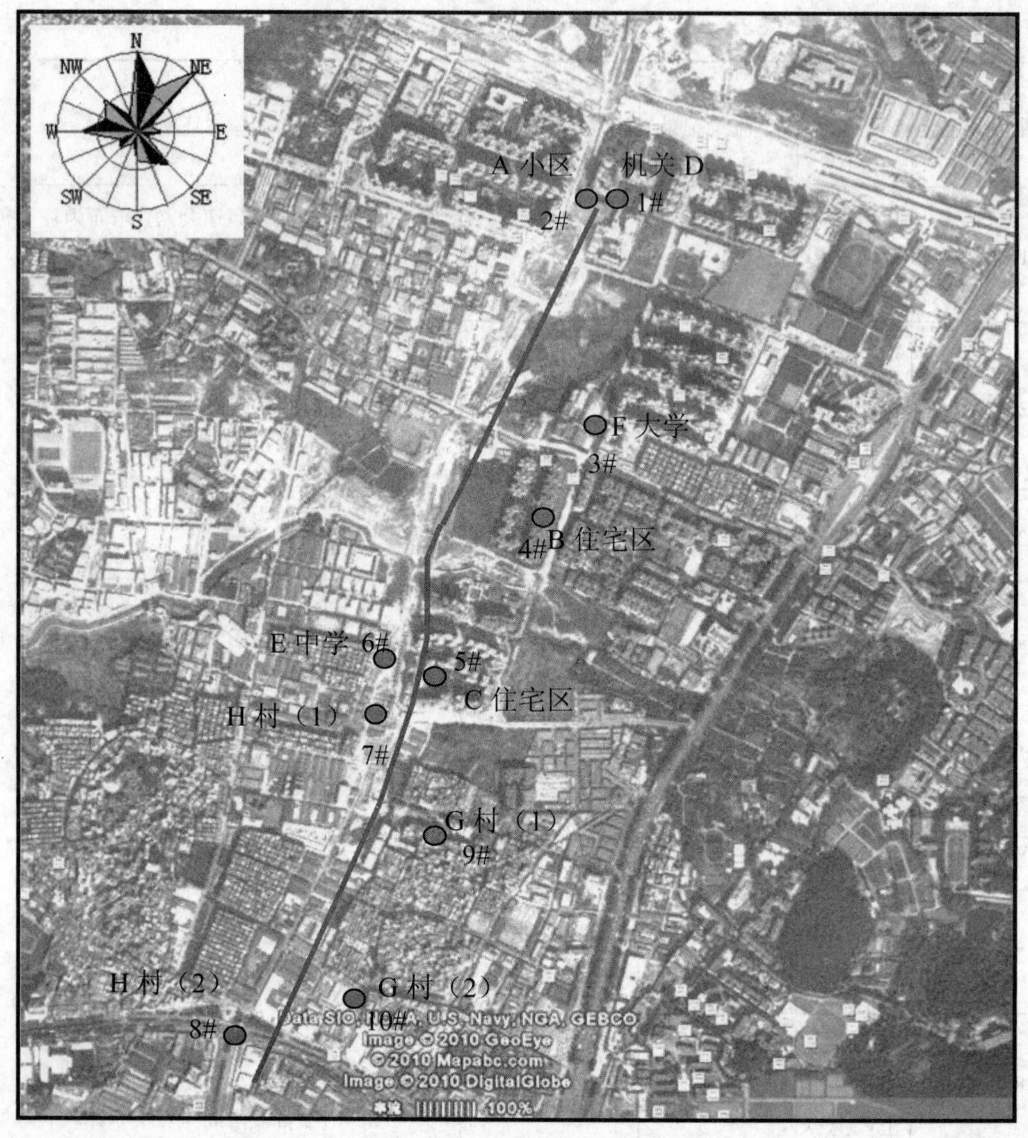

图 5-1 噪声监测布点图

分析：贯彻“以点代线，点段结合，反馈全线”的原则，确定有代表性的敏感点进行测量。由于声波传播过程中受地面建筑物和地面对声波吸收的影响，同一敏感目标不同高度上的声级会有所不同，因此当敏感目标高于三层（含三层）建筑时，应选取有代表性的不同楼层设置测点。

（2）监测时间和频率

于 2011 年 2 月 18—24 日对监测点进行 6 天的现场监测，每个敏感点连续监测

2 天，其中 1#～3#监测点监测时间为 2011 年 2 月 18—19 日，4#～6#监测点监测时间为 2011 年 2 月 21—22 日，7#～10#监测点监测时间为 2011 年 2 月 23—24 日。分昼间和夜间监测，昼间安排在 09：00—18：00 时，夜间安排在 22：00—00：00 时。

（3）监测仪器和监测方法

按《声环境质量标准》（GB 3096—2008）中的规范进行，采用多功能声级计测量等效连续 A 声级。

分析：以列表和图示结合的方式给出评价范围内的敏感目标的分布情况。有噪声源（固定源、流动源）调查其分布情况和敏感点受其影响情况。

（4）评价标准

A 小区、机关 D、C 住宅区第一排建筑面向道路一侧的区域以及空旷路段道路红线两侧 30 m 范围执行《声环境质量标准》（GB 3096—2008）的 4a 类标准，其他区域均执行 2 类标准。

（5）声环境现状监测结果与评价

通过对声环境现状监测结果进行统计整理，沿线的声环境现状监测统计结果见表 5-3。

表 5-3 各噪声监测点声环境现状监测结果统计表

监测点位（共 88 个）		检验结果 L_{eq}/dB（A）			
		2011.02.18		2011.02.19	
		昼间	夜间	昼间	夜间
1#机关 D	第 1 层（室外）	62.8	51.5	63.1	52.3
	第 1 层（室内）	43.1	34.8	42.9	35.9
	第 4 层（室外）	63.5	52.2	65.4	51.9
	第 4 层（室内）	53.1	46.2	52.4	45.2
	第 7 层（室外）	65.7	53.2	66.3	52.7
	第 7 层（室内）	53.9	47.9	52.8	46.3
	第 10 层（室外）	65.2	51.8	65.8	50.3
	第 10 层（室内）	52.1	46.7	51.9	45.9
	第一排建筑后	58.2	48.7	54.6	45.9
2#小区 A	第 1 层（室外）	61.5	49.3	62.5	48.1
	第 1 层（室内）	50.6	38.2	52.4	38.4
	第 4 层（室外）	62.2	50.8	63.3	49.3
	第 4 层（室内）	52.1	39.2	52.4	38.3

监测点位（共 88 个）		检验结果			
		L_{eq}/dB（A）			
		2011.02.18		2011.02.19	
		昼间	夜间	昼间	夜间
2#小区 A	第 7 层（室外）	63.2	51.8	64.9	50.3
	第 7 层（室内）	52.4	40.9	53.2	39.3
	第 10 层（室外）	63.4	52.2	65.3	50.9
	第 10 层（室内）	52.6	40.4	53.9	40.9
	第 13 层（室外）	62.9	51.5	64.9	50.4
	第 13 层（室内）	52.2	38.9	53.1	39.3
	第 16 层（室外）	61.3	50.1	63.2	49.2
	第 16 层（室内）	49.8	37.2	50.9	38.2
	第 18 层（室外）	59.4	48.4	62.3	48.3
	第 18 层（室内）	47.6	36.3	48.5	37.5
	第一排建筑后	59.3	49.2	58.4	48.2
3#F 大学	第 1 层（室外）	55.6	44.3	56.3	45.2
	第 1 层（室内）	43.2	36.2	44.2	37.2
	第 3 层（室外）	56.3	45.5	57.1	46.1
	第 3 层（室内）	44.5	37.2	45.8	38.1
	第 5 层（室外）	57.2	46.9	58.2	47.2
	第 5 层（室内）	45.7	36.9	45.1	38.2
	第一排建筑后	54.7	43.5	53.7	42.6
4#B 住宅区	第 1 层（室外）	54.3	40.5	52.1	39.2
	第 1 层（室内）	45.9	32.5	43.5	32.1
	第 4 层（室外）	55.3	42.2	53.9	41.1
	第 4 层（室内）	46.7	33.5	45.2	32.8
	第 7 层（室外）	55.9	42.9	54.7	42.4
	第 7 层（室内）	46.9	33.7	46.2	32.5
	第 9 层（室外）	56.3	43.4	55.6	42.9
	第 9 层（室内）	47.6	34.8	47.2	32.9
	第一排建筑后	51.3	37.6	52.0	36.2
5# C 住宅区	第 1 层（室外）	60.0	46.5	61.3	44.6
	第 1 层（室内）	47.1	36.2	48.3	35.7
	第 5 层（室外）	62.0	47.1	62.2	46.7
	第 5 层（室内）	49.9	37.2	50.0	36.3
	第 9 层（室外）	62.6	48.5	63.2	48.6
	第 9 层（室内）	51.8	37.5	51.7	37.9
	第 13 层（室外）	63.2	48.9	63.4	49.2

监测点位（共88个）		检验结果			
		L_{eq}/dB（A）			
		2011.02.18		2011.02.19	
		昼间	夜间	昼间	夜间
5# C住宅区	第13层（室内）	52.2	37.9	50.3	38.2
	第17层（室外）	61.3	46.4	60.9	46.0
	第17层（室内）	50.3	35.6	49.4	35.8
	第21层（室外）	58.8	46	59.8	45.3
	第21层（室内）	47.2	35.9	48.2	36.5
	第25层（室外）	57.9	45.8	58.3	44.2
	第25层（室内）	46.2	35	48.3	35.6
	第一排建筑后	57.7	44.3	56.1	45.5
6#E中学	第1层（室外）	65.5	54.3	64.8	53.2
	第1层（室内）	52.3	40.3	52.5	41.1
	第4层（室外）	66.1	55.5	65.2	54.4
	第4层（室内）	53.3	40.8	52.8	42.2
	第一排建筑后	62.2	51.7	64.3	53.5
7#H村1	第1层（室外）	64.5	54.8	61.3	55.2
	第1层（室内）	50.4	40.5	51.2	42.8
	第4层（室外）	65.5	55.0	62.6	56.7
	第4层（室内）	51.9	41.2	53.4	43.2
	第8层（室外）	65.2	55.1	62.1	56.1
	第8层（室内）	50.3	40.4	52.9	42.9
	第一排建筑后	62.5	53.3	63.5	52.8
8#H村2	第1层（室外）	65.7	55.5	63.9	56.5
	第1层（室内）	50.3	42.2	51.8	40.8
	第4层（室外）	66.2	56.3	64.5	57.5
	第4层（室内）	52.1	42.4	52.3	41.1
	第8层（室外）	65.5	55.2	63.9	56.1
	第8层（室内）	51.2	41.8	52.2	40.9
	第一排建筑后	64.3	56.8	65.3	54.3
9#G村1	第1层（室外）	62.2	54.8	63.6	55.1
	第1层（室内）	50.3	43.2	50.9	42.2
	第4层（室外）	63.2	55.3	64.6	56.9
	第4层（室内）	51.2	43.5	50.9	43.5
	第7层（室外）	63.4	55.6	65.0	57.2
	第7层（室内）	50.1	43.4	49.2	43.9
	第一排建筑后	63.3	51.2	63.2	52.0

监测点位（共 88 个）		检验结果			
		L_{eq}/dB（A）			
		2011.02.18		2011.02.19	
		昼间	夜间	昼间	夜间
10#G 村 2	第 1 层（室外）	64.5	55.3	62.8	54.5
	第 1 层（室内）	51.6	42.0	51.7	40.2
	第 4 层（室外）	64.6	55.9	63.1	54.8
	第 4 层（室内）	52.1	42.3	52.5	42.1
	第 8 层（室外）	64.8	55.8	63.5	55.9
	第 8 层（室内）	52.4	42.6	52.0	41.9
	第一排建筑后	63.0	54.7	62.5	51.0

监测数据表明：

2 类功能区监测结果：机关 D、小区 A、C 住宅区的第一排建筑后区域，F 大学，B 住宅区的本底噪声值符合《声环境质量标准》(GB 3096—2008) 2 类标准。E 中学、H 村和 G 村的昼间和夜间本底噪声不同程度的超过《声环境质量标准》2 类标准。由于本项目部分路段已处于施工阶段，施工设备和施工车辆是造成本底噪声超标的主要噪声源。另外，本项目位于居住、商业、工业混杂区，沿线区域人口密度大，周边小型工厂的工业噪声和周边道路的交通噪声也是造成上述监测点位本底噪声超标的重要原因。

4a 类功能区监测结果：机关 D、小区 A、C 住宅区的第一排建筑监测结果均符合《声环境质量标准》(GB 3096—2008) 4a 类标准。

分析：布点覆盖整个评价范围。敏感点高于三层建筑时，选取有代表性的不同楼层设置测点进行分析评价。分别评价不同类别的声环境功能区内各敏感目标的超、达标情况，并说明了其受到现有主要声源的影响状况。

六、声环境影响预测评价

1. 施工期声环境影响分析（略）

2. 营运期声环境影响预测与评价

（1）噪声评价范围

本项目的交通环境噪声影响评价范围：以道路中心线两侧各 200 m（水平方向）范围，重点是评价第一排的敏感点，适当考虑较近的第二批敏感点。

（2）交通噪声模式选择

由于道路结构以及两侧建筑物不同，导致交通噪声在道路附近形成的声场截然不同，而且变得非常复杂，特别是由高架道路和地面道路组成的复合道路。道路上行驶的机动车，包括启动、加速、刹车、转弯、爬坡等过程，其产生的噪声各有差异，产生的声场也极为复杂。为此，本评价在预测过程中做如下简化：将车辆视为匀速行驶，且每个行车道中的车流量及车型比例均相同。

本评价选用《环境影响评价技术导则　声环境》（HJ 2.4—2009）推荐的公路噪声预测模式来预测本项目道路交通噪声对沿线声环境质量的影响程度和范围。

①各型车辆行驶于昼间或夜间，预测点接收到的小时交通噪声等效 A 声级预测模式为：

$$L_{\mathrm{eq}}(h)_i=(\overline{L_{0E}})_i+10\lg\left(\frac{N_i}{v_iT}\right)+10\lg\left(\frac{7.5}{r}\right)+10\lg\left(\frac{\psi_1+\psi_2}{\pi}\right)+\Delta L-16$$

式中，$L_{\mathrm{eq}}(h)_i$——第 i 类车的小时等效声级，dB（A）；

$(\overline{L_{0E}})_i$——第 i 类车速度为 V_i，km/h；水平距离为 7.5 m 处的能量平均 A 声级，dB（A）；

N_i——昼间，夜间通过某个预测点的第 i 类车平均小时车流量，辆/h；

r——从车道中心线到预测点的距离，m；适用于 $r>7.5$ m 预测点的噪声预测；

V_i——第 i 类车的平均车速，km/h；

T——计算等效声级的时间，1 h；

ψ_1、ψ_2——预测点到有限长路段两端的张角，弧度，本评价取 $\psi_1+\psi_2=\pi$；

ΔL——由其他因素引起的修正量，dB（A），可按下式计算：

$$\Delta L=\Delta L_1-\Delta L_2+\Delta L_3$$

$$\Delta L_1=\Delta L_{坡度}+\Delta L_{路面}$$

$$\Delta L_2=A_{\mathrm{atm}}+A_{\mathrm{gr}}+A_{\mathrm{bar}}+A_{\mathrm{misc}}$$

式中，ΔL_1——线路因素引起的修正量，dB（A）；

$\Delta L_{坡度}$——道路纵坡修正量，dB（A）；

$\Delta L_{路面}$——道路路面材料引起的修正量，dB（A）；

ΔL_2——声波传播途径中引起的衰减量，dB（A）；

ΔL_3——由反射引起的修正量，dB（A）；

根据项目可研报告，本项目路面设计为沥青混凝土面层结构，设计车速 40 km/h，为此，本项目路面材料引起的修正量为 0，不同设计车速噪声级修正值如表 6-1 所示。另外，本项目地势平坦，最大纵坡为 0.6%，小于 2%。为此，本评价在此不考虑纵坡引起的噪声级修正。

表 6-1 道路路面噪声级修正量 单位：dB（A）

路面类型	不同行驶速度噪声修正量/（km/h）		
	30	40	≥50
沥青混凝土路面	0	0	0
水泥混凝土路面	1.0	1.5	2.0

表 6-2 路面纵坡引起的噪声级修正值 单位：dB（A）

纵坡/%	噪声级修正值	纵坡/%	噪声级修正值
≤2	0	3～4	+2
5～6	+3	>7	+5

②各型车辆交通噪声源强的叠加计算

各型车辆交通噪声源强按照下式进行叠加计算：

$$(L_{eq})_{交}=10\lg\left[10^{0.1(L_{eq})_L}+10^{0.1(L_{eq})_M}+10^{0.1(L_{eq})_S}\right]$$

式中，$(L_{eq})_L$、$(L_{eq})_M$、$(L_{eq})_S$——分别为大、中、小型车辆小时高峰、昼间或夜间，预测点接收到的交通噪声值，dB（A）；

$(L_{eq})_{交}$——道路两侧路碑交通噪声叠加源强值，dB（A）。

③衰减量的计算

A. 声波传播途径中引起的衰减量（ΔL_2）

a. 高路堤或低路堑两侧声影区衰减量计算

高路堤或低路堑两侧声影区衰减量为预测点在高路堤或低路堑两侧声影区内引起的附加衰减量。

当预测点处于声照区时，A_{bar}=0；当预测点处于声影区，A_{bar} 决定于声程差δ。由图 6-1 计算δ，$\delta=a+b-c$。再由图 6-2 查出。

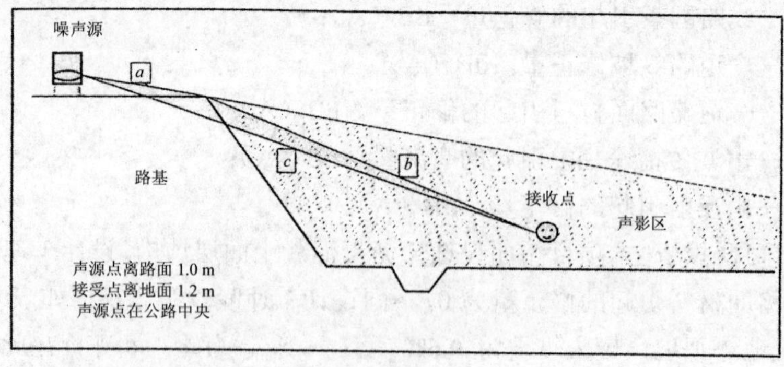

图 6-1 声程差计算示意图

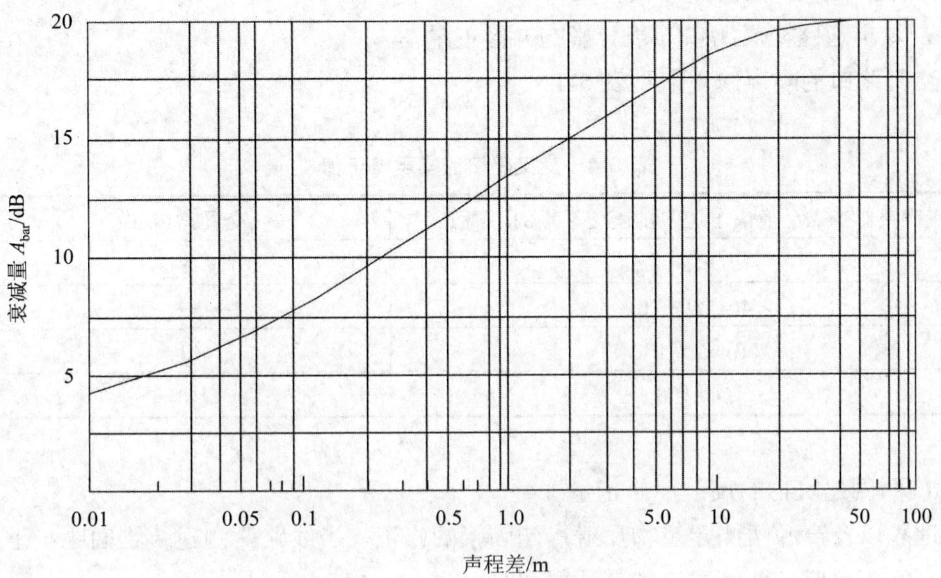

图 6-2　噪声衰减量 A_{bar} 与声程差的关系曲线（f = 500 Hz）

b. 农村房屋附加衰减值估算值

在沿道路第一排房屋声影区范围内，近似计算可按图 6-3 和表 6-3 取值。

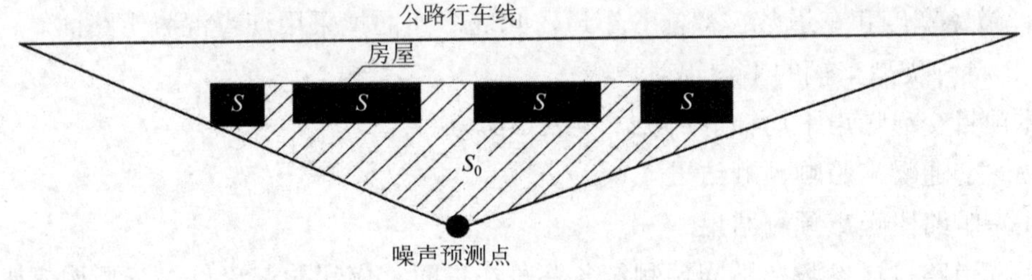

S 为第一排房屋面积和，S_0 为阴影部分（包括房屋）面积

图 6-3　农村房屋降噪量估算示意图

表 6-3　农村房屋噪声附加衰减值估算量

S/S_0	A_{bar}
40%～60%	3 dB（A）
70%～90%	5 dB（A）
以后每增加一排房屋	1.5 dB（A）最大衰减量≤10 dB（A）

B. 由反射等引起的修正量（ΔL_3）

a. 城市道路交叉路口噪声（影响）修正量

交叉路口的噪声修正值见表 6-4。

表 6-4 交叉路口的噪声修正值

受噪声影响点至最快车道中轴线交叉点的距离/m	交叉路口/dB
$D \leqslant 40$	3
$40 < D \leqslant 70$	2
$70 < D \leqslant 100$	1
$D > 100$	0

b. 两侧建筑物的反射声修正量

地貌以及声源两侧建筑物反射影响因素的修正。当线路两侧建筑物间距小于总计算高度 30%时，两侧建筑物是反射面时：$\Delta L_{反射}$=4 Hb。

④预测模式中各参数的确定

A. 车型比例、车流量及车速

采用项目可研报告中有关本项目的车流量预测及道路设计标准；昼间（16 h）和夜间（8 h）的车流量分别见表 2-4 和表 2-5。

a. 设计车速：40 km/h。

b. 道路宽度和车道数：双向 6 车道，40 m。路面拟采用沥青混凝土路面。

B. 各种类型车辆的平均辐射声级

本项目交通噪声平均辐射声级，见表 3-4。

（3）交通噪声影响预测结果

①空旷路段噪声预测结果

根据道路设计参数及不同预测年各路段在昼间、夜间的车流量、车型构成比的预测结果，采用以上预测方法进行计算。通过计算，得到在 2012 年、2018 年和 2026 年，各路段昼间和夜间的距地面 1.2 m 高处的噪声预测值列于表 6-5。

由表 6-5 可以看到，道路两侧营运期噪声随交通量增大而增大，随距路中心线距离的增加而减小。空旷地带的超标距离见表 6-6，实际达标距离会由于地面障碍物、建筑物等大大减少。

表 6-5 全线空旷路段噪声预测结果 单位：dB（A）

距离道路红线/m	2012 年		2018 年		2026 年	
	昼间	夜间	昼间	夜间	昼间	夜间
0	75.4	71.8	76.8	73.2	78.1	74.5
10	66.4	62.8	67.8	64.2	69.1	65.6
20	62.2	58.6	63.6	60.0	65.0	61.4
30	59.8	56.2	61.2	57.6	62.5	58.9
40	58.1	54.5	59.5	55.9	60.8	57.3
50	56.7	53.2	58.1	54.5	59.5	55.9
60	55.5	52.0	56.9	53.3	58.3	54.7
70	54.5	50.9	55.9	52.3	57.2	53.7
80	53.6	50.0	55.0	51.4	56.3	52.7
90	52.7	49.2	54.1	50.6	55.5	51.9
100	52.0	48.4	53.3	49.8	54.7	51.1
110	51.2	47.6	52.6	49.0	54.0	50.4
120	50.5	46.9	51.9	48.3	53.3	49.7
130	49.9	46.3	51.3	47.7	52.6	49.1
140	49.3	45.7	50.7	47.1	52.0	48.5
150	48.7	45.2	50.1	46.6	51.5	47.9
160	48.2	44.7	49.6	46.0	51.0	47.4
170	47.7	44.2	49.1	45.5	50.5	46.9
180	47.3	43.7	48.7	45.1	50.0	46.4
190	46.8	43.2	48.2	44.6	49.5	46.0
200	46.3	42.8	47.7	44.2	49.1	45.5

表 6-6 达标距离分析（距离路红线距离） 单位：m

时段	2012 年		2018 年		2026 年	
	4a 类	2 类	4a 类	2 类	4a 类	2 类
昼间	5	29	7	37	9	46
夜间	37	80	47	97	57	116

②敏感点噪声预测结果

据现场调查，本项目道路两侧 200 m 范围的声环境敏感点见表 1-3。

根据沿线各声环境敏感点相对于本项目道路所处的路段、相对距离、相对高差、周围环境特点以及路面纵坡等实际情况对交通噪声进行修正后，结合上述预测结果，本项目沿线各声环境敏感点在各特征时段的交通噪声预测结果见表 6-7。

表 6-7 沿线各关心点交通噪声预测贡献值及预测值一览表

单位：dB（A）

序号	敏感点名称	敏感点与道路红线/中心点距离/m	时段	标准值	现状监测值	2012年					2018年					2026年				
						贡献值	叠加值	与现状差值	超标量	超标户数/人	贡献值	叠加值	与现状差值	超标量	超标户数/人	贡献值	叠加值	与现状差值	超标量	超标户数/人
1	A小区第一排	6/26	昼间	70	62.0	71.5	72.0	10.0	2	144/504	72.9	73.2	11.2	3.2	144/504	74.3	74.5	12.5	4.5	144/504
			夜间	55	48.7	67.9	68.0	19.3	13	144/504	69.3	69.3	20.6	14.3	144/504	70.7	70.7	22.0	15.7	144/504
2	机关D第一排	10/30	昼间	70	63.0	66.4	68.0	5.1	达标	—	67.8	69.0	6.1	达标	—	69.0	70.0	7.0	达标	—
			夜间	55	51.9	62.8	63.1	11.2	8.1	—	64.2	64.4	12.5	9.4	—	65.6	65.8	13.9	10.8	—
3	F大学第一排	180/200	昼间	60	56.0	47.3	56.5	0.6	达标	—	48.7	56.7	0.7	达标	—	50.1	57.0	1.0	达标	—
			夜间	50	44.8	43.7	47.3	2.5	达标	—	45.1	47.9	3.2	达标	—	46.5	48.7	4.0	达标	—
4	B住宅区第一排	150/170	昼间	60	53.2	48.7	54.5	1.3	达标	—	50.1	54.9	1.7	达标	—	51.5	55.4	2.2	达标	—
			夜间	50	39.9	45.2	46.3	6.5	达标	—	46.6	47.4	7.6	达标	—	48.0	48.6	8.8	达标	—
5	C住宅区第一排	10/30	昼间	70	60.7	66.4	67.4	6.8	达标	—	67.8	68.6	7.9	达标	—	69.2	69.8	9.1	达标	—
			夜间	55	45.6	62.8	62.9	17.3	7.9	180/630	64.2	64.3	18.7	9.3	180/630	65.6	65.6	20.1	10.6	180/630
6	H村第一排	30/50	昼间	60	62.9	59.8	64.6	1.7	4.6	180/630	61.2	65.1	2.2	5.1	180/630	62.6	65.8	2.9	5.8	180/630
			夜间	50	55.0	56.2	58.7	3.7	8.7	270/945	57.6	59.5	4.5	9.5	270/945	59.0	60.5	5.5	10.5	270/945
7	G村第一排	60/80	昼间	60	62.9	55.5	63.6	0.7	3.6	180/630	56.9	63.9	1.0	3.9	180/630	58.3	64.2	1.3	4.2	180/630
			夜间	50	55.0	52	56.7	1.8	6.7	200/700	53.4	57.3	2.3	7.3	200/700	54.8	57.9	2.9	7.9	200/700

序号	敏感点名称	敏感点与道路红线/中心点距离/m	时段	标准值	现状监测值	2012年					2018年					2026年				
						贡献值	叠加值	与现状差值	超标量	超标户数/人	贡献值	叠加值	与现状差值	超标量	超标户数/人	贡献值	叠加值	与现状差值	超标量	超标户数/人
8	E中学第一排	50/70	昼间	60	65.2	56.7	65.7	0.6	5.7	400	58.1	65.9	0.8	5.9	400	59.5	66.2	1.0	6.2	400
			夜间	50	53.8	53.2	56.5	2.7	6.5	—	54.6	57.2	3.5	7.2	—	56.0	58.0	4.3	8	—
9	A小区第二排	40/60	昼间	60	58.9	37.7	58.9	0.0	达标	—	39.1	58.9	0.0	达标	—	40.5	58.9	0.1	达标	—
			夜间	50	48.7	34.6	48.9	0.2	达标	—	36.0	48.9	0.2	达标	—	37.4	49.0	0.3	达标	—
10	C住宅区第二排	40/60	昼间	60	56.9	48.6	57.5	0.6	达标	—	50.0	57.7	0.8	达标	—	51.4	58.0	1.1	达标	—
			夜间	50	44.9	45	48.0	3.1	达标	—	46.4	48.7	3.8	达标	—	47.8	49.6	4.7	达标	—
11	H村第二排	50/70	昼间	60	63.0	47.2	63.1	0.1	3.1	270/945	48.6	63.2	0.2	3.2	270/945	50.0	63.2	0.2	3.2	270/945
			夜间	50	53.1	43.7	53.5	0.5	3.5	270/945	45.1	53.7	0.6	3.7	270/945	46.5	53.9	0.9	3.9	270/945
12	G村第二排	80/100	昼间	60	63.3	44.1	63.3	0.1	3.3	200/700	45.5	63.3	0.1	3.3	200/700	46.9	63.3	0.1	3.3	200/700
			夜间	50	51.6	40.5	51.9	0.3	1.9	200/700	41.9	52.0	0.4	2	200/700	43.3	52.2	0.6	2.2	200/700

注：由于机关D为办公功能，E中学没有学生住宿，所以夜间不会有超标人口。

本项目为沥青混凝土路面，路面噪声修正量取 0。项目道路最大纵坡 0.6%，最小纵坡 0.3%，均小于 2%，因此路面纵坡引起的噪声级修正值取 0。敏感点与道路相对高差较小，不考虑。

考虑到机关 D 第二排建筑物位于起点以外，E 中学无第二排建筑物，F 大学和 B 住宅距离较远，因此本次预测仅预测交通噪声对小区 A、C 住宅、H 村和 G 村的第二排建筑物的影响结果。

项目建设对道路沿线各敏感点的噪声贡献等值线见图 6-4 和图 6-5。选取 B 住宅绘制垂直方向的等值线图，见图 6-6 和图 6-7。（中期和远期的相关预测图件略）

（4）营运期间敏感点声环境质量评估

本项目沿线共 8 处敏感点，在不同特征年下受影响的情况见表 6-8。

表 6-8 敏感点声环境质量（达标超标情况）评估表 单位：dB（A）

序号	敏感点名称	敏感点与道路红线/中心点距离/m	2012 年		2018 年		2026 年		评估结论
			昼间	夜间	昼间	夜间	昼间	夜间	
1	A 小区第一排	6/26	2.0	13.0	3.2	14.3	4.5	15.7	昼间和夜间均超标
	A 小区第二排	40/60	达标	达标	达标	达标	达标	达标	昼间和夜间均达标
2	机关 D	10/30	达标	8.1	达标	9.4	达标	10.8	昼间均达标，夜间均超标
3	F 大学	180/200	达标	达标	达标	达标	达标	达标	昼间和夜间均达标
4	B 住宅区	150/170	达标	达标	达标	达标	达标	达标	昼间和夜间均达标
5	C 住宅区第一排	10/30	达标	7.9	达标	9.3	达标	10.6	昼间均达标，夜间均超标
	C 住宅区第二排	40/60	达标	达标	达标	达标	达标	达标	昼间和夜间均达标
6	H 村第一排	30/50	4.6	8.7	5.1	9.5	5.8	10.5	昼间和夜间均超标，主要是由于现状噪声超标
	H 村第二排	50/70	3.1	3.5	3.2	3.7	3.2	3.9	昼间和夜间均超标，主要是由于现状噪声超标
7	G 村第一排	60/80	3.6	6.7	3.9	7.3	4.2	7.9	昼间和夜间均超标，主要是由于现状噪声超标
	G 村第二排	80/100	3.3	1.9	3.3	2.0	3.3	2.2	昼间和夜间均超标，主要是由于现状噪声超标
8	E 中学	50/70	5.7	6.5	5.9	7.2	6.2	8.0	昼间和夜间均超标，主要是由于现状噪声超标

图 6-4　营运初期昼间噪声等值线图

图 6-5 营运初期夜间噪声等值线

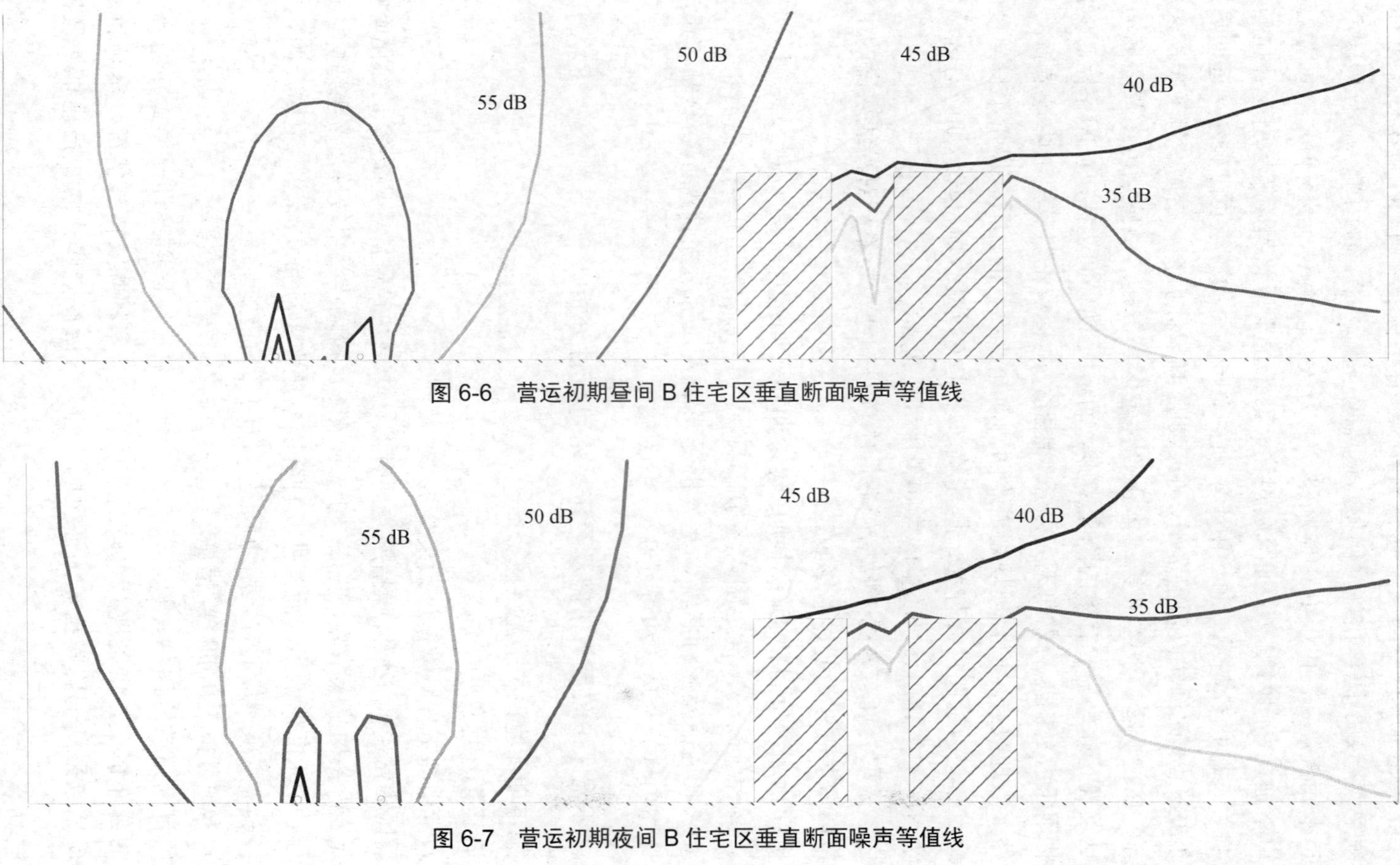

图 6-6 营运初期昼间 B 住宅区垂直断面噪声等值线

图 6-7 营运初期夜间 B 住宅区垂直断面噪声等值线

对于噪声超标较严重的A小区第一排、C住宅区第一排、G村第一排和H村第一排必须采取有效的隔声措施，例如，通风隔声窗。对于E中学，超标原因主要为现状噪声本底值较高，由于E中学临路一侧为教学楼墙壁，没有窗户，可考虑在教学楼与道路垂直方向两侧安装通风隔声窗。对于由于现状噪声超标引起叠加噪声超标的H村第二排和G村第二排，由于本项目对该两处敏感点贡献较小（远期噪声增值小于1 dB），本评价建议预留费用，在后期监测超标后再上措施。对于噪声未超标的F大学、B住宅区、小区A第二排和C住宅区第二排等敏感点可在营运期加强监测，一旦发现超标，采取有效的降噪措施。而机关D昼间达标，夜间超标，但由于该建筑物用于办公用途，夜间无人办公，因此，本评价不对其提出降噪措施。

另外，当地政府还应合理规划道路两侧新建建设物的性质，尽量不将学校和医院等敏感点布局为道路红线外第一排建筑，以避免或减少项目营运期间对区域居民生活、学习、工作等声环境质量的影响范围和程度。

总之，采取合理有效的降噪措施后，本项目的建设将不会对沿线居民的生活、学习等声环境造成较为明显的影响。

分析：预测评价包括①针对项目建设期和不同运行阶段（短、中、长期）进行预测。②评价沿线评价范围内各敏感目标（包括学校、机关、生活集中区等）按标准要求其达标及超标状况，并分析受影响人口的分布情况。③绘制等声级线图。④评述项目的合理性和可行性。

七、环境保护政策与措施及经济技术可行性分析

1. 施工期环境保护措施（略）

2. 营运期环境保护措施

（1）常用的工程降噪措施效果分析

目前国内常用的工程降噪措施主要有搬迁、路边声屏障、隔声窗、绿化降噪林等。综合分析各种降噪措施，见表7-1，通风隔声窗隔声效果较好，费用适中，适用性强，对居民生活影响小，而其他几种降噪措施在本项目实际运用中均存在着一定的制约因素，本项目最适宜采用通风隔声窗的降噪措施。

（2）本项目拟采用的降噪措施

本项目为市政道路的建设，以地面工程为主。根据道路设计形式并结合沿线敏感点的分布情况，借鉴现有市政道路所采取的工程降噪措施情况，本项目对各敏感点最适宜采用的降噪措施为通风隔声窗。各敏感点噪声防止措施推荐及比选见表7-2。

表 7-1　几种降噪措施的降噪情况对比表

措施名称	适用情况	降噪效果	优点	缺点
搬迁	将超标严重的个别用户搬迁到不受影响的地方	可完全避免建设项目的噪声影响	降噪彻底，可以完全消除噪声影响，但仅适用于零星分散超标的住户	费用较高，适用性受到限制且对居民生活产生一定的影响
声屏障	超标严重、距离道路很近的集中敏感点	声屏障的几何形状主要包括直立型、折板型、弯曲型、半封闭或全封闭型。隔声量基本可达到 6～15 dB。被保护敏感点的环境噪声级（L_p）与环境噪声标准值（L_s）的差为建造声屏障的最小噪声衰减量，其设计噪声衰减量（ΔL）应满足 $\Delta L \geq L_p - L_s$	降噪效果较好，应用于道路路侧，易于实施，受益人较多	投资较高，声屏障的设计形式可能对视觉景观有影响；仅适用于路两侧近距离（一般 60～80 m）范围内超标敏感点；且声屏障高度不宜超过 5 m
修建或加高围墙	超标轻微，距离道路很近的集中居民区或学校	普通的用砖砌围墙可降噪 3～5 dB（A）	效果一般，费用较低	降噪能力有限，适用范围小
普通隔声窗	分布分散、受影响较严重的村庄	隔声窗比普通窗多降噪 12～20 dB（A），一般可以降噪 15～25 dB（A）	效果较好，费用较低，适应性强	不通风，炎热的夏季不适用，影响居民生活
通风隔声窗	分布分散、受影响较严重的村庄	隔声窗比普通窗多降噪 12～20 dB（A），一般可以降噪 15～25 dB（A）	效果较好，费用适中，适应性强，对居民生活影响小	相对于声屏障等降噪措施来讲，实施稍难，受建筑物原有窗子结构的制约
绿化降噪林	适用于噪声超标不严重，有植树条件的集中村庄	乔、灌木搭配密植，树木高大，枝叶茂密的绿化林带的附加降噪量估算如下： 林带宽度为 10 m 时，附加降噪量 1～2 dB（A） 林带宽度为 30 m 时，附加降噪量 3～5 dB（A） 林带宽度为 50 m 时，附加降噪量 5～7 dB（A） 林带宽度为 100 m 时，附加降噪量 10～12 dB（A）	绿化林带具有防噪、防尘、水土保持、改善生态环境和美化环境等综合功能	要达到一定的降噪效果需很长时间，降噪效果季节性变化大且需要一定投资，适用性受到限制
改性沥青路面	适用于路面较差状况	与一般水泥路面相比，可降噪 5 dB（A）左右	可降噪，改善交通和生活环境	要达到一定的降噪效果还需要配合其他措施

表 7-2 沿线敏感点临路一侧窗户统计数量

序号	敏感点	距路红线/中心线距离/m	环境标准	超标量	防治措施说明及建议	投资估算/万元
1	小区 A 第一排	6/26	昼间:70 夜间:55	昼间：4.4 夜间：15.7	由于该敏感点为高层建筑，安装声屏障达不到标准要求，且费用较高，故建议安装通风隔声窗（144 户，按 10 m^2/户，造价 800 元/m^2 计）预计 115.2 万元	115.2
2	机关 D	10/30	昼间:70 夜间:55	昼间：达标 夜间：10.6	由于机关为办公用途，夜间无人办公，因此，暂时不用采取噪声减缓措施，可在营运期加强监测，如发现超标，采取有效的噪声减缓措施	—
3	C 住宅区第一排	10/30	昼间:70 夜间:55	昼间：达标 夜间：10.6	由于该敏感点为高层建筑，安装声屏障达不到标准要求，且费用较高，故建议安装通风隔声窗（180 户，按 10 m^2/户，造价 800 元/m^2 计）预计 144 万元	144
4	H 村第一排	30/50	昼间:60 夜间:50	昼间：5.8 夜间：10.5	由于该敏感点为多层建筑，安装声屏障达不到标准要求，且费用较高，故建议安装通风隔声窗（270 户，按 12 m^2/户，造价 500 元/m^2 计）预计 162 万元	162
	H 村第二排	50/70	昼间:60 夜间:50	昼间：3.2 夜间：3.9	主要由于现状超标导致，本项目对该敏感点贡献较小（远期噪声增值小于 1 dB），本评价建议预留费用，在后期监测超标后再上措施	50
5	G 村第一排	60/80	昼间:60 夜间:50	昼间：4.2 夜间：7.9	本敏感点距离道路较远，但城市内无密植绿化的条件，且由于该敏感点为多层建筑，安装声屏障达不到标准要求，且费用较高，故建议安装通风隔声窗（200 户，按 12 m^2/户，造价 500 元/m^2 计）预计 120 万元	120
	G 村第二排	80/100	昼间:60 夜间:50	昼间：3.3 夜间：2.2	主要由于现状超标导致，本项目对该敏感点贡献较小（远期噪声增值小于 1 dB），本评价建议预留费用，在后期监测超标后再上措施	50
6	E 中学	50/70	昼间:60 夜间:50	昼间：6.2 夜间：8.0	主要由于现状超标导致，E 中学临路一侧为教学楼墙壁，没有窗户，可考虑在教学楼与道路垂直方向两侧安装通风隔声窗（16 间教室，按 25 m^2/间，造价 500 元/m^2 计）预计 20 万元	20
合 计						661.2

根据对本项目的噪声预测结果，敏感点昼间和夜间的最高噪声值为 74.5 dB（A）和 70.7 dB（A），按照住宅室内噪声控制标准和民用建筑设计规范的有关要求：住宅昼间和夜间室内控制标准分别为 50 dB（A）和 40 dB（A）；学校教室昼间标准为 50 dB（A）。由此可见，要达到室内控制标准要求，机械通风隔声窗的降噪量应

在 30.7 dB（A）以上，因此，建议本项目机械通风隔声窗的技术指标为：降噪量≥35 dB（A）。本项目敏感点安装该技术指标的机械通风隔声窗后其昼间和夜间室内噪声可控制在 50 dB（A）和 40 dB（A）以内，到达其使用功能的要求。

综上所述，本评价建议对各声环境敏感点采取的噪声防治措施从技术上分析是可行的，可保证项目通车后的交通噪声不会影响各声环境敏感点所在功能区的要求（安装机械通风隔声窗的敏感点指其室内噪声值满足其功能要求）。

本项目需对沿线敏感点临路一侧建筑安装的隔声窗面积为 9 240 m^2，隔声窗投资约为 661.2 万元，只占项目总投资额的 2.77%左右，因此经济上是可行的。通过采取通风隔声窗的减噪措施，可使项目各噪声敏感点达到所属声功能区的要求，各措施技术上完善、可行，并且可根据经济的发展、合理安排资金，保证资金在不同时期得到最完善的利用。因此建议的方法在技术和经济上是可行的。

分析：对提出的各种噪声防治措施进行经济、技术可行性论证，在多方案比选后确定应采取的措施，并说明其降噪效果。

阅读材料二：典型固体废物处理处置设施建设项目环境影响评价（要点）

一、生活垃圾填埋场

1．生活垃圾填埋场的主要特点

生活垃圾填埋场，即利用自然地形或人工构造形成一定的空间，将每日产生的生活垃圾填充、压实、覆盖，达到贮存、处置生活垃圾的目的。当预先修建的这一空间被充满后即服务期满，采取封场措施，恢复场区的原貌。生活垃圾中的厨余物、纸类、纤维物、草木类、有机污泥等，填埋后，在微生物作用下，逐步分解为气态物质、水和无机盐类，而达到减容和稳定的目的。在这一稳定过程中，将产生填埋气体和由垃圾本身水分加上降水而形成的渗滤液。

生活垃圾填埋场除要有导排气系统外，为了防止渗滤液对地下水和地表水的污染，必须将渗滤液与外界的联系隔断，同时收集后引出处理，因此填埋场必须设有防渗层及渗滤液集排水系统。

2．垃圾填埋场的主要污染源

填埋场主要污染源是渗滤液和填埋气体。

（1）渗滤液。城市生活垃圾填埋场渗滤液是一种高污染负荷且表现出很强的综合污染特征、成分复杂的高浓度有机废水，其性质在一个相当大的范围内变动。一般来说，城市生活垃圾填埋场渗滤液的pH为4～9，COD浓度为2 000～62 000 mg/L，BOD_5浓度为60～45 000 mg/L，BOD_5/COD值较低，可生化性差。重金属浓度和市政污水中重金属浓度基本一致。

鉴于填埋场渗滤液产生量及其性质的高度动态变化特性，评价时应选择有代表性的数值。一般来说，渗滤液的水质随填埋场使用年限的延长将发生变化。垃圾填埋场渗滤液通常可根据填埋场“年龄”分为两大类：①“年轻”填埋场（填埋时间在5年以下）渗滤液的水质特点是：pH较低，BOD_5及COD浓度较高，色度大，

且 BOD_5/COD 的比值较高，同时各类重金属离子浓度也较高（因为较低的 pH 值）；②“年老”的填埋场（填埋时间一般在 5 年以上）渗滤液的主要水质特点是：pH 值接近中性或弱碱性（pH 一般在 6～8），BOD_5 和 COD 浓度较低，且 BOD_5/COD 的比值较低，而 NH_4^+-N 的浓度高，重金属离子浓度则开始下降（因为此阶段 pH 值开始下降，不利于重金属离子的溶出），渗滤液的可生化性差。

（2）填埋场释放气体。由主要气体和微量气体两部分组成。

城市生活垃圾填埋场产生的气体主要为甲烷和二氧化碳，此外还含有少量的一氧化碳、氢、硫化氢、氨、氮和氧等，接受工业废物的城市生活垃圾填埋场其气体中还可能含有微量挥发性有毒气体。城市生活垃圾填埋场气体的典型组成（体积分数）为：甲烷 45%～50%，二氧化碳 40%～60%，氮气 2%～5%，氧气 0.1%～1.0%，硫化物 0%～1.0%，氨气 0.1%～1.0%，氢气 0%～0.2%，一氧化碳 0%～0.2%，气体的典型温度达 43～49℃，相对密度为 1.02～1.06，为水蒸气所饱和，高位热值在 15 630～19 537 kJ/m^3。

填埋场释放气体中的微量气体量很小，但成分却很多。国外通过对大量填埋场释放气体取样分析，发现了多达 116 种有机成分，其中许多可以归为挥发性有机污染物（VOCs）。

3．垃圾填埋场的主要环境影响

垃圾填埋场的环境影响包括多个方面。运行中的填埋场对环境的影响主要包括：

①填埋场渗滤液泄漏或处理不当对地下水及地表水的污染；

②填埋场产生气体排放到大气的污染、对公众健康的危害以及可能发生的爆炸对公众安全的威胁；

③填埋场的存在对周围景观的不利影响；

④填埋作业及垃圾堆体对周围地质环境的影响，如造成滑坡、崩塌、泥石流等；

⑤填埋机械噪声对公众的影响；

⑥填埋场滋生的害虫、昆虫、啮齿动物以及在填埋场觅食的鸟类和其他动物可能传播疾病；

⑦填埋垃圾中的塑料袋、纸张以及尘土等在未来得及覆土压实情况下可能飘出场外，造成环境污染和景观破坏；

⑧流经填埋场区的地表径流可能受到污染。

封场后的填埋场对环境的影响减小，但填埋场植被恢复过程种植于填埋场顶部覆盖层上的植物可能受到污染。

4．生活垃圾填埋场环评主要工作内容

根据垃圾埋填场建设及其排污特点，环境评价工作具有多而全的特征，主要工作内容见表1-1。

表1-1 垃圾填埋场环境影响评价工作内容

评价项目	评价内容
场址选择评价	场址评价是填埋场环境影响评价的基本内容，主要是评价拟选场地是否符合选址标准。其方法是根据场地自然条件，采用选址标准逐项进行评判。评价的重点是场地的水文地质条件、工程地质条件、土壤自净能力等
自然、环境质量现状评价	主要评价拟选场地及其周围的空气、地面水、地下水、噪声等自然环境质量状况。其方法一般是根据监测值与各种标准，采用单因子和多因子综合评判法
工程污染因素分析	主要是分析填埋场建设过程中和建成投产后可能产生的主要污染源及其污染物以及它们产生的数量、种类、排放方式等。其方法一般采用计算、类比、经验统计等。污染源一般有渗滤液、释放气、恶臭、噪声等
施工期影响评价	要评价施工期场地内排放生活污水，各类施工机械产生的机械噪声、振动以及二次扬尘对周围地区产生的环境影响
水环境影响预测与评价	主要是评价填埋场衬里结构的安全性以及渗滤液排出对周围水环境影响的两方面内容：①正常排放对地表水的影响。主要评价渗滤液经处理达到排放标准后排出，经预测并利用相应标准评价是否会对受纳水体产生影响或影响程度如何；②非正常渗漏对地下水的影响。主要评价衬里破裂后渗滤液下渗对地下水的影响，包括渗透方向、渗透速度、迁移距离、土壤的自净能力及效果等
大气环境影响预测及评价	主要评价填埋场释放气体及恶臭对环境的影响：①释放气体。主要是根据排气系统的结构，预测和评价排气系统的可靠性、排气利用的可能性以及排气对环境的影响。预测模式可采用地面源模式；②恶臭。主要是评价运输、填埋过程中及封场后可能对环境的影响。评价时要根据垃圾的种类，预测各阶段臭气产生的位置、种类、浓度及其影响范围
噪声环境影响预测及评价	主要是评价垃圾运输、场地施工、垃圾填埋操作、封场各阶段由各种机械产生的振动和噪声对环境的影响。噪声评价可根据各种机械的特点采用机械噪声声压级预测，然后再结合卫生标准和功能区标准评价，是否满足噪声控制标准，是否会对最近的居民区点产生影响
污染防治措施	主要包括：①渗滤液的治理和控制措施以及填埋场衬里破裂补救措施；②释放气的导排或综合利用措施以及防臭措施；③减振防噪措施
环境经济损益评价	要计算评价污染防治设施投资以及所产生的经济、社会、环境效益
其他评价项目	①结合填埋场周围的土地、生态情况，对土壤、生态、景观等进行评价；②对洪涝特征年产生的过量渗滤液以及垃圾释放气因物理、化学条件异变而产生垃圾爆炸等进行风险事故评价

二、危险废物和医疗废物处置设施建设项目环境影响评价要求

由于危险废物处置具有潜在的风险，为了防止在危险废物处理过程中造成对环境的污染，原国家环境保护总局于 2004 年 4 月 15 日发布了《危险废物和医疗废物处置设施建设环境影响评价技术原则》，该原则在环评技术导则的基础上针对危险废物焚烧厂和危险废物填埋场，提出一些特殊的要求，主要归纳为：

（1）危险废物和医疗废物处置设施建设项目环境影响评价必须编制环境影响报告书，并严格执行国家、地方相关法律、法规、标准的有关规定。

（2）根据处置设施的特点，进行环境影响因素识别和评价因子筛选，并确定评价重点。环境要素应按三级或三级以上等级进行评价。环境影响评价范围应根据处理方法和环境敏感程度合理确定，要包括事故状态下可能影响的范围。

（3）重点关注厂（场）址选择。由于危险废物及医疗废物的处置所具有的危险性和危害性，因此在环境影响评价中，首要关注的是厂（场）址的选择。处置设施选址除要符合国家法律法规要求外，还要就社会环境、自然环境、场地环境、工程地质、水文地质、气候条件、应急救援等因素进行综合分析。结合《危险废物焚烧污染控制标准》《危险废物填埋污染控制标准》《危险废物贮存污染控制标准》《医疗废物集中焚烧处置工程建设技术要求》中规定的对厂址的选择的要求，详细论证拟选厂（场）址的合理性。

（4）要进行全时段的环境影响评价。处置的对象是危险废物或医疗废物，处置的方法包括焚烧法、安全填埋法、其他物化方法。无论使用何种技术处置何种对象，其设施建设项目都经历建设期、营运期和服务期满后。但是根据此类环评的特殊性，对于使用焚烧及其他物化技术的处置厂，主要关注的是营运期，而对于填埋场则关注的是建设期、营运期和服务期满后全时段的环境影响。填埋场在建设期势必要永久占地和临时占地，植被将受到影响，可能造成生物资源或农业资源损失，甚至对生态环境敏感目标产生影响。而在服务期满后，需要提出填埋场封场、植被恢复的具体措施，并要求提出封场后 30 年内的管理和监测方案。这对保护生态环境可谓是重要的问题。

（5）要进行全过程的环境影响评价。危险废物和医疗废物处置设施建设环境影响评价应包括收集、运输、贮存、预处理、处置全过程。由于各环节所产生的污染物及其对环境的影响有所不同，由此制定的防治措施是保证在处置过程不造成二次污染的重要环境影响评价内容。

（6）必须要有环境风险评价。环境风险评价的目的是分析和预测建设项目存在的潜在危险，预测项目营运期可能发生的突发性事件，以及由其引起有毒有害和易

燃易爆等物质的泄漏，造成对人身的损害和对环境的污染，从而提出合理可行的防范与减缓措施及应急预案，以使建设项目的事故率达到最小，使事故带来的损失及对环境的影响达到可接受的水平。

（7）充分重视环境管理与环境监测。为保证危险废物和医疗废物的处置设施安全、有效地运行，必须有健全的管理机构和完整的规章制度。环境影响评价报告书必须提出风险管理及应急救援制度、转移联单管理制度、处置过程安全操作规程、人员培训考核制度、档案管理制度、处置全过程管理制度以及职业健康、安全、环保管理体系等。在环境监测方面，焚烧处置厂重点是大气环境监测，而对安全填埋场重点则是地下水的监测。

应用案例：生活垃圾焚烧厂建设项目（节选）

第一章　总论（略）

1.1 评价指导思想

1.2 项目名称、规模及基本构成

1.3 编制依据

1.4 污染控制与环境保护目标

1.5 评价标准

1.6 评价工作等级、范围及评价因子

第二章　工程概况

2.1 项目概况（略）

2.2 垃圾焚烧各系统简介

整个工艺流程包括了垃圾接收、焚烧及余热利用、烟气净化处理、灰渣收集处理等系统。

垃圾车从物流口进入厂区，经过地磅秤称重后进入垃圾倾卸平台，卸入垃圾储坑。卸料平台的标高为 7 m。垃圾在垃圾储坑内存放约 6 天。垃圾储坑是一个封闭式且正常运行时空气为负压的建筑物，现浇钢筋混凝土结构、轻钢屋面，下檐标高 35 m。其中垃圾坑长 21 m、宽 53 m、深 13 m，底层为-6.00 m。垃圾储坑容积为 14 000 m^3，加上部分上部容积约可贮存 6 天处理量的垃圾。贮坑内的垃圾通过垃圾吊车抓斗抓到焚烧炉给料斗，经溜槽落至给料炉排，再由给料炉排均匀送入焚烧炉内燃烧。

垃圾燃烧所需的助燃空气因其作用不同分为一次风和二次风。一次风取自垃圾贮存坑，使垃圾储坑维持负压，确保坑内臭气不会外逸。一次风经蒸汽空气预热器加热后由一次风机送入炉内。取自锅炉房内的炉墙冷却风，被炉墙加热后接入一次风机入口总管。二次风从锅炉房吸风，由二次风机加压后送入炉膛，使炉膛烟气产生强烈湍流，以消除化学不完全燃烧损失和有利于飞灰中碳粒的燃烬。

焚烧炉设有点火燃烧器和辅助燃烧器，用柴油作为辅助燃料。点火燃烧器供点火升温用。当雨季垃圾水分较高，炉膛出口烟气温度不能维持在 850℃以上时需要启用辅助燃烧器，以提高炉温和稳定燃烧。停炉过程中，辅助燃烧器必须在停止垃圾进料前启动，直至炉排上垃圾燃烬为止。

垃圾在炉排上通过干燥、燃烧和燃烬三个区域，垃圾中的可燃分已完全燃烧，灰渣落入出渣机，出渣机起水封和冷却渣作用，并将炉渣推送至灰渣贮坑。灰渣贮坑上方设有桥式抓斗起重机，可将汇集在灰渣贮坑中的灰渣抓取，装车外运、填埋或综合利用。

垃圾燃烧产生的高温烟气经余热锅炉冷却至 195℃后进入烟气净化系统。每台焚烧炉配一套烟气净化系统，烟气净化系统是采用半干式反应塔+活性炭吸附+布袋除尘器。烟气首先进入反应塔，与喷入一定浓度的石灰浆充分混合并发生化学反应，烟气中的酸性气体被去除。在反应塔和布袋除尘器之间喷入活性炭以吸附烟气中的重金属和二噁英。烟气经布袋除尘器除掉烟气中的粉尘及反应产物后，符合排放标准的烟气通过引风机送至烟囱排放至大气。

余热锅炉以水为工质吸收高温烟气中的热量，产生 4.0 MPa，450℃的蒸汽。供汽轮发电机组发电。产生的电力除供本厂使用外，多余电力送入地区电网。

2.2.1 垃圾接收系统

（1）垃圾接收

垃圾由环卫部门负责用专用垃圾车运至发电厂垃圾储坑。主厂房垃圾储坑外设置封闭式垃圾卸料大厅。称重后的垃圾车进入垃圾卸料大厅，再将垃圾卸入垃圾储坑。

（2）垃圾贮存

本设计垃圾储存容积约可贮存 6 天处理量的垃圾。垃圾坑上部设有一次风机的吸风口，抽取贮坑内的空气作助燃空气，这样可以保证垃圾储坑存在一定微负压，为了减少垃圾池臭气外逸污染环境。垃圾储坑和四壁采用防渗混凝土、内壁采用重防腐处理，平滑耐磨、能抗冲击。垃圾储坑底部为倾斜设计，靠近垃圾卸料平台的轴线底部设置格栅，使垃圾污水通过格栅沿污水沟流入污水槽后进垃圾渗滤液池收集。垃圾储坑上设有两台垃圾抓斗起重机，用于翻混垃圾和将垃圾送入垃圾料斗。

（3）垃圾输送系统

垃圾坑上方设两台垃圾吊机，每个吊机配备 1 个垃圾抓斗。两台吊车可供两台焚烧炉前的垃圾料斗加料，以及对垃圾进行搬运、搅拌和倒垛，以确保入炉垃圾组分均匀，燃烧稳定。鉴于垃圾坑内恶劣环境，吊车操作工是在位于垃圾坑侧上方的吊车控制室内进行操作。吊车配备手动操作系统及半自动操作系统，并随时进行快速切换。

垃圾储坑内环境较恶劣，垃圾腐化后更产生恶臭，虽然垃圾进厂后采用筛分有一定的作用，但是筛分设备故障率高，工作环境恶劣，且必须配有相当分量的人工分拣才有效，设置人工分拣岗位对工作人员会产生很大的危害，且筛分车间臭气难以控制，厂区环境很差。本项目垃圾进厂后采用渗滤脱水、垃圾抓斗翻混、倒垛等措施，可以做到不同垃圾充分混合，进炉热值稳定，且炉排焚烧炉系统对垃圾热值波动有一定的适应，运行人员也可以对入炉垃圾进行调整。

2.2.2 垃圾焚烧系统

（1）焚烧炉

根据焚烧炉炉型选择，焚烧炉采用倾斜往复炉排，比较适合××市生活垃圾组分和热值特点。每一焚烧炉均配置了垃圾进料斗及溜槽，当垃圾由抓斗投料到料斗，经过料斗底部的溜槽顺利滑进焚烧炉进口，并由焚烧炉的给料机将垃圾推到焚烧炉内的炉排上。在正常运行期间，料斗中应充满垃圾。料斗的容量必须大于垃圾抓斗的容量。料斗的内部装有液压传动的挡板，当垃圾在料斗中搭桥时，可通过挡板的往复开启破坏搭桥现象，以确保垃圾顺利通过。另外，焚烧炉停炉时挡板可调至关闭状态以防止炉火窜到料斗燃烧。

当垃圾液压给料系统由加料器将垃圾推到炉内的炉排上，受到炉膛高温辐射和来自炉排底部一次风的作用，随着炉排的运动，使垃圾不断地翻动，按顺序经干燥着火、燃烧、燃烬段，最终排出炉膛落到除渣机上，经水冷却后排渣。

焚烧炉内墙采用耐高温耐磨损的材料制作，一般为炉排周围采用极耐磨的碳化硅材料，其他部位采用需锅炉常用的黏土耐火砖。垃圾焚烧炉必须保证的工艺条件为，烟气在850℃的滞留时间不得小于2 s；炉渣中有机物（未燃分）不得大于3%；焚烧炉负压操作，一般为−50～−30 Pa。

由于垃圾的成分非常复杂，为避免一些低熔点的物质在高温下熔融并黏结在高温段的炉墙上，引起炉墙腐蚀分层剥落。故采用了高温区炉墙冷却风的措施。同时可以使高温区炉墙散热损失减少并可作为补充燃烧空气。

（2）燃烧空气系统

燃烧空气系统主要由一次风机、二次风机、炉墙冷却风机和中低温空气预热器等设备组成。

一次空气来自垃圾储坑上部的抽气，由一次风机送到中、低温空气器加热后，从焚烧炉的底部送入炉排空气分配装置，通过炉排入炉内垃圾燃烧需要和对温度高达400～500℃的炉排进行冷却。

二次空气（常温）从锅炉车间抽气，经二次风机加压后由高速喷嘴将二次空气喷入燃烧室，使燃烧室烟气产生高度湍流。二次空气的主要作用是使垃圾燃烧过程中剩余可燃气体完全燃烧，产生低污染的烟气。同样，炉墙空气（常温）从锅炉车间抽气，经风机加压后，炉墙冷却空气的主要作用是为了冷却燃烧室高温侧墙，这样可避免低熔点物质黏结炉墙上，降低炉墙耐火材料的操作温度，延长使用寿命，减少外侧墙的热损失。

2.2.3 热力系统

系统由两台垃圾焚烧炉和一台凝汽式汽轮发电机组及相应的辅机、除氧器、给水泵和高、低温加热器等设备组成。由垃圾焚烧炉产生的蒸汽进入汽轮机做功后，排入凝汽器冷却凝结水，由凝结水水泵经汽封冷却器、低压加热器进入除氧器，经除氧和加热的凝结水由给水泵经高压加热器送入锅炉内。

主蒸汽及主给水系统均用母管制。汽轮机采用中压、单缸、凝汽式，具有二级非调整抽汽，主要供除氧器和回热系统除氧、加热给水及暖风器顶热燃烧空气用。

2.2.4 烟气净化系统

烟气净化系统由三个主要部分组成，依次为半干法脱酸塔、活性炭喷射装置和布袋除尘器。采用半干法进行脱酸的烟气净化系统基本结构如图 2-1 所示，烟气净化系统的处理流程如图 2-2 所示。

烟气净化系统与焚烧线配套设置。省煤器出口处温度约 220℃的烟气挟带着产生的烟尘由底部进入酸性气体吸收塔，同时来自石灰浆制备系统来的石灰浆液（浓度为 9%～13%）在吸收塔顶部通过高速旋转喷雾器喷淋，形成粒径极细的 $Ca(OH)_2$ 溶液粒，烟气上升过程中降低温度，石灰浆中的水分提高了烟气的湿度，石灰浆与烟气中的 HCl、SO_2、HF 发生中和反应，生成 $CaCl_2$、$CaSO_4$、CaF_2 微粒，反应后的产物是飞灰的来源之一，其中大颗粒掉落至吸收塔底部，小颗粒随烟气进入除尘器，其基本化学反应式如下：

$$SO_3+Ca(OH)_2 \longrightarrow CaSO_4+H_2O$$

$$SO_2+Ca(OH)_2 \longrightarrow CaSO_3+H_2O$$

$$2\ HCl+Ca(OH)_2 \longrightarrow CaCl_2+2\ H_2O$$

$$2\ HF+Ca(OH)_2 \longrightarrow CaF_2+2\ H_2O$$

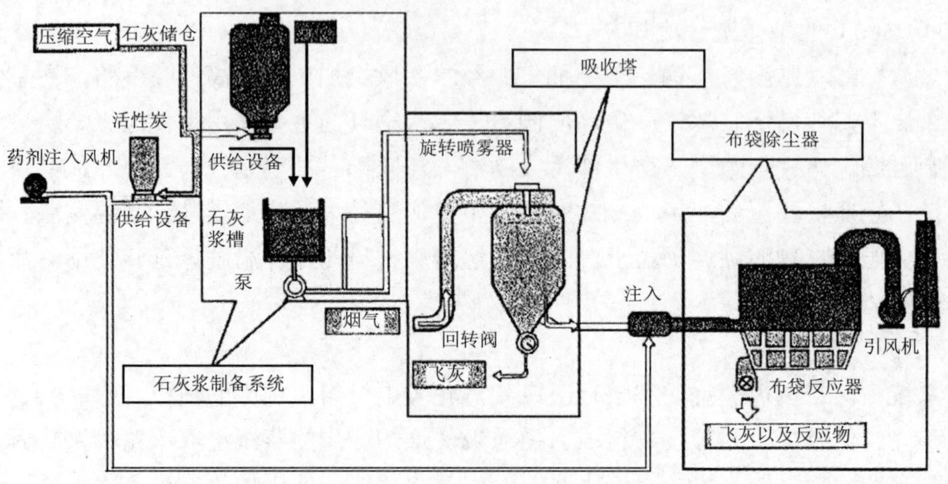

图 2-1 半干法烟气净化系统

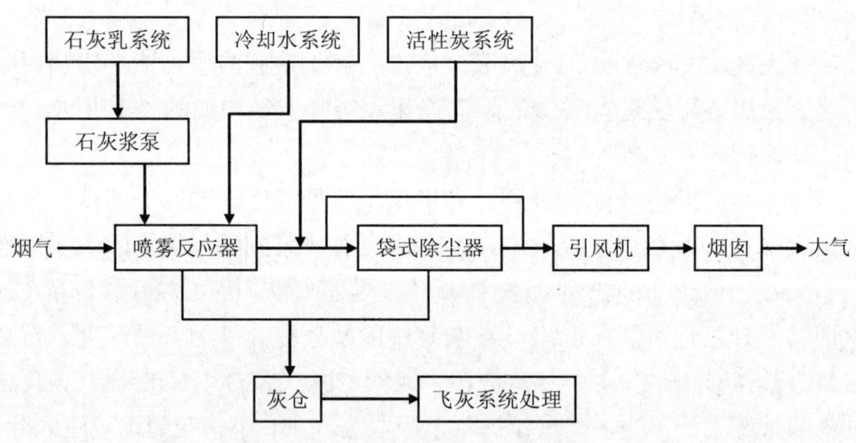

图 2-2 烟气净化系统的处理流程

$Ca(OH)_2$ 耗用量同酸性气体反应的效率、酸性气体的初始浓度、石灰浆喷入的雾化程度及反应温度有关。脱除酸性气体后的烟气挟带着燃烧产生的灰尘、中和反应产生的钙盐以及未反应完全的氢氧化物离开脱酸塔，通过设置在烟道上的喷射装置喷射活性炭捕捉烟气中的二噁英和重金属后进入除尘器，此时锅炉出口处烟气温度约 160℃，烟气在除尘器内得到进一步净化，去除绝大部分颗粒物后通过引风机引至烟囱排放。

根据对上述工艺的理论分析和工程实例运行情况，烟气净化处理系统对烟气中主要污染物去除效率为：脱硝效率：50%，脱硫效率：85%～90%（运行参数 Ca/S 比：按 $Ca(OH)_2$ 过量 30%，Ca∶S 为 1∶4）。

2.2.5 灰渣处理系统

（1）炉渣处理系统

垃圾在炉排上燃尽后连同炉膛内的渣被排入下面的渣斗中，炙热的渣在渣斗的水池中被冷却，用捞渣机捞出，卸到旁边的皮带上，由皮带将其输送至厂区内的除渣间。皮带上设有金属物分离装置，炉渣收集至渣库后委托给××厂做建材。

（2）飞灰处理系统

省煤器底部、半干法脱酸塔底部、布袋尘器灰斗处收集的飞灰由一个全封闭的刮板式输送机输送。在每个飞灰收集点，设备与输送机之间都设有两道插板门。输送机将飞灰输送到一定高度后，飞灰通过重力自流入灰罐。采用刮板输送机将飞灰送入位于主厂房北侧的固化养护车间固化处理。飞灰及反应物采用水泥+螯合剂固化，设 1 套处理量为 8 t/h 水泥固化系统。主要由灰库、水泥贮仓、称重斗、卸灰阀、计量斗、成型机、喷水系统及控制系统组成。灰库 2 只，每只容积 200 m^3，其容积可以满足 2 台炉正常运行时约 5 天的贮存量；水泥贮仓 1 只，容积 60 m^3，布置于两座灰库中间。水泥通过气力输送进入水泥仓。灰库存放的飞灰及反应物与水泥、螯合剂按照一定的配比通过卸灰阀进入混料斗，通过振动混料斗混合后，进入固化成型机进行成型。

飞灰固化后委托给×××公司安全处置。

2.2.6 引风排烟系统

焚烧炉、半干式吸收塔、布袋集尘器均负压运行，锅炉压力将信号输送到中央控制室，并自动对引风机的运转情况实现自动操作。

每条生产线配置一套烟气处理系统，以保持各条线稳定运行。两台炉合用一个烟囱，烟囱高度采用 80 m。

2.2.7 燃料油助燃系统

辅助燃油是为垃圾焚烧炉提供点火和停炉过程中所需的热量，并在操作过程中维持炉内最低温度 850℃的需要。

根据国内垃圾焚烧厂的实际情况，垃圾焚烧炉每年运行时间在 8 000 h 以上，故点火和停炉所用的辅助燃料是有限的。另外正常运行期间垃圾的热值已能自燃并能保持在 850℃，故辅助燃烧系统基本处于停运状态。

燃油系统由贮油箱、过滤器、油泵、喷嘴及自动点火，火焰检查、灭火报警及重新启动等设备组成。可以在中央控制室实行自动操作，也可以在现场手动操作。

2.2.8 烟气连续监测系统

在线的连续监测仪表用于测定烟气中有害物排放浓度和放排量。全厂配三台套连续监测系统：每台炉配一套相对简单的烟气在线监测系统，监测参数包括流量、二氧化硫和烟尘浓度，设置于每台炉的烟气处理系统出口，用于单台锅炉的监测和控制；两台炉共用一套设置于烟囱上的全参数的监控系统，监测内容包括粉尘、HCl、SO_2、O_2、CO、NO_x、HF、流量、排烟温度，测定数据输送到总控室屏幕显示及打印。

2.3 工程设备（略）

2.4 原料消耗（略）

2.5 辅助工程（略）

2.6 固化飞灰贮存场（略）

2.7 职工情况及工作制度（略）

第三章 工程分析

3.1 污染源分析

3.1.1 施工建设活动与环境要素的关联性（略）

3.1.2 建设期环境污染分析（略）

3.1.3 运营期产污环节分析

（1）废气

废气主要是垃圾焚烧时产生的烟气，烟气中主要包含以下几类污染物：①烟尘，②酸性气体，如 NO_x、SO_x、HCl 等；③重金属，主要是 Hg、Pb、Cd 及其化合物；④有机污染物，主要是二噁英、呋喃和恶臭。

表 3-1 垃圾焚烧烟气成分

序号	污染物名称	单位	高水分垃圾典型参考值
1	烟温	℃	160
2	烟尘	mg/m^3	3 000
3	HF	mg/m^3	3
4	SO_x	mg/m^3	600
5	HCl	mg/m^3	150
6	CO	mg/m^3	100
7	NO_x	mg/m^3	300
8	Hg	mg/m^3	5
9	Cd	mg/m^3	1.0
10	Pb	mg/m^3	10
11	PCDD	$ng \cdot TEQ/m^3$	5

（2）固体废物

固体废物主要包括从垃圾焚烧炉排出的炉渣、炉灰和袋式除尘器等烟气净化设备捕集到的飞灰。固体废物来源于生活垃圾中不可燃的无机物以及部分未燃尽的可燃有机物。

（3）废水

垃圾处理厂废水包括生产过程中每日产生的废水和初期雨水，干季（10月至次年4月）主要为生产废水，雨季（5—10月）除生产废水外，还包括降雨期间的初期雨水。垃圾处理厂所产生的废水主要包括生活污水、垃圾储坑渗滤液、冲洗废水（含车辆冲洗、车间冲洗等废水）、锅炉排污水及除盐水制备产生废水。初期雨水用于厂区绿化回用。

（4）噪声

噪声是由不同频率和振幅组成的无调杂音，它让人烦躁、厌恶，对人体危害极大。按照产生机理可分为空气动力性噪声、机械振动噪声和电磁性噪声。本工程的噪声源主要来自设备，如汽轮发电机、锅炉排汽系统、风机、水泵等；另外，车辆也会产生一定的噪声。

（5）恶臭

垃圾在堆放和焚烧过程中，会产生恶臭等有毒物质。恶臭物质多为有机硫化物或氮化物，它们刺激人的嗅觉器官，引起人们厌恶或不愉快，有些物质还会损害人体健康。尽管垃圾处理厂的恶臭并不严重，但由于恶臭对厂区周围的影响较大，所以必须加以有效处理。

3.2 正常工况污染物排放

3.2.1 气体污染物

表3-2 设计标准下气体污染物排状况

污染物	产生浓度/（mg/m^3）	产生量		设计排放浓度/（mg/m^3）	排放量		去除率/%
		kg/h	t/a		kg/h	t/a	
烟尘	12 133	2 037.7	16 301.5	10	1.7	13.6	≥99.95
烟气黑度	1	—	—	1	—	—	—
CO	100	16.8	134.4	50	8.4	67.2	≥50
NO_x	400	67.2	537.4	200	33.6	268.8	≥50
SO_2	834	140.1	1 120.5	100	16.8	134.4	≥88
HCl	200	33.6	268.7	50	8.4	67.2	≥75
Hg	1	0.17	1.34	0.1	0.017	0.134	≥90
Cd	4	0.67	5.37	0.1	0.017	0.134	≥97.5

污染物	产生浓度/（mg/m³）	产生量		设计排放浓度/（mg/m³）	排放量		去除率/%
		kg/h	t/a		kg/h	t/a	
Pb	100	16.8	134.4	1.6	0.27	2.15	≥98.4
二噁英类	4 ng TEQ/m³	0.67 mg TEQ/h	5.4 g TEQ/a	0.1 ng TEQ/m³	0.017 mg TEQ/h	0.134 g TEQ/a	≥97.5

注：1）本表规定的各项标准限值，均以标准状态下含 11% O_2 的干烟气为参考值换算。

2）烟气最高黑度时间，在任何 1 h 内累计不得超过 5 min。

3）根据《环境影响评价技术导则　大气环境》（HJ 2.2—2008）对于一般的燃烧设备，在计算小时或日平均浓度时，假定 NO_2/NO_x=0.9；在计算年平均浓度时，假定 NO_2/NO_x=0.75，本项目预测时考虑最不利情况，假定氮氧化物全部为二氧化氮。

3.2.2 水污染物

本项目运行后，全厂垃圾渗滤液和高浓度清洗废水经过处理后，浓液回喷，清液回用。其他的生产废水和生活污水均经处理后达到《城市污水再生利用工业用水水质标准》（GB/T 19923—2005）标准后，全部回用，正常情况下废水不外排。

3.2.3 固体污染物

表 3-3　全厂固体废物排放状况

种类	总量/（t/a）	去向	备注
炉渣	360	综合利用	
飞灰	40	固化处置	危险废物

飞灰固化设备在固化车间内进行，固化车间是一个封闭性的建筑物，固化车间含尘废气 1 500～2 500 mg/m³，屋顶排风口设置布袋除尘器，飞灰在车间内固化产生的扬尘通过布袋除尘器收集。

根据白良成编著的《生活垃圾焚烧处理工程技术》，“布袋除尘器的压力降范围为 800～1 800 Pa，粒径在 0.2～0.4 μm 范围内的颗粒物分级效率较低，在该范围以外的分级效率可达到 99%以上，总除尘效率达到 99.9%以上”。且固化车间飞灰缺乏动力，经过重力沉降和布袋除尘器的收集，排放源强为零。在项目建成投产后对飞灰固化车间排风口进行飞灰监测监控。

3.3 非正常工况下污染物排放

垃圾焚烧设施的非正常工况主要出现在停炉检修时，在停炉启炉的过程出现的非正常工况如下：

（1）焚烧炉启动（升温）过程，即从冷状态到烟气处理系统正常运行的升温过程大约需要耗时 3 h；

（2）焚烧炉关闭（熄火）过程，此时烟气流量和温度太低，烟气处理系统处于空转状态，历时数小时；

（3）准备停炉或启炉时，烟气量逐渐减少或增加，烟温低于或高于除尘器的正常工作温度范围时，除尘器不能正常工作。

3.3.1 焚烧炉启动（升温）过程

焚烧炉启动时，首先启动燃油喷燃器和锅炉，当锅炉出口处的温度未达到160℃时，先启动烟气再循环加热系统，以提高烟气温度，使除尘器入口处温度高于160℃，从而使布袋除尘系统能正常工作，这个过程约需要耗时 3 h，燃油喷燃器继续工作直到炉膛温度超过 1 000℃后，才开始进垃圾焚烧。在上述无烟气处理的 3 h 内，由于炉内没有垃圾，只燃烧柴油，产生的烟气污染主要是由柴油燃烧造成的，每台焚烧炉柴油的燃烧量大约为 1 800 kg。根据类比资料，每次柴油燃烧时产生的 SO_2 为 38.25 kg，NO_x 为 89.31 kg，以正常启动需要 3 h 计算，则启动时产生的污染物排放量分别为 SO_2 12.75 kg/h 和 NO_x 29.77 kg/h。此时污染物排放还基本能够达到生活垃圾焚烧污染控制标准（GB 18485—2001）中标准要求。

表 3-4 焚烧炉启动时污染物排放量

污染物	来源	烟气量/（m^3/h）	SO_2	NO_x
排放量/（kg/h）	柴油燃烧	单炉 83 973	12.75	29.77
排放浓度/（mg/m^3）			151.8	354.5

3.3.2 焚烧炉熄火

焚烧炉在关闭时，首先停止进垃圾，然后启动辅助燃油喷燃器，保持炉内 1 000℃的温度以破坏二噁英、呋喃的产生。在此过程中，烟气温度和流量逐渐降低、减少，若温度降至 160℃或烟气流量低于正常时排烟量的 30%时，净化系统会自动启动烟气加热再循环系统，同时脱硫系统也由半干法脱硫自动转为干法脱硫系统，以保证净化系统的脱硫、除尘系统能正常进行，此时辅助燃油器可确保烟气处理系统正常工作至炉内剩余垃圾完全燃尽后停止辅助燃油器和锅炉，焚烧炉完全停车。这一过程需要 2 h，单台垃圾焚烧处理设施燃油消耗量约为 700 kg。在这种情况下，通过干法脱硫和除尘净化后，烟气中污染物如烟尘、HCl、Hg、Cd、Pb 及二噁英的排放量远小于烟气处理装置正常运行时的排放量。以关闭过程 2 h 计算，关机过程中 SO_2、NO_x 的排放量如下：

表 3-5 关机过程中 SO_2、NO_x 的排放

污染物	来源	烟气量/（m^3/h）	SO_2	NO_x
排放量/（kg/h）	柴油燃烧与剩余垃圾燃烧	单炉 83 973	＜7.4	＜17.4
排放浓度/（mg/m^3）			＜88.1	＜207.2

此时 SO_2 与 NO_x 的排放都没有出现超标的现象。

3.3.3 烟气流量、烟温异常时烟气中污染物排放

当烟温异常，除尘器入口烟温超过 230℃时系统自动报警，除尘器入口烟温超过 230℃时系统保护动作。除尘器系统烟温过低时，仅发生于锅炉的启停过程，其污染物排放见上述内容。

锅炉积灰严重：当锅炉长期运行超出 2 个月以上时，可能发生因积灰而导致烟温升高的情况，此时应停炉清理灰尘；锅炉短期运行排温偏高，多属吹灰不足引起，可加强吹灰处理。

石灰浆喷射系统故障时，排烟温度仍旧为 210℃，因此布袋除尘系统仍可正常工作。在此情况下应立即更换备用系统，石灰浆喷射泵为整体式设计，更换时间不超过 30 min。在更换石灰浆喷射系统期间，布袋除尘器、活性炭系统保持正常工作。

3.4 事故状态下污染物排放

根据资料，垃圾焚烧设施运行后出现事故排放的主要原因是焚烧工况不稳定，直接导致烟气处理系统中某些设备损坏不能正常工作，因此污染物排放不能完全达到设计标准。

污染物事故状态下源强根据 2009—2011 年某单位对事故状态下的监测结果进行估算，其中最为关注的影响因子为二噁英。文献调查资料显示，炉排炉工艺出现事故排放的污染源强介于 1～4 ngTEQ/m^3，2011 年 3 月，某单位对某焚烧装置活性炭喷射系统故障时的监测结果为 2.3 ngTEQ/m^3。

表 3-6 事故状态下污染物排放实测最大浓度

污染物种类	排放浓度/（mg/m^3）	污染物种类	排放浓度/（mg/m^3）
烟尘	54.2	Cd	0.017
SO_2	615.4	Hg	0.016
NO_x	758.2	二噁英类（净化系统无效）	4.0
HCl	25.9	二噁英类（活性炭喷射失效）	2.3 ngTEQ/m^3
Pb	0.157		

事故状态下排放的污染物远远高于正常工况，尤其是不能有效去除毒害污染物，因此出现事故排放后应立即停止投料，停炉检查维修，直至排除故障。

事故状态中烟尘、SO_2、NO_2指标可以即时反应在在线监测数据中，必须在在线监测仪器上设置警报装置，通过启动警报严防事故状态运行，减少事故排放时间。

第四章　自然社会环境概况（略）

第五章　环境现状调查与评价（略）

第六章　环境影响预测与评价（略）

第七章　污染控制措施分析

垃圾焚烧厂主要产生的污染物包括废气、废水、固体废物和噪声，针对上述各类污染物，工程预可研均提出了相应的污染控制措施，本专题从技术经济可行性角度出发对各项污染控制措施进行分析，并提出可行的污染控制措施。

7.1 废气治理措施

根据施工环境影响分析，施工期大气污染主要为施工场地扬尘，拟建项目施工扬尘来源于几个方面：基础开挖的扬尘，材料运输、装卸、加工过程中的扬尘。工地扬尘会危害厂内现场施工工人的健康。因此，施工时应定时喷洒水以抑制扬尘。

运营期高效的烟气净化系统的设计和运行管理，是防止焚烧二次污染的关键。本工程采用半干法工艺流程，烟气经反应器、活性炭喷射系统、袋式除尘器后，通过 80 m 高烟囱排至大气，烟气中的污染物可以达到规定标准，并提高烟气扩散能力，减轻本工程空气污染物排放对项目周边环境敏感点的影响。

为了满足电厂运行过程对烟气中污染物排放监督管理的需要，确保电厂污染物达标排放，电厂安装烟气排放连续监测装置，监测项目为SO_2、NO_x、HCl、烟尘等。同时在烟道上设置永久采样孔，便于取样与环保监测。

（1）二噁英污染物的防治

二噁英污染物的防治主要包括以下措施：

①焚烧前二噁英污染物的防治

A. 对原生固体废物进行预分拣

存在氯和重金属元素的条件下，有机物燃烧会产生二噁英。所以，对接收的废物应进行预处理，可通过前期分类，除去或减少其中的含氯物质和重金属，特别是塑料、铜和低熔点的重金属，从待焚烧的废物来源上减少二噁英生成的诱因。

B. 合理配料

根据废物的热值、含水率、重金属含量、氯含量等指标进行合理配料，确保废物的焚烧处于较佳状态，并合理分配重金属含量和氯含量高的废物。如将重金属浓度含量较高或含氯量较高的废物分拣出来，分批分时进入焚烧炉焚烧，减少其一次性进入量，即可减少催化二噁英生成的重金属含量，减少垃圾中的有机氯含量，也有利于减少二噁英的产生。

②焚烧过程中二噁英污染物的防治

A. 选择合适的焚烧炉炉型

选用合适的焚烧炉炉型，设计二燃室时烟气要有一定程度的湍流，并选择 1 个合适的过剩空气系数，使固体废物在焚烧炉内能得以充分燃烧，降低未燃尽的碳含量，把二噁英的生成浓度控制在最小。

B. 充分燃烧

焚烧炉的燃尽室（二次燃烧室）烟气温度燃至 850℃，保持此温度的烟气有 2 s 的停留时间，同时使氧气与垃圾燃料有效地进行扰动，在满足上述三个条件下，二噁英类物质大量被破坏分解，最终使得在整个焚烧过程中极大限度地降低了二噁英在焚烧炉出口烟气中的含量。

C. 投加抑制剂

由二噁英的生成机理可知，在焚烧过程中完全消除 Cl_2、HCl，才可避免二噁英的形成。

硫分的抑制作用在于能与氯原子发生反应，S 的抑制机理主要为两种：①降低 Cu 的催化活性；②硫分通过与 Cl_2 反应生成 HCl，消除了氯源。一定浓度的无机硫化物能降低二噁英的生成，所以，在废物中掺入高硫煤进行混烧可控制二噁英的生成。

含氮化合物 NH_3、尿素等可抑制二噁英的生成。NH_3 能通过改变飞灰表面的酸性来阻止二噁英生成，氨通过形成亚硝酸盐使 Cu 表面活性降低，从而抑制了二噁英的合成。

③焚烧后二噁英污染物的防治

A. 采用急冷技术，避免炉外低温区再合成

在烟气温度冷却到 250～500℃时，在 $CuCl_2$、$FeCl_3$ 等的催化下，前驱物会重新组合生成二噁英。为了尽可能减少二噁英合成概率，遏制前驱物在冷却过程中再合成，一般采用急冷技术使烟气急速冷却到 200℃左右，从而避开二噁英易重新合成的温度区。

B. 布袋除尘器和活性炭吸附

在烟气二噁英末端去除阶段选用高效的袋式除尘器，控制除尘器入口处的烟气温度低于 200℃，并在进入袋式除尘器前，在反应器入口烟道上设置活性炭喷射装置，进一步吸附二噁英；设置先进、完善和可靠的全套自动控制系统，使焚烧和净化工艺得以良好执行。

C. 加强焚烧炉运行管理

加强焚烧炉的运行管理，定期清除烟道中的积渣和积灰，确保系统的正常运行。因为在焚烧炉的停炉和开炉期间，二燃室内的温度未能达到 1 100℃，固体废物不能进行完全充分的燃烧，使未燃尽的物质增加，从而增加了二噁英的排放。

由于二噁英的热稳定性及水中的低溶解性，在焚烧中未能完全破坏或分解，以及重新合成的二噁英将继续存在于固体残渣中和吸附在飞灰的颗粒物表面。随着焚烧时间的增加，这些二噁英的含量也在不断增加，然后会随着飞灰进入烟气中，如果不定期清理烟道，烟尘中的二噁英会随着时间的延长浓度变得越来越高。所以，应定期疏通烟道，将结焦和粉尘清理干净，从而也降低了管道内积聚的二噁英含量。

为控制焚烧垃圾所产生的二噁英类污染物的排放，本项目从控制来源、减少炉内形成、避免炉外低温再合成三个方面入手。首先，杜绝工业垃圾进入焚烧厂燃烧；其次，焚烧炉的燃尽室（二次燃烧室）烟气温度燃至 850℃，保持此温度的烟气有 2 s 的停留时间，同时使氧气与垃圾燃料有效地进行扰动，在满足上述三个条件下，二噁英类物质大量被破坏分解，最终使在整个焚烧过程中最大限度地降低了二噁英在焚烧炉出口烟气中的含量。在烟气二噁英末端去除阶段选用高效的袋式除尘器，控制除尘器入口处的烟气温度低于 200℃，并在进入袋式除尘器前，在反应器入口烟道上设置活性炭喷射装置，进一步吸附二噁英；设置先进、完善和可靠的全套自动控制系统，使焚烧和净化工艺得以良好执行。最后，如有条件，还可通过分类收集或预分拣，控制生活垃圾中氯和重金属含量高的物质进入垃圾焚烧处理。本工程通过采取上述措施，可使烟气中的二噁英浓度达标排放。

④焚烧炉非稳定状况下二噁英污染物的防治

焚烧炉启动（升温）过程中，首先启动燃烧器使炉膛内温度上升至 850℃，然后运行烟气净化系统，此时才向燃烧炉排投入垃圾。

在焚烧炉关闭（熄火）过程中，首先停止炉排上垃圾的投入、启动燃烧器使炉膛内温度保持 850℃，烟气停留时间达 2 s，直至炉排上剩余的垃圾完全燃烧干净后才停止烟气净化系统的运行。

因此由于焚烧炉启动和关闭过程中一直投入辅助燃料（轻柴油），使炉膛内烟气温度始终保持在 850℃，烟气停留达到 2 s，从理论上说，绝大多数有机物均能在焚烧炉内彻底烧毁，也能使燃烧产生的二噁英绝大多数分解，就像正常焚烧炉正常运行工况。而在启动过程中，炉排上投入垃圾前就运行烟气净化系统，在关闭过程中待炉排上剩余垃圾全部燃尽后才停止烟气净化系统，因此焚烧炉启动和关闭过程中，即使炉排上有垃圾，二噁英排放仍可达到标准。

每次起炉前均对烟道进行清扫，减少烟道中残留飞灰对起炉过程中烟气中二噁英排放的影响。

（2）废气中重金属及其化合物的防治

尽量杜绝含有重金属的垃圾如电池、日光灯管、杀虫剂、印刷油墨等进入垃圾焚烧炉。焚烧时大部分重金属残存在灰渣中，但部分重金属的沸点小于炉体温度，容易升华或蒸发至废气中排入大气。

本项目拟采用活性炭+袋式除尘器去除重金属，活性炭从一个独立的储存站喷射到烟气中，喷射点位于袋式除尘器的入口处，废气中的有害气体被反应吸附，然后通过袋式除尘器，在袋式除尘器中首先由粉尘在滤袋表面形成一次吸附层，随着吸附层的形成，废气中的粉尘在通过滤袋和吸附层时被除去；一般生活垃圾焚烧炉烟气中的重金属，基本上可被袋式除尘器除去，由于汞（Hg）的化合物作为蒸气存在，因此袋式除尘器对汞（Hg）的去除率略低些。

（3）废气中氮氧化物和二氧化硫的防治

氮氧化物在垃圾焚烧时产生，它的形成与炉内温度及空气含量有关，主要成分为 NO，一般在 1 200℃以上开始生成。本工程的燃烧温度控制在 850℃左右，并控制过量空气系数，同时为了更好地降低烟气中 NO_x 的排放，本项目安装脱氮系统，采用炉内喷尿素溶液法，也称选择性非催化还原法（简称 SNCR）降低 NO_x 排放量。该工艺是以尿素为还原剂，将颗粒状尿素（碳酰胺）制成溶液，在 850～1 000℃温度区喷入，在垃圾焚烧炉堂内完成还原反应，总反应方程式：

$$2NO + (NH_2)_2CO + 1/2O_2 \longrightarrow 2N_2 + 2H_2O + CO_2$$

氮氧化物（NO_x）排放浓度控制到 200 mg/m^3 以下，大大减少对环境的污染。

烟气中 SO_2 经半干法烟气处理系统的 $Ca(OH)_2$ 中和后，其排放浓度可以达到设计标准 100 mg/m^3。

（4）废气中 CO 的控制

一氧化碳是由于垃圾中有机可燃物不完全燃烧产生的。本工程中焚烧炉的燃烧温度、过量空气量及烟气与垃圾在炉内的滞留时间，足可保证垃圾完全燃烧，可使产生的废气中的 CO 符合排放标准，不必经过特殊处理。

（5）恶臭治理措施

垃圾储坑是一个全封闭结构，只有卸料门处对外开启，另外一次风从垃圾坑内抽取臭气进炉焚烧，垃圾卸料大厅也采用全封闭结构，卸料大厅入口设置风幕门，防止臭气外逸。

根据其他垃圾电厂的监测数据，垃圾池内臭气浓度约 1 000 mg/m^3，本项目垃圾池距离最近约 60 m，垃圾池全密闭，厂界臭气浓度低于 10 mg/m^3。

本项目拟采用如下措施防止臭气外溢：

1)垃圾池和垃圾上料系统采用全封闭式建筑结构，垃圾池采用电动门随时关闭；

2）锅炉一次风机从垃圾池内吸风，保持垃圾池内呈微负压，抽出后送入焚烧炉作为助燃空气，以防止垃圾池内臭气外溢；

3）在垃圾卸料车间的汽车进出门处设置侧吹空气幕，隔断室内外空气流动，防止垃圾臭气泄漏。

4）在垃圾渗滤液地下泵房地面屋体内架设一条通风管道，装置轴流风机，将垃圾渗滤液贮存坑中外溢的臭气引入垃圾仓，保持地面屋体呈负压，避免臭气外泄于外环境。

5）为防止垃圾池内可燃气体聚集，引起火灾，建设单位拟在垃圾池内设置可燃气体检测装置。当可燃气体检测超标时，或者锅炉停运检修，垃圾池需要通风排味时，即自动开启除臭风机将臭气送入位于除臭间内的活性炭除臭装置过滤。臭味经过活性炭除臭装置吸附（或紫外线分解）过滤后排至高空大气，从而保证电厂小区内的空气质量。

6）为了防止垃圾池的臭气进入参观走廊等区域，上述区域采用微正压送新风系统，防止垃圾池的臭味外溢至该区域。同时，新风经空气净化机过滤，以保证参观走廊内的空气质量。

根据工程实践，采取上述措施可使厂界恶臭浓度控制在要求的《恶臭污染物排放标准》（GB 14554—93）厂界标准值中的二级标准以下。

综上所述，本项目烟气污染物控制措施见表7-1，通过这些污染控制措施的实施和环评报告书提出的污染控制注意事项，本项目废气排放达到设计排放标准是可行的。

表7-1　烟气中污染物去除方式

污染物种类	去除方式
烟尘	布袋除尘器
酸性气体	浆状石灰半干法脱除、布袋除尘器
重金属	布袋除尘器
二噁英类	温度控制、袋式除尘器、活性炭吸附
飞灰	安全处置
氮氧化物	选择性非催化还原法（SNCR）

7.2 废水治理措施

1）垃圾渗滤液的治理

垃圾储坑垃圾渗滤液和垃圾栈桥、卸料平台的冲洗水，属于高浓度有机污水，渗滤液中除 COD、BOD_5、NH_4^+-N 等污染物严重超标外，还含有卤代芳烃、重金属和病毒等污染物。垃圾渗滤液由收集池收集，再由渗滤液提升泵提升至厂区垃圾渗滤液污水处理站进行处理，达到中水水质标准后全部回用。

2）化水车间酸碱废水的治理

酸碱废水排至中和池进行中和，pH 值达标后全部回用。

3）生产污水和生活污水的治理

生产、生活污水产生主要包括普通车间冲洗水和生活污水等。

厂区生活污水，其中排放的粪便污水先经化粪池处理，厨房及餐厅含油污水先经隔油池处理后，与生产污废水一同排入厂区的污水管道系统。最终排至厂区污水处理站进行生化处理，达到《污水综合排放标准》（GB 8978—1996）中的一级排放标准后，再进行深度中水处理，中水达到《城市污水再生利用工业用水水质标准》（GB/T 19923—2005）的有关水质要求后，全部回用作为循环冷却水系统补充用水。

4）灰渣堆场、垃圾储存坑、渗滤液收集池的底部及四壁均做防腐防渗处理。

7.2.1 工业废水和生活污水处理

污水及中水处理推荐采用“水解酸化+二级接触氧化生化处理+中水深度处理”的处理系统工艺。（略）

7.2.2 垃圾渗滤液处理系统

7.2.2.1 垃圾渗滤液处理规模及排放标准

考虑到渗滤液随季节的变化在 15%～30%波动，为保证在雨季渗滤液的处理能力，除设计容积较大的调节池外，考虑到处理留有一定的余量，其设计处理能力总规模定为 250 m^3/d。垃圾渗滤液处理回用水要求达到《城市污水再生利用—工业用水水质标准》（GB/T 19923—2005）中循环冷却水系统补充水水质标准。

7.2.2.2 垃圾渗滤液处理工艺方案

本项目垃圾渗滤液处理系统处理工艺拟采用此工艺，此工艺分为预处理系统、UASB 反应器、MBR 系统、NF/RO 系统及辅助工程系统等（略）。

7.3 噪声治理措施

由于选址周边基本没有声环境敏感点，施工期间注意噪声控制，合理安排作息时间，噪声影响是可以接受的。

根据垃圾电厂的特殊性，工程对于噪声的防治采用综合治理的方式，把现场飞尘、噪声及污染热空气治理和节能理念相结合，首先从声源上控制噪声，其次是在工程设计中采取行之有效的隔声、消声、吸声等噪声控制措施，将噪声控制在规定的标准之内。

拟建工程建成后，正常情况下，电厂噪声对于噪声敏感点的影响较小，但在锅炉排汽时，由于锅炉排汽声级较高，如果不采取有效防噪措施，在几十千米外的人们均能感受到，故在本项目工程设计阶段，在锅炉排汽口消声器选型时，应注意选消声量大一些的消声器。另外，由于冷却塔位于东边界附近，虽然其对噪声敏感点的影响较小，但仍需在设计时考虑噪声治理措施。

本项目采取的噪声治理措施及其降噪效果分析如下：

（1）厂区总体设计时，将主机尽可能布置在远离办公室的地方，以防噪声对工作环境的影响。

（2）在运行管理人员集中的控制室内，门窗处设置吸声装置（如密封门窗等），室内设置吸声吊顶，以减少噪声对运行人员的影响，使其工作环境达到允许噪声标准。

（3）采用低噪声的设备，在鼓风机和引风机风道中加设消音器，以达到允许的噪声标准。

（4）主厂房整体治理措施：

①隔声

将所有窗户改为双层隔声窗，中间留 5 mm 的空气层，隔声量大于 35 dB（A）。

将所有与厂房外边界相邻的门设计为重型隔声门。隔声门双层钢板复合式结构，厚度为 100 mm，在两层间加吸声处理，内填高效吸声材料，隔声量大于 35 dB（A）。

隔声门窗的通风均采用强制通风与自然通风相结合，即“强制送风+自然排风”或“自然引风+强制排风”模式，所有进排风通道采用消声设计（消声通道或消声弯头）。工作间设有轴流风机，每台轴流风机均附有消声器。

②吸声

对主厂房内的所有操作间采用吸声改造设计，保证操作间内低噪声环境。对高频噪声集中区域，加装高效墙面吸声体和空间吸声体，加速噪声衰减。

（5）汽轮发电机组

电机部分包括发电机和励磁机，采用钢结构的消声隔声罩，将集电环、主励磁机、副励磁机罩在一个大的隔声罩内，隔声罩采用钢板和吸声玻璃棉复合结构；为防止振动引起的附加噪声在联结处应有弹性密封隔振措施。

在励磁机出风口等噪声较大的地方，加装配式消声过滤器，在励磁机上加装出风管道，并采用上面密封，下面出风管路内置吸声材料，使这些部位的噪声得到降低。

（6）泵房

循环水泵房内的主要噪声源是循环水泵的产生噪声，其治理措施为：

①隔声：将所有与厂房外边界相邻的窗户设计为双层隔声窗，隔声量大于

35 dB（A）。将所有与厂房外边界相邻的门设计为重型隔声门。隔声门双层钢板复合式结构，在两层间加吸声处理，内填高效吸声材料，隔声量大于 35 dB（A）。隔声门窗的通风均采用强制通风与自然通风相结合，即“自然引风+强制排风”模式，所有进排风通道采用消声设计（消声通道或消声弯头）。使用原有轴流风机，每台轴流风机加上消声器。

②吸声：泵房内所有墙面和天花板加装高效墙面吸声体和吸声天花板。

（7）循环水冷却塔

循环水冷却塔的噪声主要来自落水噪声和冷却风机噪声。热水从塔顶落下降温过程中，塔顶的冷却风机产生机械噪声，塔底的通风口产生落水噪声，对周围的声环境产生较大的影响。循环水冷却塔噪声治理的特点是冷却塔需要通风散热，而且通风量巨大。

结合循环水冷却塔底部落水噪声特点，在循环水冷却塔底部四周加装消声百叶，既满足消声要求，又不影响通风。由于冷却塔与消声百叶之间有一定空隙，有部分面积直接与外界相通，也需要用消声百叶封口。

循环水冷却塔顶冷却风机产生的机械噪声治理则用隔声屏将其上部四周总体围闭，声屏障需要做到比风机顶部高出一定高度，才能保证隔声效果。

对上述三个主要噪声源进行综合治理后，室外噪声可以达到《工业企业厂界环境噪声排放标准》（GB 12348—90）II 类标准。

（8）减振措施

建议对靠近办公或操作区域、振动大的设备加装弹簧减振垫，与之连接的管道加装柔性接头，所有支架改用减振支架。

（9）工作间噪声控制

所有门窗均采用隔声门窗，改善工作间通风系统并进行消声设计。每台轴流风机均附有消声器。

（10）车辆产生的噪声，则通过加大车辆行驶管理力度，如限制鸣笛和车速来降低交通噪声。

（11）厂区加强绿化，以起到降低噪声的作用。

7.4 固体废物处理措施

（1）做好垃圾运输途中的环境卫生工作，采用密闭的垃圾专用运输车辆，防止垃圾沿途撒落、飞扬和恶臭气体的扩散。危险废物不得进入生活垃圾焚烧电厂进行处理。

（2）进入焚烧厂的垃圾贮存于垃圾储仓内，不得随地堆放。本厂产生的生活垃圾直接送入厂内垃圾储仓内，经焚烧发电。

（3）加强垃圾的收集管理，推广垃圾分类收集、资源回收，严格禁止有毒有害垃圾、防止建筑垃圾、鼓励热值高、无毒害的工业垃圾进入焚烧垃圾收集系统。

（4）从烟气处理系统中反应塔和布袋除尘器排出的飞灰，含有微量有害物质，称为危险废物，为确保安全，必须单独收集并加以有效处理。从烟气处理系统和袋式除尘器收集的飞灰，集中到灰库，用灰罐车运往固化车间，飞灰采取水泥固化稳定，固化块运往具有资质的处理厂安全处置。

飞灰的预处理技术主要针对其中的重金属进行，重金属提取主要是利用酸等溶剂将飞灰中的重金属浸出，或利用加热的方法将重金属挥发出来并回收加以利用。由于飞灰中的重金属一般并不是稀有金属，所回收重金属的价格往往还不能抵消所需能源和药剂的成本费，因此这是一种非常昂贵的方法，如果没有后续的资源化利用作为支持，从经济的角度讲并不实用。重金属提取后来也发展到水洗、酸洗，目的并不是回收飞灰中的重金属，而是去除其中的污染物，回收盐类物质。例如，日本的 AES 工艺采用酸浸取+硫化物稳定法，先加盐酸浸取飞灰，然后加硫化物沉淀，脱水后，固体填埋，废水进一步处理，该种方法对飞灰中重金属去除效率有限，而且必须处理洗脱过程中产生的废水，其产生的二次污染往往会导致新的环境问题。据不完全统计，我国目前运行的近 100 家生活垃圾焚烧设施最常采用的飞灰处置技术是水泥固化。水泥固化法操作较为简单、投资和运行费用较低，工艺较成熟，但固化后其所含盐类大部分可被雨水溶出，而且对于难以利用氢氧化物的难溶特性处理的汞、铅以及需要还原处理的六价铬等无法实现稳定化处理，因此单独使用难以达到国家最新标准。有浸出毒性实验结果表明，将水泥比例增加到 55%以后，重金属 Pb、Cd 等元素浸出浓度仍旧不能达到《生活垃圾填埋场污染控制标准》中的重金属浸出毒性标准的要求。此外，由于最少需增加 25%以上的水泥，飞灰固化物的重量和体积都会增加，加大了填埋压力。

近年来，针对水泥固化中存在的问题，研究者们采用高效的化学稳定药剂特别是螯合剂进行无害化处理已成为飞灰固化处理的主流趋势。目前国内使用的螯合固化方法主要可以分为以下三种：

A. 无机药剂 8%～10%，添加约 10%的水泥，30%左右的水；

B. 有机药剂 0.2%～0.5%，添加 10%～15%的水泥，30%左右的水；

C. 复合药剂 7%～8%，不添加水泥，30%左右的水。

焚烧飞灰按危险废物处理，严格执行《危险废物贮存污染控制标准》（GB 18596—2001）的有关规定，对焚烧飞灰采用灰罐车输送，运送到固化车间进行固化。焚烧飞灰在产生地必须进行必要的固化和稳定化处理之后方可运输，飞灰：水泥=100：20（质量比），喷入适量水泥（飞灰+水泥之和的 10%～15%）。在生活垃圾卫生填埋场建成之前，飞灰在场内进行固化螯合稳定处理后，运往××有限公司（有资质处理危险废物的单位）进行安全处置。××市正规化建设生活垃圾卫生填埋场，预计 3 年建成，届时固化后的飞灰达到生活垃圾填埋场的入场标准后，将运往卫生填埋场进行分区单独填埋处理。运输需使用专用运输工具，运输工具必须密闭。

（5）焚烧炉渣不是危险废物，可以作为建材综合利用。本项目垃圾焚烧厂通过机械除渣方式使得锅炉排出的底灰落入刮板捞渣机的水槽中冷却，捞出后直接排入渣坑，通过抓斗起重机将渣装车直接送至××厂做建材。

（6）污水处理后产生的污泥大约 13.5 t/d，含水率高达 90%以上，经过脱水机进行固液分离，再将污泥送至焚烧炉内焚烧处理。

7.5 地下水污染防治措施（略）

7.6 小结（略）

第八章 清洁生产水平与污染物总量控制（略）

第九章 环境风险评价（略）

第十章 公众参与（略）

第十一章 环境经济损益分析（略）

第十二章 选址可行性与项目合理性分析（略）

第十三章 环境管理及环境监测计划建议（略）

第十四章 综合结论（略）

附　录

环境影响评价技术导则　声环境

Technical guidelines for noise impact assessment

HJ 2.4—2009 代替 HJ/T 2.4—1995

前　言

为贯彻《中华人民共和国环境保护法》、《中华人民共和国环境影响评价法》和《中华人民共和国环境噪声污染防治法》，保护环境，防治噪声污染，规范和指导声环境影响评价工作，制定本标准。

本标准规定了声环境影响评价工作的一般性原则、内容、工作程序、方法和要求。

本标准是对《环境影响评价技术导则　声环境》（HJ/T 2.4—1995）的修订，与原标准相比主要修改内容如下：

——增加了声环境影响评价类别一节，明确规定对建设项目的固定声源和流动声源的环境影响应分别进行评价。

——根据国内外新的研究成果和《声学　户外声传播衰减　第 2 部分　一般计算方法》（GB/T 17247.2），对工业企业、公路（道路）、铁路（城市轨道交通）、机场飞机噪声预测公式进行了补充和修正。

——修改了评价等级、评价范围，评价工作基本要求的表述方法。

——增加了典型建设项目分类预测及噪声控制措施、区域环评中声环境影响评价要求等章节。

——删除了有关声源的监测方法。

本标准于 1995 年首次发布，本次为第一次修订。

自本标准实施之日起，HJ/T 2.4—1995 废止。

本标准附录 A 和附录 B 为规范性附录。

本标准由环境保护部科技标准司组织制订。

本标准主要起草单位：环境保护部环境工程评估中心、河北科技大学。

本标准环境保护部 2009 年 12 月 23 日批准。

本标准自 2010 年 4 月 1 日起实施。

本标准由环境保护部解释。

1 适用范围

本标准规定了声环境影响评价的一般性原则、内容、工作程序、方法和要求。

本标准适用于建设项目声环境影响评价及规划环境影响评价中的声环境影响评价。

2 规范性引用文件

本标准内容引用了下列文件中的条款。凡是不注日期的引用文件，其有效版本适用于本标准。

GB 1495　汽车加速行驶车外噪声限值及测量方法

GB 3096　声环境质量标准

GB 9660　机场周围飞机噪声环境标准

GB/T 9661　机场周围飞机噪声测量方法

GB 12348　工业企业厂界环境噪声排放标准

GB 14227　城市轨道交通车站站台声学要求和测量方法

GB 12523　建筑施工场界噪声限值

GB/T 12524　建筑施工场界噪声测量方法

GB 12525　铁路边界噪声限值及其测量方法

GB/T 15190　城市区域环境噪声适用区划分技术规范

GB/T 17247.2　声学　户外声传播衰减　第 2 部分　一般计算方法

GB 22337　社会生活环境噪声排放标准

HJ/T 90　声屏障声学设计和测量规范

3 术语和定义

下列术语和定义适用于本标准。

3.1 环境噪声　ambient noise

指在工业生产、建筑施工、交通运输和社会生活中所产生的干扰周围生活环境的声音（频率在 20～20 000 Hz 的可听声范围内）。

3.2 固定声源　fixed source

在声源发声时间内，声源位置不发生移动的声源。

3.3 流动声源　hydrodynamic source

在声源发声时间内，声源位置按一定轨迹移动的声源。

3.4 点声源 point sound source

以球面波形式辐射声波的声源，辐射声波的声压幅值与声波传播距离（r）成反比。任何形状的声源，只要声波波长远远大于声源几何尺寸，该声源可视为点声源。在声环境影响评价中，声源中心到预测点之间的距离超过声源最大几何尺寸 2 倍时，可将该声源近似为点声源。

3.5 线声源 line sound source

以柱面波形式辐射声波的声源，辐射声波的声压幅值与声波传播距离的平方根（$\sqrt{r}$）成反比。

3.6 面声源 area sound source

以平面波形式辐射声波的声源，辐射声波的声压幅值不随传播距离改变（不考虑空气吸收）。

3.7 敏感目标 noise sensitive target

指医院、学校、机关、科研单位、住宅、自然保护区等对噪声敏感的建筑物或区域。

3.8 贡献值 contribution value

由建设项目自身声源在预测点产生的声级。

3.9 背景值 background value

不含建设项目自身声源影响的环境声级。

3.10 预测值 prediction value

预测点的贡献值和背景值按能量叠加方法计算得到的声级。

3.11 符号

本标准使用的主要符号的意义与单位见表 1。

表 1 主要符号

序号	符号	意义	单位
1	L_{eq}	等效声级	dB(A)
2	L_d	昼间等效声级	dB(A)
3	L_n	夜间等效声级	dB(A)
4	L_{max}	最大 A 声级	dB(A)
5	L_{Aw}	A 声功率级	dB(A)
6	L_w	倍频带声功率级	dB
7	L_{WECPN}	计权等效连续感觉噪声级	dB
8	L_{EPN}	有效感觉噪声级	dB
9	$L_A(r)$	距离声源 r 处的 A 声级	dB(A)

序号	符号	意义	单位
10	$L_A(r_0)$	参考位置 r_0 处的 A 声级	dB(A)
11	$L_p(r)$	距离声源 r 处的倍频带声压级	dB
12	$L_p(r_0)$	参考位置 r_0 处的倍频带声压级	dB
13	A_{div}	声波几何发散引起的倍频带衰减	dB
14	A_{bar}	屏障引起的倍频带衰减	dB
15	A_{atm}	空气吸收引起的倍频带衰减	dB
16	A_{gr}	地面效应引起的倍频带衰减	dB
17	A_{misc}	其他多方面效应引起的倍频带衰减	dB
18	r_0	参考位置距离声源的距离	m
19	r	预测点距离声源的距离	m
20	R	房间常数	m^2
21	S	面积	m^2
22	T	测量或计算的时间	s
23	δ	声程差	m
24	λ	波长	m
25	α	大气吸声衰减系数	dB/1 000 m

4 总则

4.1 基本任务

评价建设项目实施引起的声环境质量的变化和外界噪声对需要安静建设项目的影响程度；提出合理可行的防治措施，把噪声污染降低到允许水平；从声环境影响角度评价建设项目实施的可行性；为建设项目优化选址、选线、合理布局以及城市规划提供科学依据。

4.2 评价类别

4.2.1 按评价对象划分，可分为建设项目声源对外环境的环境影响评价和外环境声源对需要安静建设项目的环境影响评价。

4.2.2 按声源种类划分，可分为固定声源和流动声源的环境影响评价。

固定声源的环境影响评价：主要指工业（工矿企业和事业单位）和交通运输（包括航空、铁路、城市轨道交通、公路、水运等）固定声源的环境影响评价。

流动声源的环境影响评价：主要指在城市道路、公路、铁路、城市轨道交通上行驶的车辆以及从事航空和水运等运输工具，在行驶过程中产生的噪声环境影响评价。

4.2.3 停车场、调车场、施工期施工设备、运行期物料运输、装卸设备等，按照 3.2、3.3 的定义，可分别划分为固定声源或流动声源。

4.2.4 建设项目既拥有固定声源，又拥有流动声源时，应分别进行噪声环境影响评价；同一敏感点既受到固定声源影响，又受到流动声源影响时，应进行叠加环境影响评价。

4.3 评价量

4.3.1 声环境质量评价量

根据 GB 3096，声环境功能区的环境质量评价量为昼间等效声级（L_d）、夜间等效声级（L_n），突发噪声的评价量为最大 A 声级（L_{max}）。

根据 GB 9660，机场周围区域受飞机通过（起飞、降落、低空飞越）噪声环境影响的评价量为计权等效连续感觉噪声级（L_{WECPN}）。

4.3.2 声源源强表达量

A 声功率级（L_{Aw}），或中心频率为 63～8 000 Hz 8 个倍频带的声功率级（L_w）；距离声源 r 处的 A 声级[$L_A(r)$]或中心频率为 63～8 000 Hz 8 个倍频带的声压级[$L_p(r)$]；有效感觉噪声级（L_{EPN}）。

4.3.3 厂界、场界、边界噪声评价量

根据 GB 12348、GB 12523 工业企业厂界、建筑施工场界噪声评价量为昼间等效声级（L_d）、夜间等效声级（L_n）、室内噪声倍频带声压级，频发、偶发噪声的评价量为最大 A 声级（L_{max}）。

根据 GB 12525、GB 14227 铁路边界、城市轨道交通车站站台噪声评价量为昼间等效声级（L_d）、夜间等效声级（L_n）。

根据 GB 22337 社会生活噪声源边界噪声评价量为昼间等效声级（L_d）、夜间等效声级（L_n），室内噪声倍频带声压级、非稳态噪声的评价量为最大 A 声级（L_{max}）。

4.4 工作程序

声环境影响评价的工作程序见图 1。

4.5 评价时段

根据建设项目实施过程中噪声的影响特点，可按施工期和运行期分别开展声环境影响评价。运行期声源为固定声源时，固定声源投产运行后作为环境影响评价时段；运行期声源为流动声源时，将工程预测的代表性时段（一般分为运行近期、中期、远期）分别作为环境影响评价时段。

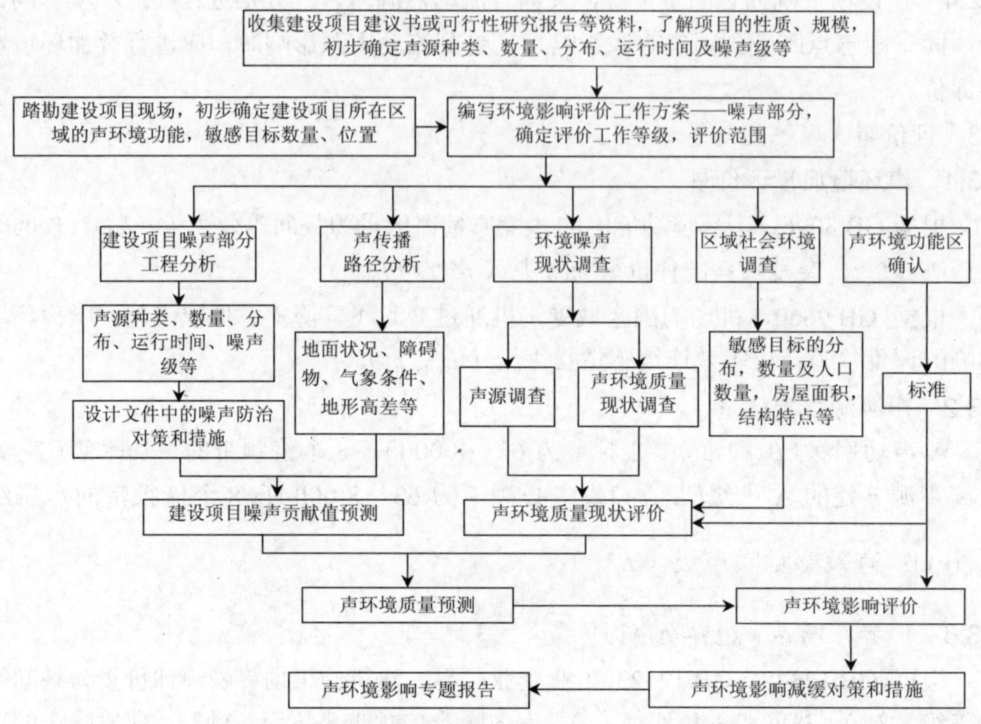

图 1 声环境影响评价工作程序

5 评价工作等级

5.1 划分的依据

声环境影响评价工作等级划分依据包括：

a）建设项目所在区域的声环境功能区类别。

b）建设项目建设前后所在区域的声环境质量变化程度。

c）受建设项目影响人口的数量。

5.2 评价等级划分

5.2.1 声环境影响评价工作等级一般分为三级，一级为详细评价，二级为一般性评价，三级为简要评价。

5.2.2 评价范围内有适用于 GB 3096 规定的 0 类声环境功能区域，以及对噪声有特别限制要求的保护区等敏感目标，或建设项目建设前后评价范围内敏感目标噪声级增高量达 5 dB(A)以上[不含 5 dB(A)]，或受影响人口数量显著增多时，按一级评价。

5.2.3 建设项目所处的声环境功能区为 GB 3096 规定的 1 类、2 类地区，或建设项目建设前后评价范围内敏感目标噪声级增高量达 3～5 dB(A) [含 5 dB(A)]，或受噪声影响人口数量增加较多时，按二级评价。

5.2.4 建设项目所处的声环境功能区为 GB 3096 规定的 3 类、4 类地区，或建设项目建设前后评价范围内敏感目标噪声级增高量在 3 dB(A)以下[不含 3 dB(A)]，且受影响人口数量变化不大时，按三级评价。

5.2.5 在确定评价工作等级时，如建设项目符合两个以上级别的划分原则，按较高级别的评价等级评价。

6 评价范围和基本要求

6.1 评价范围的确定

6.1.1 声环境影响评价范围依据评价工作等级确定。

6.1.2 对于以固定声源为主的建设项目（如工厂、港口、施工工地、铁路站场等）：

a）满足一级评价的要求，一般以建设项目边界向外 200 m 为评价范围；

b）二级、三级评价范围可根据建设项目所在区域和相邻区域的声环境功能区类别及敏感目标等实际情况适当缩小。

c）如依据建设项目声源计算得到的贡献值到 200 m 处，仍不能满足相应功能区标准值时，应将评价范围扩大到满足标准值的距离。

6.1.3 城市道路、公路、铁路、城市轨道交通地上线路和水运线路等建设项目：

a）满足一级评价的要求，一般以道路中心线外两侧 200 m 以内为评价范围；

b）二级、三级评价范围可根据建设项目所在区域和相邻区域的声环境功能区类别及敏感目标等实际情况适当缩小。

c）如依据建设项目声源计算得到的贡献值到 200 m 处，仍不能满足相应功能区标准值时，应将评价范围扩大到满足标准值的距离。

6.1.4 机场周围飞机噪声评价范围应根据飞行量计算到 L_{WECPN} 为 70 dB 的区域。

a）满足一级评价的要求，一般以主要航迹离跑道两端各 5～12 km、侧向各 1～2 km 的范围为评价范围；

b）二级、三级评价范围可根据建设项目所处区域的声环境功能区类别及敏感目标等实际情况适当缩小。

6.2 一级评价的基本要求

6.2.1 在工程分析中，给出建设项目对环境有影响的主要声源的数量、位置和声源源强，并在标有比例尺的图中标识固定声源的具体位置或流动声源的路线、跑道等位置。在缺少声源源强的相关资料时，应通过类比测量取得，并给出类比测量的条件。

6.2.2 评价范围内具有代表性的敏感目标的声环境质量现状需要实测。对实测结果进行评价，并分析现状声源的构成及其对敏感目标的影响。

6.2.3 噪声预测应覆盖全部敏感目标，给出各敏感目标的预测值及厂界（或场界、边界）噪声值。固定声源评价、机场周围飞机噪声评价、流动声源经过城镇建成区和规划区路段的评价应绘制等声级线图，当敏感目标高于（含）三层建筑时，还应绘制垂直方向的等声级线图。给出建设项目建成后不同类别的声环境功能区内受影响的人口分布、噪声超标的范围和程度。

6.2.4 当工程预测的不同代表性时段噪声级可能发生变化的建设项目，应分别预测其不同时段的噪声级。

6.2.5 对工程可行性研究和评价中提出的不同选址（选线）和建设布局方案，应根据不同方案噪声影响人口的数量和噪声影响的程度进行比选，并从声环境保护角度提出最终的推荐方案。

6.2.6 针对建设项目的工程特点和所在区域的环境特征提出噪声防治措施，并进行经济、技术可行性论证，明确防治措施的最终降噪效果和达标分析。

6.3 二级评价的基本要求

6.3.1 在工程分析中，给出建设项目对环境有影响的主要声源的数量、位置和声源源强，并在标有比例尺的图中标识固定声源的具体位置或流动声源的路线、跑道等位置。在缺少声源源强的相关资料时，应通过类比测量取得，并给出类比测量的条件。

6.3.2 评价范围内具有代表性的敏感目标的声环境质量现状以实测为主，可适当利用评价范围内已有的声环境质量监测资料，并对声环境质量现状进行评价。

6.3.3 噪声预测应覆盖全部敏感目标，给出各敏感目标的预测值及厂界（或场界、边界）噪声值，根据评价需要绘制等声级线图。给出建设项目建成后不同类别的声环境功能区内受影响的人口分布、噪声超标的范围和程度。

6.3.4 当工程预测的不同代表性时段噪声级可能发生变化的建设项目，应分别预测其不同时段的噪声级。

6.3.5 从声环境保护角度对工程可行性研究和评价中提出的不同选址（选线）和建设布局方案的环境合理性进行分析。

6.3.6 针对建设项目的工程特点和所在区域的环境特征提出噪声防治措施，并进行经济、技术可行性论证，给出防治措施的最终降噪效果和达标分析。

6.4 三级评价的基本要求

6.4.1 在工程分析中，给出建设项目对环境有影响的主要声源的数量、位置和声源源强，并在标有比例尺的图中标识固定声源的具体位置或流动声源的路线、跑道等位置。在缺少声源源强的相关资料时，应通过类比测量取得，并给出类比测量的条件。

6.4.2 重点调查评价范围内主要敏感目标的声环境质量现状，可利用评价范围内已有的声环境质量监测资料，若无现状监测资料时应进行实测，并对声环境质量现状进行评价。

6.4.3 噪声预测应给出建设项目建成后各敏感目标的预测值及厂界（或场界、边界）噪声值，分析敏感目标受影响的范围和程度。

6.4.4 针对建设项目的工程特点和所在区域的环境特征提出噪声防治措施，并进行达标分析。

7 声环境现状调查和评价

7.1 主要调查内容

7.1.1 影响声波传播的环境要素

调查建设项目所在区域的主要气象特征：年平均风速和主导风向，年平均气温，年平均相对湿度等。

收集评价范围内 1：（2 000～50 000）地理地形图，说明评价范围内声源和敏感目标之间的地貌特征、地形高差及影响声波传播的环境要素。

7.1.2 声环境功能区划

调查评价范围内不同区域的声环境功能区划情况，调查各声环境功能区的声环境质量现状。

7.1.3 敏感目标

调查评价范围内的敏感目标的名称、规模、人口的分布等情况，并以图、表相结合的方式说明敏感目标与建设项目的关系（如方位、距离、高差等）。

7.1.4 现状声源

建设项目所在区域的声环境功能区的声环境质量现状超过相应标准要求或噪声值相对较高时，需对区域内的主要声源的名称、数量、位置、影响的噪声级等相关情况进行调查。

有厂界（或场界、边界）噪声的改、扩建项目，应说明现有建设项目厂界（或场界、边界）噪声的超标、达标情况及超标原因。

7.2 调查方法

环境现状调查的基本方法是：（1）收集资料法；（2）现场调查法；（3）现场测量法。评价时，应根据评价工作等级的要求确定需采用的具体方法。

7.3 现状监测

7.3.1 监测布点原则

7.3.1.1 布点应覆盖整个评价范围，包括厂界（或场界、边界）和敏感目标。当敏感目标高于（含）三层建筑时，还应选取有代表性的不同楼层设置测点。

7.3.1.2 评价范围内没有明显的声源（如工业噪声、交通运输噪声、建设施工噪声、社会生活噪声等），且声级较低时，可选择有代表性的区域布设测点。

7.3.1.3 评价范围内有明显的声源，并对敏感目标的声环境质量有影响，或建设项目为改、扩建工程，应根据声源种类采取不同的监测布点原则。

a）当声源为固定声源时，现状测点应重点布设在可能既受到现有声源影响，又受到建设项目声源影响的敏感目标处，以及有代表性的敏感目标处；为满足预测需要，也可在距离现有声源不同距离处设衰减测点。

b）当声源为流动声源，且呈现线声源特点时，现状测点位置选取应兼顾敏感目标的分布状况、工程特点及线声源噪声影响随距离衰减的特点，布设在具有代表性的敏感目标处。为满足预测需要，也可选取若干线声源的垂线，在垂线上距声源不同距离处布设监测点。其余敏感目标的现状声级可通过具有代表性的敏感目标实测噪声的验证并结合计算求得。

c）对于改、扩建机场工程，测点一般布设在主要敏感目标处，测点数量可根据机场飞行量及周围敏感目标情况确定，现有单条跑道、二条跑道或三条跑道的机场可分别布设 3～9 个、9～14 个或 12～18 个飞机噪声测点，跑道增多可进一步增加测点。其余敏感目标的现状飞机噪声声级可通过测点飞机噪声声级的验证和计算求得。

7.3.2 监测执行的标准

声环境质量监测执行 GB 3096；

机场周围飞机噪声测量执行 GB/T 9661；

工业企业厂界环境噪声测量执行 GB 12348；

社会生活环境噪声测量执行 GB 22337；

建筑施工场界噪声测量执行 GB/T 12524；

铁路边界噪声测量执行 GB 12525；

城市轨道交通车站站台噪声测量执行 GB 14227。

7.4 现状评价

7.4.1 以图、表结合的方式给出评价范围内的声环境功能区及其划分情况，以及现有敏感目标的分布情况。

7.4.2 分析评价范围内现有主要声源种类、数量及相应的噪声级、噪声特性等，明确主要声源分布，评价厂界（或场界、边界）超、达标情况。

7.4.3 分别评价不同类别的声环境功能区内各敏感目标的超、达标情况，说明其受到现有主要声源的影响状况。

7.4.4 给出不同类别的声环境功能区噪声超标范围内的人口数及分布情况。

8 声环境影响预测

8.1 基本要求

8.1.1 预测范围

应与评价范围相同。

8.1.2 预测点的确定原则

建设项目厂界（或场界、边界）和评价范围内的敏感目标应作为预测点。

8.1.3 预测需要的基础资料

8.1.3.1 声源资料

建设项目的声源资料主要包括：声源种类、数量、空间位置、噪声级、频率特性、发声持续时间和对敏感目标的作用时间段等。

8.1.3.2 影响声波传播的各类参量

影响声波传播的各类参量应通过资料收集和现场调查取得，各类参量如下：

a）建设项目所处区域的年平均风速和主导风向，年平均气温，年平均相对湿度。

b）声源和预测点间的地形、高差。

c）声源和预测点间障碍物（如建筑物、围墙等；若声源位于室内，还包括门、窗等）的位置及长、宽、高等数据。

d）声源和预测点间树林、灌木等的分布情况，地面覆盖情况（如草地、水面、水泥地面、土质地面等）。

8.2 预测步骤

8.2.1 声环境影响预测步骤

a）建立坐标系，确定各声源坐标和预测点坐标，并根据声源性质以及预测点与声源之间的距离等情况，把声源简化成点声源，或线声源，或面声源。

b）根据已获得的声源源强的数据和各声源到预测点的声波传播条件资料，计算出噪声从各声源传播到预测点的声衰减量，由此计算出各声源单独作用在预测点时产生的A声级（L_{Ai}）或有效感觉噪声级（L_{EPN}）。

8.2.2 声级的计算

a）建设项目声源在预测点产生的等效声级贡献值（L_{eqg}）计算公式：

$$L_{eqg}=10\lg\left(\frac{1}{T}\sum_{i}t_{i}10^{0.1L_{Ai}}\right) \quad (1)$$

式中：L_{eqg}——建设项目声源在预测点的等效声级贡献值，dB(A)；

L_{Ai}——i 声源在预测点产生的 A 声级，dB(A)；

T——预测计算的时间段，s；

t_i——i 声源在 T 时段内的运行时间，s。

b）预测点的预测等效声级（L_{eq}）计算公式：

$$L_{eq}=10\lg(10^{0.1L_{eqg}}+10^{0.1L_{eqb}}) \quad (2)$$

式中：L_{eqg}——建设项目声源在预测点的等效声级贡献值，dB(A)；

L_{eqb}——预测点的背景值，dB(A)。

c）机场飞机噪声计权等效连续感觉噪声级（L_{WECPN}）计算公式：

$$L_{WECPN}=\overline{L_{EPN}}+10\lg(N_1+3N_2+10N_3)-39.4 \quad (3)$$

式中：N_1——7：00～19：00 对某个预测点声环境产生噪声影响的飞行架次；

N_2——19：00～22：00 对某个预测点声环境产生噪声影响的飞行架次；

N_3——22：00～7：00 对某个预测点声环境产生噪声影响的飞行架次；

$\overline{L_{EPN}}$——N 次飞行有效感觉噪声级能量平均值（$N=N_1+N_2+N_3$），dB。

$\overline{L_{EPN}}$ 的计算公式：

$$\overline{L_{EPN}}=10\lg\left(\frac{1}{N_1+N_2+N_3}\sum_{i}\sum_{j}10^{0.1L_{EPNij}}\right) \quad (4)$$

式中：L_{EPNij}——j 航路，第 i 架次飞机在预测点产生的有效感觉噪声级，dB。

d）按工作等级要求绘制等声级线图。等声级线的间隔应不大于 5 dB（一般选 5 dB）。对于 L_{eq} 等声级线最低值应与相应功能区夜间标准值一致，最高值可为 75 dB；对于 L_{WECPN} 一般应有 70 dB、75 dB、80 dB、85 dB、90 dB 的等声级线。

8.3 户外声传播衰减计算

8.3.1 基本公式

户外声传播衰减包括几何发散（A_{div}）、大气吸收（A_{atm}）、地面效应（A_{gr}）、屏障屏蔽（A_{bar}）、其他多方面效应（A_{misc}）引起的衰减。

a）在环境影响评价中，应根据声源声功率级或靠近声源某一参考位置处的已知声级（如实测得到的）、户外声传播衰减，计算距离声源较远处的预测点的声级。在已知距离无指向性点声源参考点 r_0 处的倍频带（用 63 Hz 到 8 000 Hz 的 8 个标称倍频带中心频率）声压级 $L_p(r_0)$ 和计算出参考点（r_0）和预测点（r）处之间的户外声传播衰减后，预测点 8 个倍频带声压级可分别用式（5）计算。

$$L_p(r)=L_p(r_0)-(A_{\mathrm{div}}+A_{\mathrm{atm}}+A_{\mathrm{bar}}+A_{\mathrm{gr}}+A_{\mathrm{misc}}) \tag{5}$$

b）预测点的 A 声级 $L_{\mathrm{A}}(r)$ 可按式（6）计算，即将 8 个倍频带声压级合成，计算出预测点的 A 声级[$L_{\mathrm{A}}(r)$]。

$$L_{\mathrm{A}}(r)=10\lg\left(\sum_{i=1}^{8}10^{0.1(L_{pi}(r)-\Delta L_i)}\right) \tag{6}$$

式中：$L_{pi}(r)$——预测点（r）处，第 i 倍频带声压级，dB；

ΔL_i——第 i 倍频带的 A 计权网络修正值（见附录 B），dB。

c）在只考虑几何发散衰减时，可用式（7）计算：

$$L_{\mathrm{A}}(r)=L_{\mathrm{A}}(r_0)-A_{\mathrm{div}} \tag{7}$$

8.3.2 几何发散衰减（A_{div}）

8.3.2.1 点声源的几何发散衰减

a）无指向性点声源几何发散衰减的基本公式是：

$$L_p(r)=L_p(r_0)-20\lg(r/r_0) \tag{8}$$

式（8）中第二项表示了点声源的几何发散衰减：

$$A_{\mathrm{div}}=20\lg(r/r_0) \tag{9}$$

如果已知点声源的倍频带声功率级 L_w 或 A 声功率级（$L_{\mathrm{A}w}$），且声源处于自由声场，则式（8）等效为式（10）或式（11）：

$$L_p(r)=L_w-20\lg(r)-11 \tag{10}$$

$$L_{\mathrm{A}}(r)=L_{\mathrm{A}w}-20\lg(r)-11 \tag{11}$$

如果声源处于半自由声场，则式（8）等效为式（12）或式（13）：

$$L_p(r)=L_w-20\lg(r)-8 \tag{12}$$

$$L_{\mathrm{A}}(r)=L_{\mathrm{A}w}-20\lg(r)-8 \tag{13}$$

b）具有指向性点声源几何发散衰减的计算公式：

声源在自由空间中辐射声波时，其强度分布的一个主要特性是指向性。例如，喇叭发声，其喇叭正前方声音大，而侧面或背面就小。

对于自由空间的点声源，其在某一θ方向上距离r处的倍频带声压级[$L_p(r)_\theta$]:

$$L_p(r)_\theta = L_w - 20\lg r + D_{I\theta} - 11 \tag{14}$$

式中：$D_{I\theta}$——θ方向上的指向性指数，$D_{I\theta} = 10\lg R_\theta$。

R_θ：指向性因数，$R_\theta = \frac{I_\theta}{I}$

I：所有方向上的平均声强，W/m^2；

I_θ：某一θ方向上的声强，W/m^2。

按式（8）计算具有指向性点声源几何发散衰减时，式（8）中的$L_p(r)$与$L_p(r_0)$必须是在同一方向上的倍频带声压级。

c）反射体引起的修正（ΔL_r）

如图 2 所示，当点声源与预测点处在反射体同侧附近时，到达预测点的声级是直达声与反射声叠加的结果，从而使预测点声级增高。

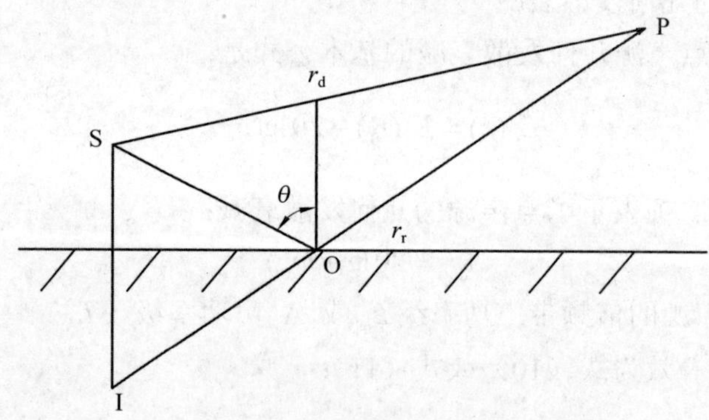

图 2　反射体的影响

当满足下列条件时，需考虑反射体引起的声级增高：

1）反射体表面平整光滑，坚硬的。

2）反射体尺寸远远大于所有声波波长λ。

3）入射角θ＜85º。

$r_r - r_d \gg \lambda$ 反射引起的修正量ΔL_r与r_r / r_d有关（r_r=IP、r_d=SP），可按表 2 计算：

表 2 反射体引起的修正量

r_r/r_d	dB
≈1	3
≈1.4	2
≈2	1
＞2.5	0

8.3.2.2 线声源的几何发散衰减

a）无限长线声源

无限长线声源几何发散衰减的基本公式是：

$$L_p(r)=L_p(r_0)-10\lg(r/r_0) \tag{15}$$

式（15）中第二项表示了无限长线声源的几何发散衰减：

$$A_{\text{div}}=10\lg(r/r_0) \tag{16}$$

b）有限长线声源

如图 3 所示，设线声源长度为 l_0，单位长度线声源辐射的倍频带声功率级为 L_w。在线声源垂直平分线上距声源 r 处的声压级为：

$$L_p(r)=L_w+10\lg\left[\frac{1}{r}\operatorname{arctg}\left(\frac{l_0}{2r}\right)\right]-8 \tag{17}$$

或

$$L_p(r)=L_p(r_0)+10\lg\left[\frac{\frac{1}{r}\operatorname{arctg}\left(\frac{l_0}{2r}\right)}{\frac{1}{r_0}\operatorname{arctg}\left(\frac{l_0}{2r_0}\right)}\right] \tag{18}$$

当 $r>l_0$ 且 $r_0>l_0$ 时，式（18）可近似简化为：

$$L_p(r)=L_p(r_0)-20\lg\left(\frac{r}{r_0}\right) \tag{19}$$

即在有限长线声源的远场，有限长线声源可当作点声源处理。

当 $r<l_0/3$ 且 $r_0<l_0/3$ 时，式（18）可近似简化为：

$$L_p(r)=L_p(r_0)-10\lg\left(\frac{r}{r_0}\right) \tag{20}$$

即在近场区，有限长线声源可当作无限长线声源处理。

当 $l_0/3<r<l_0$，且 $l_0/3<r_0<l_0$ 时，式（18）可作近似计算：

$$L_p(r) = L_p(r_0) - 15\lg\left(\frac{r}{r_0}\right) \tag{21}$$

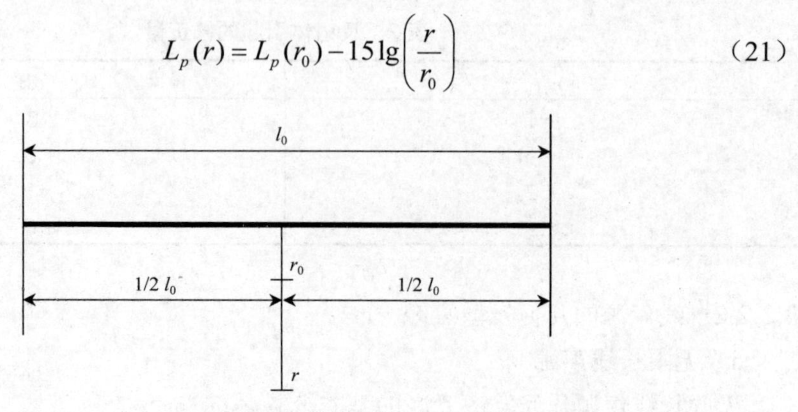

图 3　有限长线声源

8.3.2.3　面声源的几何发散衰减

一个大型机器设备的振动表面，车间透声的墙壁，均可以认为是面声源。如果已知面声源单位面积的声功率为 W，各面积元噪声的位相是随机的，面声源可看做由无数点声源连续分布组合而成，其合成声级可按能量叠加法求出。

图 4 给出了长方形面声源中心轴线上的声衰减曲线。当预测点和面声源中心距离 r 处于以下条件时，可按下述方法近似计算：$r < a/\pi$时，几乎不衰减（$A_{div} \approx 0$）；当 $a/\pi < r < b/\pi$，距离加倍衰减 3 dB 左右，类似线声源衰减特性[$A_{div} \approx 10\lg(r/r_0)$]；当 $r > b/\pi$时，距离加倍衰减趋近于 6 dB，类似点声源衰减特性[$A_{div} \approx 20\lg(r/r_0)$]。其中面声源的 $b > a$。图中虚线为实际衰减量。

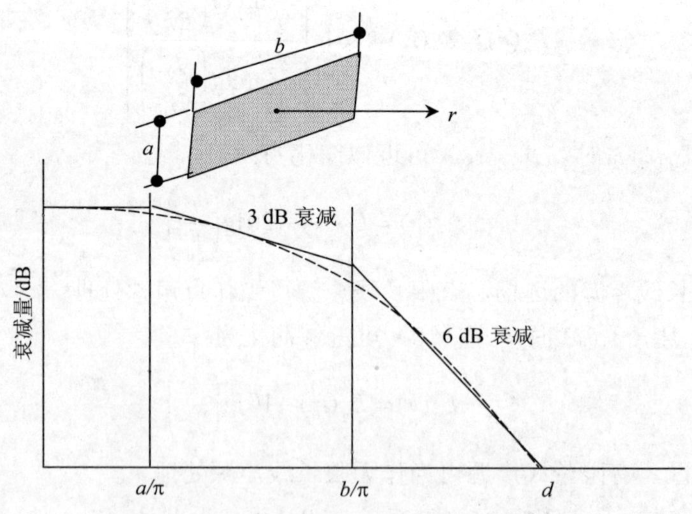

图 4　长方形面声源中心轴线上的衰减特性

8.3.3 大气吸收引起的衰减（A_{atm}）

大气吸收引起的衰减按式（22）计算：

$$A_{atm}=\frac{a(r-r_0)}{1\,000} \tag{22}$$

式中：a 为温度、湿度和声波频率的函数，预测计算中一般根据建设项目所处区域常年平均气温和湿度选择相应的大气吸收衰减系数（见表 3）。

表 3 倍频带噪声的大气吸收衰减系数α

温度/℃	相对湿度/%	大气吸收衰减系数α/（dB/km）							
		倍频带中心频率/Hz							
		63	125	250	500	1 000	2 000	4 000	8 000
10	70	0.1	0.4	1.0	1.9	3.7	9.7	32.8	117.0
20	70	0.1	0.3	1.1	2.8	5.0	9.0	22.9	76.6
30	70	0.1	0.3	1.0	3.1	7.4	12.7	23.1	59.3
15	20	0.3	0.6	1.2	2.7	8.2	28.2	28.8	202.0
15	50	0.1	0.5	1.2	2.2	4.2	10.8	36.2	129.0
15	80	0.1	0.3	1.1	2.4	4.1	8.3	23.7	82.8

8.3.4 地面效应衰减（A_{gr}）

地面类型可分为：

a）坚实地面，包括铺筑过的路面、水面、冰面以及夯实地面。

b）疏松地面，包括被草或其他植物覆盖的地面，以及农田等适合于植物生长的地面。

c）混合地面，由坚实地面和疏松地面组成。

声波越过疏松地面传播时，或大部分为疏松地面的混合地面，在预测点仅计算A 声级前提下，地面效应引起的倍频带衰减可用式（23）计算。

$$A_{gr}=4.8-\left(\frac{2h_m}{r}\right)\left[17+\left(\frac{300}{r}\right)\right] \tag{23}$$

式中：r——声源到预测点的距离，m；

h_m——传播路径的平均离地高度，m；可按图 5 进行计算，$h_m=F/r$；F：面积，m^2；r，m；

若 A_{gr} 计算出负值，则 A_{gr} 可用“0”代替。

其他情况可参照 GB/T 17247.2 进行计算。

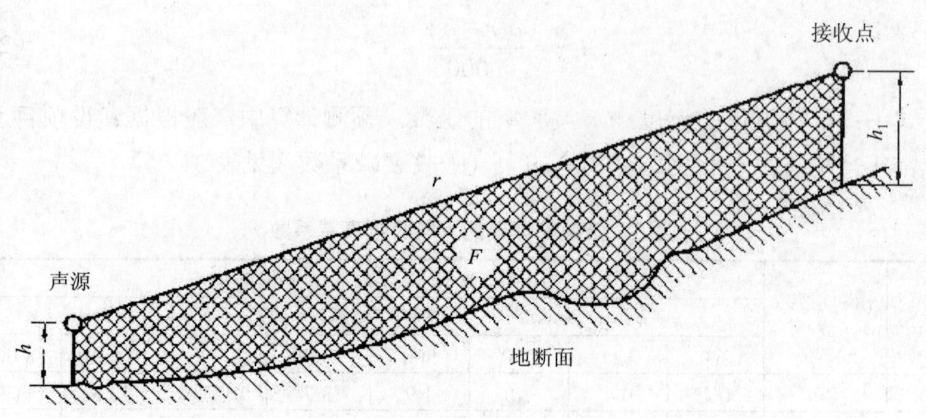

图 5 估计平均高度 h_m 的方法

8.3.5 屏障引起的衰减（A_{bar}）

位于声源和预测点之间的实体障碍物，如围墙、建筑物、土坡或地堑等起声屏障作用，从而引起声能量的较大衰减。在环境影响评价中，可将各种形式的屏障简化为具有一定高度的薄屏障。

如图 6 所示，S、O、P 三点在同一平面内且垂直于地面。

定义δ=SO+OP−SP 为声程差，$N=2\delta/\lambda$为菲涅尔数，其中λ为声波波长。

在噪声预测中，声屏障插入损失的计算方法应需要根据实际情况作简化处理。

8.3.5.1 有限长薄屏障在点声源声场中引起的衰减计算

a）首先计算图 7 所示三个传播途径的声程差δ_1，δ_2，δ_3和相应的菲涅尔数 N_1、N_2、N_3。

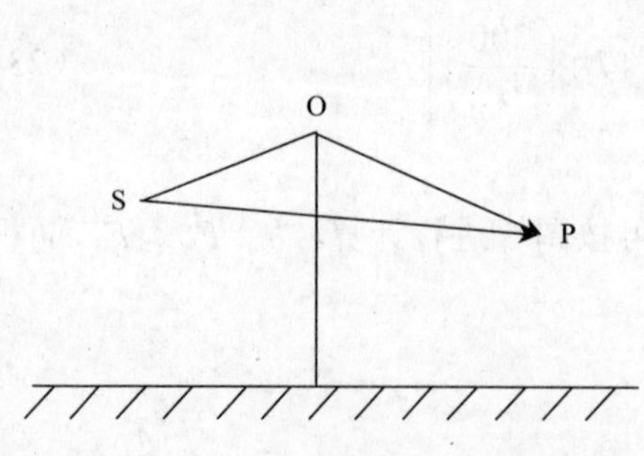

图 6 无限长声屏障示意图

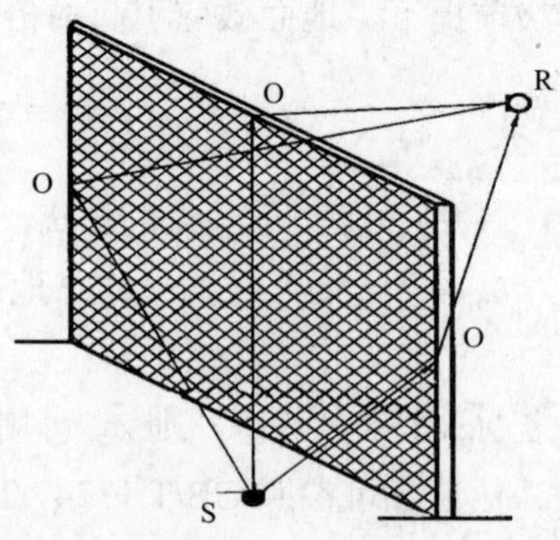

图 7 在有限长声屏障上不同的传播路径

b）声屏障引起的衰减按式（24）计算：

$$A_{\text{bar}}=-10\lg\left[\frac{1}{3+20N_1}+\frac{1}{3+20N_2}+\frac{1}{3+20N_3}\right] \tag{24}$$

当屏障很长（作无限长处理）时，则

$$A_{\text{bar}}=-10\lg\left[\frac{1}{3+20N_1}\right] \tag{25}$$

8.3.5.2　双绕射计算

对于图 8 所示的双绕射情景，可由式（26）计算绕射声与直达声之间的声程差δ：

$$\delta=[(d_{\text{ss}}+d_{\text{sr}}+e)^2+a^2]^{\frac{1}{2}}-d \tag{26}$$

式中：a——声源和接收点之间的距离在平行于屏障上边界的投影长度，m；

d_{ss}——声源到第一绕射边的距离，m；

d_{sr}——（第二）绕射边到接收点的距离，m；

e——在双绕射情况下两个绕射边界之间的距离，m。

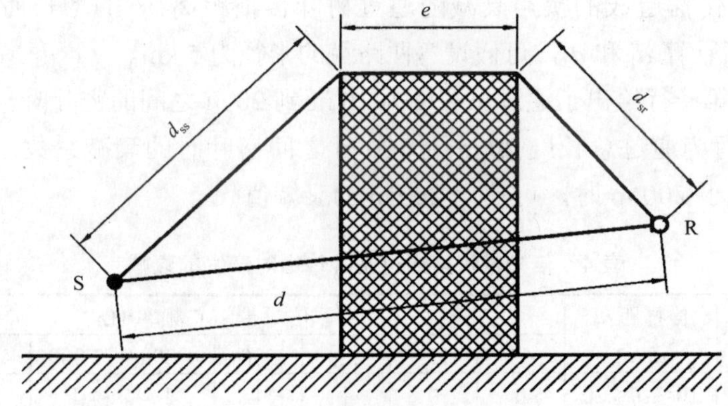

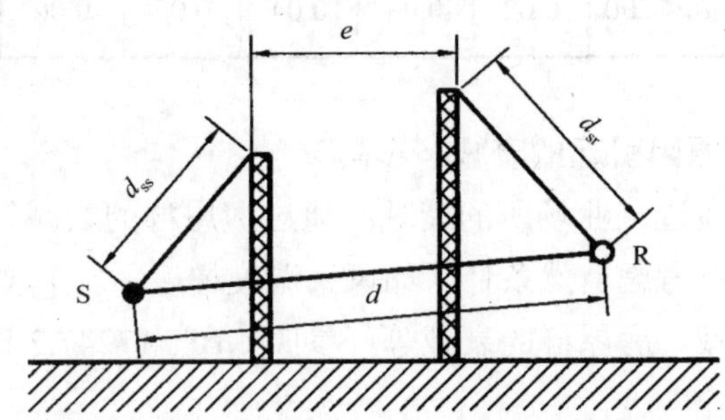

图 8　利用建筑物、土堤作为厚屏障

屏障衰减 A_{bar}（相当于 GB/T 17247.2 中的 D_Z）参照 GB/T 17247.2 进行计算。

在任何频带上，屏障衰减 A_{bar} 在单绕射（即薄屏障）情况，衰减最大取 20 dB；屏障衰减 A_{bar} 在双绕射（即厚屏障）情况，衰减最大取 25 dB。

计算了屏障衰减后，不再考虑地面效应衰减。

8.3.5.3 绿化林带噪声衰减计算

绿化林带的附加衰减与树种、林带结构和密度等因素有关。在声源附近的绿化林带，或在预测点附近的绿化林带，或两者均有的情况都可以使声波衰减，见图 9。

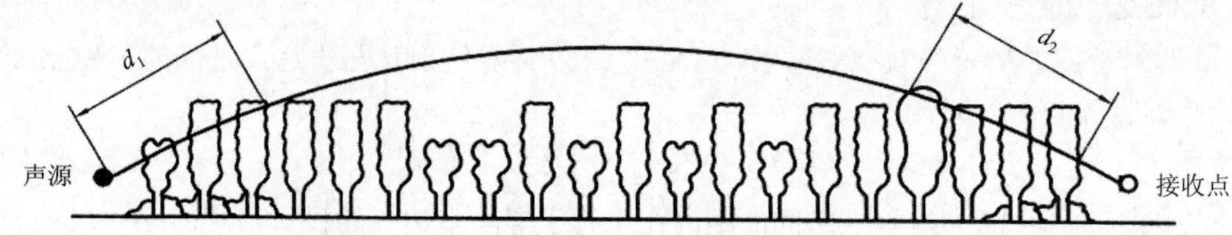

图 9　通过树和灌木时噪声衰减示意图

通过树叶传播造成的噪声衰减随通过树叶传播距离 d_f 的增长而增加，其中 $d_f=d_1+d_2$，为了计算 d_1 和 d_2，可假设弯曲路径的半径为 5 km。

表 4 中的第一行给出了通过总长度为 10 m 到 20 m 之间的密叶时，由密叶引起的衰减；第二行为通过总长度 20 m 到 200 m 之间密叶时的衰减系数；当通过密叶的路径长度大于 200 m 时，可使用 200 m 的衰减值。

表 4　倍频带噪声通过密叶传播时产生的衰减

项目	传播距离 d_f/m	倍频带中心频率/Hz							
		63	125	250	500	1 000	2 000	4 000	8 000
衰减/dB	$10 \leqslant d_f < 20$	0	0	1	1	1	1	2	3
衰减系数/（dB/m）	$20 \leqslant d_f < 200$	0.02	0.03	0.04	0.05	0.06	0.08	0.09	0.12

8.3.6 其他多方面原因引起的衰减（A_{misc}）

其他衰减包括通过工业场所的衰减；通过房屋群的衰减等。在声环境影响评价中，一般情况下，不考虑自然条件（如风、温度梯度、雾）变化引起的附加修正。

工业场所的衰减、房屋群的衰减等可参照 GB/T 17247.2 进行计算。

8.4 典型建设项目噪声影响预测

8.4.1 工业噪声预测

8.4.1.1 固定声源分析

a）主要声源的确定

分析建设项目的设备类型、型号、数量，并结合设备类型、设备和工程边界、敏感目标的相对位置确定工程的主要声源。

b）声源的空间分布

依据建设项目平面布置图、设备清单及声源源强等资料，标明主要声源的位置。建立坐标系，确定主要声源的三维坐标。

c）声源的分类

将主要声源划分为室内声源和室外声源两类。

确定室外声源的源强和运行的时间及时间段。当有多个室外声源时，为简化计算，可视情况将数个声源组合为声源组团，然后按等效声源进行计算。

对于室内声源，需分析围护结构的尺寸及使用的建筑材料，确定室内声源源强和运行的时间及时间段。

d）编制主要声源汇总表

以表格形式给出主要声源的分类、名称、型号、数量、坐标位置等；声功率级或某一距离处的倍频带声压级、A 声级。

8.4.1.2 声波传播途径分析

列表给出主要声源和敏感目标的坐标或相互间的距离、高差，分析主要声源和敏感目标之间声波的传播路径，给出影响声波传播的地面状况、障碍物、树林等。

8.4.1.3 预测内容

按 6.2～6.3 不同评价工作等级的基本要求，选择以下工作内容分别进行预测，给出相应的预测结果。

a）厂界（或场界、边界）噪声预测

预测厂界噪声，给出厂界噪声的最大值及位置。

b）敏感目标噪声预测

——预测敏感目标的贡献值、预测值、预测值与现状噪声值的差值，敏感目标所处声环境功能区的声环境质量变化，敏感目标所受噪声影响的程度，确定噪声影响的范围，并说明受影响人口分布情况。

——当敏感目标高于（含）三层建筑时，还应预测有代表性的不同楼层所受的噪声影响。

c）绘制等声级线图

绘制等声级线图，说明噪声超标的范围和程度。

d）根据厂界（场界、边界）和敏感目标受影响的状况，明确影响厂界（场界、边界）和周围声环境功能区声环境质量的主要声源，分析厂界和敏感目标的超标原因。

8.4.1.4 预测模式

预测模式详见附录 A。

8.4.1.5 工业企业的专用铁路、公路等辅助设施的噪声影响预测，按 8.4.2、8.4.3 进行。

8.4.2 公路、城市道路交通运输噪声预测

8.4.2.1 预测参数

a）工程参数

明确公路（或城市道路）建设项目各路段的工程内容，路面的结构、材料、坡度、标高等参数；明确公路（或城市道路）建设项目各路段昼间和夜间各类型车辆的比例、昼夜比例、平均车流量、高峰车流量、车速。

b）声源参数

按照附录 A 中大、中、小车型的分类，利用相关模式计算各类型车的声源源强，也可通过类比测量进行修正。

c）敏感目标参数

根据现场实际调查，给出公路（或城市道路）建设项目沿线敏感目标的分布情况，各敏感目标的类型、名称、规模、所在路段、桩号（里程）、与路基的相对高差及建筑物的结构、朝向和层数等。

8.4.2.2 声传播途径分析

列表给出声源和预测点之间的距离、高差，分析声源和预测点之间的传播路径，给出影响声波传播的地面状况、障碍物、树林等。

8.4.2.3 预测内容

预测各预测点的贡献值、预测值、预测值与现状噪声值的差值，预测高层建筑有代表性的不同楼层所受的噪声影响。按贡献值绘制代表性路段的等声级线图，分析敏感目标所受噪声影响的程度，确定噪声影响的范围，并说明受影响人口分布情况。给出满足相应声环境功能区标准要求的距离。

依据评价工作等级要求，给出相应的预测结果。

8.4.2.4 预测模式

预测模式详见附录 A。

8.4.3 铁路、城市轨道交通噪声预测

8.4.3.1 预测参数

a）工程参数

明确铁路（或城市轨道交通）建设项目各路段的工程内容，分段给出线路的技术参数，包括线路型式、轨道和道床结构等。

b）车辆参数

铁路列车可分为旅客列车、货物列车、动车组三大类，牵引类型主要有内燃牵引、电力牵引两大类；城市轨道交通可按车型进行分类。分段给出各类型列车昼间和夜间的开行对数、编组情况及运行速度等参数。

c）声源源强参数

不同类型（或不同运行状况下）列车的声源源强，可参照国家相关部门的规定确定，无相关规定的应根据工程特点通过类比监测确定。

d）敏感目标参数

根据现场实际调查，给出铁路（或城市轨道交通）建设项目沿线敏感目标的分布情况，各敏感目标的类型、名称、规模、所在路段、桩号（里程）、与路基的相对高差及建筑物的结构、朝向和层数等。视情况给出铁路边界范围内的敏感目标情况。

8.4.3.2 声传播途径分析

列表给出声源和预测点间的距离、高差，分析声源和预测点之间的传播路径，给出影响声波传播的地面状况、障碍物、树林等。

8.4.3.3 预测内容

预测内容要求与 8.4.2.3 相同。

8.4.3.4 预测模式

预测模式详见附录 A。

8.4.4 机场飞机噪声预测

8.4.4.1 预测参数

a）工程参数

1）机场跑道参数：跑道的长度、宽度、坐标、坡度、数量、间距、方位及海拔高度。

2）飞行参数：机场年日平均飞行架次；机场不同跑道和不同航向的飞机起降架次，机型比例，昼间、傍晚、夜间的飞行架次比例；飞行程序—起飞、降落、转弯的地面航迹；爬升、下滑的垂直剖面。

b）声源参数

利用国际民航组织和飞机生产厂家提供的资料，获取不同型号发动机飞机的功

率–距离–噪声特性曲线，或按国际民航组织规定的监测方法进行实际测量。

c）气象参数

机场的年平均风速、年平均温度、年平均湿度、年平均气压。

d）地面参数

分析飞机噪声影响范围内的地面状况（坚实地面，疏松地面，混合地面）。

8.4.4.2　预测的评价量

根据 GB 9660 的规定，预测的评价量为 L_{WECPN}。

8.4.4.3　预测范围

计权等效连续感觉噪声级（L_{WECPN}）等值线应预测到 70 dB。

8.4.4.4　预测内容

在 1∶50 000 或 1∶10 000 地形图上给出计权等效连续感觉噪声级（L_{WECPN}）为 70 dB、75 dB、80 dB、85 dB、90 dB 的等声级线图。同时给出评价范围内敏感目标的计权等效连续感觉噪声级（L_{WECPN}）。给出不同声级范围内的面积、户数、人口。

依据评价工作等级要求，给出相应的预测结果。

8.4.4.5　预测模式

改扩建项目应进行飞机噪声现状监测值和预测模式计算值符合性的验证，给出误差范围。预测模式详见附录 A。

8.4.5　施工场地、调车场、停车场等噪声预测

8.4.5.1　预测参数

a）工程参数

给出施工场地、调车场、停车场等的范围。

b）声源参数

根据工程特点，确定声源的种类。

1）固定声源

给出主要设备名称、型号、数量、声源源强、运行方式和运行时间。

2）流动声源

给出主要设备型号、数量、声源源强、运行方式、运行时间、移动范围和路径。

8.4.5.2　声传播途径分析

根据声源种类的不同，分析内容及要求分别执行 8.4.1.2、8.4.2.2、8.4.3.2。

8.4.5.3　预测内容

a）根据建设项目工程的特点，分别预测固定声源和流动声源对场界（或边界）、敏感目标的噪声贡献值，进行叠加后作为最终的噪声贡献值。

b）根据评价工作等级要求，给出相应的预测结果。

8.4.5.4 预测模式

依据声源的特征，选择相应的预测计算模式，详见附录 A。

8.4.6 敏感建筑建设项目声环境影响预测

8.4.6.1 预测参数

a）工程参数

给出敏感建筑建设项目（如居民区、学校、科研单位等）的地点、规模、平面布置图等，明确属于建设项目的敏感建筑物的位置、名称、范围等参数。

b）声源参数

1）建设项目声源

对建设项目的空调、冷冻机房、冷却塔，供水、供热，通风机，停车场，车库等设施进行分析，确定主要声源的种类、源强及其位置。

2）外环境声源

对建设项目周边的机场、铁路、公路、航道、工厂等进行分析，给出外环境对建设项目有影响的主要声源的种类、源强及其位置。

8.4.6.2 声传播途径分析

以表格形式给出建设项目声源和预测点（包括属于建设项目的敏感建筑物和建设项目周边的敏感目标）间的坐标、距离、高差，以及外环境声源和预测点（属于建设项目的敏感建筑物）之间的坐标、距离、高差，分别分析两部分声源和预测点之间的传播路径。

8.4.6.3 预测内容

a）敏感建筑建设项目声环境影响预测应包括建设项目声源对项目及外环境的影响预测和外环境（如周边公路、铁路、机场、工厂等）对敏感建筑建设项目的环境影响预测两部分内容。

b）分别计算建设项目主要声源对属于建设项目的敏感建筑和建设项目周边的敏感目标的噪声影响，同时计算外环境声源对属于建设项目的敏感建筑的噪声影响，属于建设项目的敏感建筑所受的噪声影响是建设项目主要声源和外环境声源影响的叠加。

c）根据评价工作等级要求，给出相应的预测结果。

8.4.6.4 预测模式

根据不同声源的特点，选择相应的模式进行计算，详见附录 A。

9 声环境影响评价

9.1 评价标准的确定

应根据声源的类别和建设项目所处的声环境功能区等确定声环境影响评价标准，没有划分声环境功能区的区域由地方环境保护部门参照GB 3096和GB/T 15190的规定划定声环境功能区。

9.2 评价的主要内容

9.2.1 评价方法和评价量

根据噪声预测结果和环境噪声评价标准，评价建设项目在施工、运行期噪声的影响程度、影响范围，给出边界（厂界、场界）及敏感目标的达标分析。

进行边界噪声评价时，新建建设项目以工程噪声贡献值作为评价量；改扩建建设项目以工程噪声贡献值与受到现有工程影响的边界噪声值叠加后的预测值作为评价量。

进行敏感目标噪声环境影响评价时，以敏感目标所受的噪声贡献值与背景噪声值叠加后的预测值作为评价量。

9.2.2 影响范围、影响程度分析

给出评价范围内不同声级范围覆盖下的面积，主要建筑物类型、名称、数量及位置，影响的户数、人口数。

9.2.3 噪声超标原因分析

分析建设项目边界（厂界、场界）及敏感目标噪声超标的原因，明确引起超标的主要声源。对于通过城镇建成区和规划区的路段，还应分析建设项目与敏感目标间的距离是否符合城市规划部门提出的防噪声距离的要求。

9.2.4 对策建议

分析建设项目的选址（选线）、规划布局和设备选型等的合理性，评价噪声防治对策的适用性和防治效果，提出需要增加的噪声防治对策、噪声污染管理、噪声监测及跟踪评价等方面的建议，并进行技术、经济可行性论证。

10 噪声防治对策

10.1 噪声防治措施的一般要求

10.1.1 工业（工矿企业和事业单位）建设项目噪声防治措施应针对建设项目投产后噪声影响的最大预测值制订，以满足厂界（场界、边界）和厂界外敏感目标（或声环境功能区）的达标要求。

10.1.2 交通运输类建设项目（如公路、铁路、城市轨道交通、机场项目等）的噪

声防治措施应针对建设项目不同代表性时段的噪声影响预测值分期制定，以满足声环境功能区及敏感目标功能要求。其中，铁路建设项目的噪声防治措施还应同时满足铁路边界噪声排放标准要求。

10.2 防治途径

10.2.1 规划防治对策

主要指从建设项目的选址（选线）、规划布局、总图布置和设备布局等方面进行调整，提出减少噪声影响的建议。如采用“闹静分开”和“合理布局”的设计原则，使高噪声设备尽可能远离噪声敏感区；建议建设项目重新选址（选线）或提出城乡规划中有关防止噪声的建议等。

10.2.2 技术防治措施

10.2.2.1 声源上降低噪声的措施

主要包括：

a）改进机械设计，如在设计和制造过程中选用发声小的材料来制造机件，改进设备结构和形状、改进传动装置以及选用已有的低噪声设备等。

b）采取声学控制措施，如对声源采用消声、隔声、隔振和减振等措施。

c）维持设备处于良好的运转状态。

d）改革工艺、设施结构和操作方法等。

10.2.2.2 噪声传播途径上降低噪声措施

主要包括：

a）在噪声传播途径上增设吸声、声屏障等措施。

b）利用自然地形物（如利用位于声源和噪声敏感区之间的山丘、土坡、地堑、围墙等）降低噪声。

c）将声源设置于地下或半地下的室内等。

d）合理布局声源，使声源远离敏感目标等。

10.2.2.3 敏感目标自身防护措施

主要包括：

a）受声者自身增设吸声、隔声等措施。

b）合理布局噪声敏感区中的建筑物功能和合理调整建筑物平面布局。

10.2.3 管理措施

主要包括提出环境噪声管理方案（如制订合理的施工方案、优化飞行程序等），制订噪声监测方案，提出降噪减噪设施的运行使用、维护保养等方面的管理要求，提出跟踪评价要求等。

10.3 典型建设项目噪声防治措施

10.3.1 工业（工矿企业和事业单位）噪声防治措施

a）应从选址，总图布置，声源，声传播途径及敏感目标自身防护等方面分别给出噪声防治的具体方案。主要包括：选址的优化方案及其原因分析，总图布置调整的具体内容及其降噪效果（包括边界和敏感目标）；给出各主要声源的降噪措施、效果和投资；

b）设置声屏障和对敏感建筑物进行噪声防护等的措施方案、降噪效果及投资，并进行经济、技术可行性论证；

c）在符合《城乡规划法》中规定的可对城乡规划进行修改的前提下，提出厂界（或场界、边界）与敏感建筑物之间的规划调整建议；

d）提出噪声监测计划等对策建议。

10.3.2 公路、城市道路交通噪声防治措施

a）通过不同选线方案的声环境影响预测结果，分析敏感目标受影响的程度，提出优化的选线方案建议；

b）根据工程与环境特征，给出局部线路调整、敏感目标搬迁、邻路建筑物使用功能变更、改善道路结构和路面材料、设置声屏障和对敏感建筑物进行噪声防护等具体的措施方案及其降噪效果，并进行经济、技术可行性论证；

c）在符合《城乡规划法》中规定的可对城乡规划进行修改的前提下，提出城镇规划区段线路与敏感建筑物之间的规划调整建议；

d）给出车辆行驶规定及噪声监测计划等对策建议。

10.3.3 铁路、城市轨道噪声防治措施

a）通过不同选线方案声环境影响预测结果，分析敏感目标受影响的程度，提出优化的选线方案建议；

b）根据工程与环境特征，给出局部线路和站场调整，敏感目标搬迁或功能置换，轨道、列车、路基（桥梁）、道床的优选，列车运行方式、运行速度、鸣笛方式的调整，设置声屏障和对敏感建筑物进行噪声防护等具体的措施方案及其降噪效果，并进行经济、技术可行性论证；

c）在符合《城乡规划法》中明确的可对城乡规划进行修改的前提下，提出城镇规划区段铁路（或城市轨道交通）与敏感建筑物之间的规划调整建议；

d）给出列车行驶规定及噪声监测计划等对策建议。

10.3.4 机场噪声防治措施

a）通过不同机场位置、跑道方位、飞行程序方案的声环境影响预测结果，分析敏感目标受影响的程度，提出优化的机场位置、跑道方位、飞行程序方案建议；

b）根据工程与环境特征，给出机型优选，昼间、傍晚、夜间飞行架次比例的调整，对敏感建筑物进行噪声防护或使用功能变更、拆迁等具体的措施方案及其降噪效果，并进行经济、技术可行性论证；

c）在符合《城乡规划法》中明确的可对城乡规划进行修改的前提下，提出机场噪声影响范围内的规划调整建议；

d）给出飞机噪声监测计划等对策建议。

11 规划环境影响评价中声环境影响评价要求

11.1 资料分析

收集规划文本、规划图件和声环境影响评价的相关资料，分析规划方案的主要声源及可能受影响的敏感目标的分布等情况。

11.2 现状调查、监测与评价

11.2.1 现状调查以收集资料为主，当资料不全时，可视情况进行必要的补充监测。

11.2.2 现状调查的主要内容如下：

a）调查规划范围内现有主要声源的数量、种类、分布及噪声特性。

b）调查规划及其影响范围内主要敏感目标的类型、分布及规模等。

c）以图、表结合的方式说明规划及其影响范围内不同区域的土地使用功能和声环境功能区划，以及各功能区的声环境质量状况。

d）对规划及其影响范围内环境噪声、工业噪声、交通运输噪声、建筑施工噪声和不同声环境功能区代表点分别进行昼间和夜间监测。

e）根据现状调查与噪声监测结果进行规划及其影响范围内的声环境现状评价。

11.3 声环境影响分析

通过规划资料及规划区内环境规划资料的分析，预测规划实施后区域声环境质量的时空变化。包括规划的交通运输噪声影响预测、区域环境噪声影响预测、主要敏感目标噪声影响预测等。预测方法参见 8。

11.4 声环境功能区划分和调整

根据规划区内主要敏感目标的分布、声环境影响评价结果和区域总体规划，按 GB/T 15190 的要求提出声环境功能区划分和调整的建议。

11.5 噪声污染防治对策和建议

规划环评的噪声污染防治对策和建议可在“闹静分开”和“以人为本”的原则指导下，从区域土地使用功能调整、交通运输线路布局调整、设置合理的噪声防护距离、建设声屏障、声环境敏感建筑物的隔声要求等方面提出相应的对策和建议。

12 声环境影响评价专题文件的编写要求

12.1 环境影响评价工作方案 声环境部分

12.1.1 方案应重点明确开展噪声评价工作的具体内容及实施方案。

12.1.2 方案应在初步进行工程分析和环境现状调查的基础上编制。

12.1.3 方案应包括的主要内容：

a）建设项目概况和工程分析：重点给出声源种类、数量、分布、运行时间及噪声级等基本情况。

b）区域环境概况调查：确定调查的范围和内容，重点说明建设项目周边的声环境功能区划分情况和声环境质量要求、主要环境声源、敏感目标的数量、位置等内容。

c）确定声环境影响评价的工作等级和评价范围，给出评价量和评价标准。

d）环境质量现状监测：明确监测的范围、测量量、测点数量、位置、监测时段及监测频次等。

e）环境影响预测和评价：确定预测和评价的范围和内容、选用的预测模型、预测时段及有关声源源强等参数的来源。

f）给出结论和建议的基本内容。

g）评价工作的组织、计划安排和经费概算。

h）附建设项目和敏感点关系图，现状测点位置图等。

12.2 环境影响报告书 声环境影响专题报告

12.2.1 专题报告应做到提供的资料齐全、可靠，论据清楚，结论明确；文字简洁、准确，图文并茂；既能全面、概括地表述声环境影响评价的全部工作，又利于阅读和审查。

12.2.2 专题报告书应说明建设项目声环境影响的范围和程度；明确建设项目在不同实施阶段能否满足声环境保护要求的结论；同时提出噪声防治措施。

12.2.3 专题报告主要内容

a）总论。给出编制依据；评价工作等级、评价范围；执行的声环境质量标准及厂界（场界、边界）噪声排放标准；声环境敏感目标。

b）工程分析。重点明确建设项目主要声源数量、位置、源强、拟采取的噪声控制措施。

c）声环境现状调查与评价。说明评价范围内主要声源，声环境功能区划分情况；以图表的形式给出监测点位的名称和数量；说明监测仪器、监测时间、监测方法及监测结果；分析敏感目标现状噪声超标情况、受噪声影响的人口数量和超标原因。

改扩建项目应对已有工程噪声现状进行重点分析评价。

d）声环境影响预测和评价。明确预测时段、预测基础资料、预测方法、声源数量、源强；给出建设项目在不同时段下边厂界（场界、边界）噪声达标、超标情况及超标原因；敏感目标超标情况及影响的人数。

e）提出需要增加的、适用于建设项目的噪声防治对策，给出各项措施的降噪效果及投资估算，并分析其经济、技术的可行性。提出建设项目的有关噪声污染管理、监测及跟踪评价要求等方面的建议。

f）声环境影响评价结论。

g）附件。给出引用资料的来源、时间、类比条件等。给出声源和敏感点位置关系图及敏感点照片等。

附 录 A

（规范性附录）

噪声预测计算模式

A.1 工业噪声预测计算模式

A.1.1 声源描述

声环境影响预测，一般采用声源的倍频带声功率级，A 声功率级或靠近声源某一位置的倍频带声压级，A 声级来预测计算距声源不同距离的声级。

工业声源有室外和室内两种声源，应分别计算。

在环境影响评价中，可根据预测点和声源之间的距离 r，根据声源发出声波的波阵面，将声源划分为点声源、线声源、面声源后进行预测。在环境影响评价中遇到的实际声源一般可用以下方法将其划分为点声源进行预测。

实际的室外声源组，可以用处于该组中部的等效点声源来描述，等效点声源的声功率等于声源组内各声源声功率的和。一般要求组内的声源具有大致相同的强度和离地面的高度；到接收点有相同的传播条件；从单一等效点声源到接收点间的距离 r 超过声源的最大几何尺寸 H_{max} 二倍（$r>2H_{max}$）。假若距离 r 较小（$r\leqslant 2H_{max}$），或组内的各点声源传播条件不同时（如加屏蔽），其总声源必须分为若干分量点声源。

一个线源或一个面源也可分为若干线的分区或若干面积分区，而每一个线或面的分区可用处于中心位置的点声源表示。

A.1.2 单个室外的点声源在预测点产生的声级计算基本公式

如已知声源的倍频带声功率级（从 63 Hz 到 8 000 Hz 标称频带中心频率的 8 个倍频带），预测点位置的倍频带声压级 $L_p(r)$ 可按式（A.1）计算：

$$L_p(r) = L_w + D_c - A \quad \text{(A.1)}$$

$$A = A_{div} + A_{atm} + A_{gr} + A_{bar} + A_{misc}$$

式中：L_w ——倍频带声功率级，dB；

D_c ——指向性校正，dB；它描述点声源的等效连续声压级与产生声功率级 L_w 的全向点声源在规定方向的级的偏差程度；指向性校正等于点声源的

指向性指数 D_I 加上计到小于 4π球面度（sr）立体角内的声传播指数 D_Ω；对辐射到自由空间的全向点声源，D_c=0 dB；

A——倍频带衰减，dB；

A_{div}——几何发散引起的倍频带衰减，dB；

A_{atm}——大气吸收引起的倍频带衰减，dB；

A_{gr}——地面效应引起的倍频带衰减，dB；

A_{bar}——声屏障引起的倍频带衰减，dB；

A_{misc}——其他多方面效应引起的倍频带衰减，dB。

衰减项计算按正文 8.3.3～8.3.7 相关模式计算。

如已知靠近声源处某点的倍频带声压级 $L_p(r_0)$ 时，相同方向预测点位置的倍频带声压级 $L_p(r)$ 可按式（A.2）计算：

$$L_p(r) = L_p(r_0) - A \tag{A.2}$$

预测点的 A 声级 $L_A(r)$，可利用 8 个倍频带的声压级按式（A.3）计算：

$$L_A(r) = 10\lg\left\{\sum_{i=1}^{8} 10^{\left[0.1L_{pi}(r) - \Delta L_i\right]}\right\} \tag{A.3}$$

式中：$L_{pi}(r)$——预测点（r）处，第 i 倍频带声压级，dB；

ΔL_i——i 倍频带 A 计权网络修正值，dB（见附录 B）。

在不能取得声源倍频带声功率级或倍频带声压级，只能获得 A 声功率级或某点的 A 声级时，可按式（A.4）和式（A.5）作近似计算：

$$L_A(r) = L_{Aw} + D_c - A \tag{A.4}$$

或

$$L_A(r) = L_A(r_0) - A \tag{A.5}$$

A 可选择对 A 声级影响最大的倍频带计算，一般可选中心频率为 500 Hz 的倍频带作估算。

A.1.3 室内声源等效室外声源声功率级计算方法

如图 A.1 所示，声源位于室内，室内声源可采用等效室外声源声功率级法进行计算。设靠近开口处（或窗户）室内、室外某倍频带的声压级分别为 L_{p1} 和 L_{p2}。若声源所在室内声场为近似扩散声场，则室外的倍频带声压级可按式（A.6）近似求出：

$$L_{p2} = L_{p1} - (TL + 6) \tag{A.6}$$

式中：TL——隔墙（或窗户）倍频带的隔声量，dB。

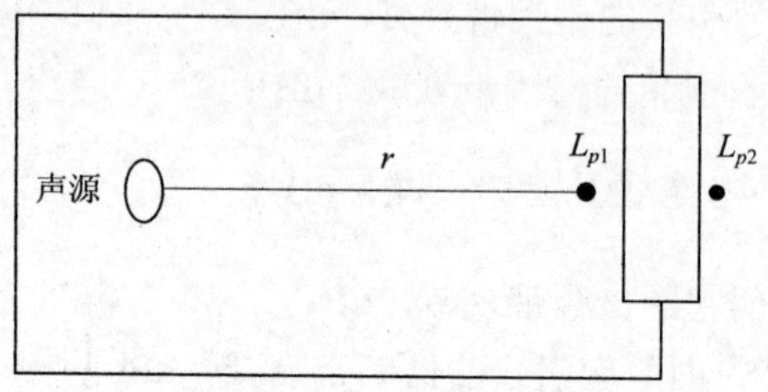

图 A.1　室内声源等效为室外声源图例

也可按式（A.7）计算某一室内声源靠近围护结构处产生的倍频带声压级：

$$L_{p1} = L_w + 10\lg\left(\frac{Q}{4\pi r^2} + \frac{4}{R}\right) \tag{A.7}$$

式中：Q——指向性因数，通常对无指向性声源，当声源放在房间中心时，Q=1，当放在一面墙的中心时，Q=2；当放在两面墙夹角处时，Q=4，当放在三面墙夹角处时，Q=8；

R——房间常数，$R = S\alpha/(1-\alpha)$，S 为房间内表面面积，m^2，α为平均吸声系数；

r——声源到靠近围护结构某点处的距离，m。

然后按式（A.8）计算出所有室内声源在围护结构处产生的 i 倍频带叠加声压级：

$$L_{p1i}(T) = 10\lg\left(\sum_{j=1}^{N} 10^{0.1L_{p1ij}}\right) \tag{A.8}$$

式中：$L_{p1i}(T)$——靠近围护结构处室内 N 个声源 i 倍频带的叠加声压级，dB；

L_{p1ij}——室内 j 声源 i 倍频带的声压级，dB；

N——室内声源总数。

在室内近似为扩散声场时，按式（A.9）计算出靠近室外围护结构处的声压级：

$$L_{p2i}(T) = L_{p1i}(T) - (TL_i + 6) \tag{A.9}$$

式中：$L_{p2i}(T)$——靠近围护结构处室外 N 个声源 i 倍频带的叠加声压级，dB；

TL_i——围护结构 i 倍频带的隔声量，dB。

然后按式（A.10）将室外声源的声压级和透过面积换算成等效的室外声源，计算出中心位置位于透声面积（S）处的等效声源的倍频带声功率级。

$$L_w = L_{p2}(T) + 10\lg S \tag{A.10}$$

然后按室外声源预测方法计算预测点处的 A 声级。

A.1.4 靠近声源处的预测点噪声预测模式

如预测点在靠近声源处，但不能满足点声源条件时，需按线声源或面声源模式计算。

A.1.5 噪声贡献值计算

设第 i 个室外声源在预测点产生的 A 声级为 L_{Ai}，在 T 时间内该声源工作时间为 t_i；第 j 个等效室外声源在预测点产生的 A 声级为 L_{Aj}，在 T 时间内该声源工作时间为 t_j，则拟建工程声源对预测点产生的贡献值（L_{eqg}）为：

$$L_{eqg} = 10\lg\left[\frac{1}{T}\left(\sum_{i=1}^{N} t_i 10^{0.1L_{Ai}} + \sum_{j=1}^{M} t_j 10^{0.1L_{Aj}}\right)\right] \tag{A.11}$$

式中：t_j——在 T 时间内 j 声源工作时间，s；

t_i——在 T 时间内 i 声源工作时间，s；

T——用于计算等效声级的时间，s；

N——室外声源个数；

M——等效室外声源个数。

A.1.6 预测值计算

按正文式（2）计算。

A.2 公路（道路）交通运输噪声预测模式

A.2.1 公路交通运输噪声预测基本模式

A.2.1.1 车型分类

车型分类（大、中、小型车）方法见表 A.1。

表 A.1 车型分类

车型	总质量（GVM）
小	≤3.5 t，M1，M2，N1
中	3.5～12 t，M2，M3，N2
大	＞12 t，N3

注：M1，M2，M3，N1，N2，N3 和 GB 1495 划定方法一致。摩托车、拖拉机等应另外归类。

A.2.1.2 基本预测模式

a）第 i 类车等效声级的预测模式

$$L_{eq}(h)_i=\left(\overline{L_{0E}}\right)_i+10\lg\left(\frac{N_i}{V_iT}\right)+10\lg\left(\frac{7.5}{r}\right)+10\lg\left(\frac{\psi_1+\psi_2}{\pi}\right)+\Delta L-16 \qquad (A.12)$$

式中：$L_{eq}(h)_i$——第 i 类车的小时等效声级，dB(A)；

$\left(\overline{L_{0E}}\right)_i$——第 i 类车速度为 V_i, km/h, 水平距离为 7.5 m 处的能量平均 A 声级，dB(A)；

N_i——昼间，夜间通过某个预测点的第 i 类车平均小时车流量，辆/h；

r——从车道中心线到预测点的距离，m，（A12）适用于 r＞7.5 m 预测点的噪声预测；

V_i——第 i 类车的平均车速，km/h；

T——计算等效声级的时间，1 h；

ψ_1、ψ_2——预测点到有限长路段两端的张角，弧度，如图 A.2 所示；

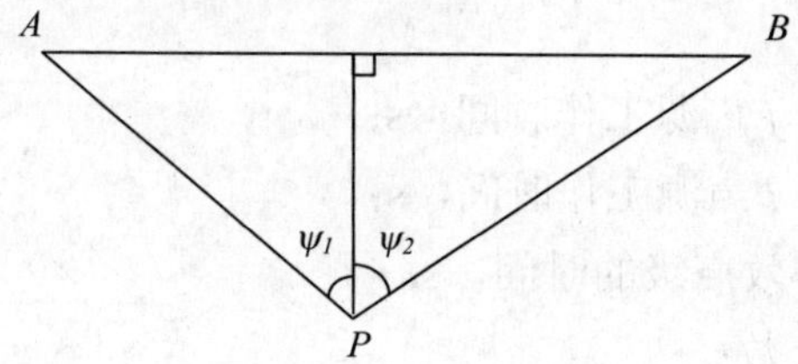

图 A.2 有限路段的修正函数，A～B 为路段，P 为预测点

ΔL——由其他因素引起的修正量，dB(A)，可按下式计算：

$$\Delta L=\Delta L_1-\Delta L_2+\Delta L_3 \qquad (A.13)$$

$$\Delta L_1=\Delta L_{坡度}+\Delta L_{路面} \qquad (A.14)$$

$$\Delta L_2=A_{atm}+A_{gr}+A_{bar}+A_{misc} \qquad (A.15)$$

式中：ΔL_1——线路因素引起的修正量，dB(A)；

$\Delta L_{坡度}$——公路纵坡修正量，dB(A)；

$\Delta L_{路面}$——公路路面材料引起的修正量，dB(A)；

ΔL_2——声波传播途径中引起的衰减量，dB(A)；

ΔL_3——由反射等引起的修正量，dB(A)。

b）总车流等效声级为：

$$L_{eq}(T)=10\lg\left(10^{0.1L_{eq}(h)\text{大}}+10^{0.1L_{eq}(h)\text{中}}+10^{0.1L_{eq}(h)\text{小}}\right) \tag{A.16}$$

如某个预测点受多条线路交通噪声影响（如高架桥周边预测点受桥上和桥下多条车道的影响，路边高层建筑预测点受地面多条车道的影响），应分别计算每条车道对该预测点的声级后，经叠加后得到贡献值。

A.2.2 修正量和衰减量的计算

A.2.2.1 线路因素引起的修正量（ΔL_1）

a）纵坡修正量（$\Delta L_{\text{坡度}}$）

公路纵坡修正量 $\Delta L_{\text{坡度}}$可按下式计算：

$$\begin{aligned}&\text{大型车：}\Delta L_{\text{坡度}}=98\times\beta\ \text{dB(A)}\\&\text{中型车：}\Delta L_{\text{坡度}}=73\times\beta\ \text{dB(A)}\\&\text{小型车：}\Delta L_{\text{坡度}}=50\times\beta\ \text{dB(A)}\end{aligned} \tag{A.17}$$

式中：β——公路纵坡坡度，%。

b）路面修正量（$\Delta L_{\text{路面}}$）

不同路面的噪声修正量见表 A.2。

表 A.2 常见路面噪声修正量 单位：dB(A)

路面类型	不同行驶速度修正量/（km/h）		
	30	40	≥50
沥青混凝土	0	0	0
水泥混凝土	1.0	1.5	2.0

注：表中修正量为$\left(\overline{L_{0E}}\right)_i$在沥青混凝土路面测得结果的修正。

A.2.2.2 声波传播途径中引起的衰减量（ΔL_2）

a）障碍物衰减量（A_{bar}）

1）声屏障衰减量（A_{bar}）计算

无限长声屏障可按下式计算：

$$A_{bar}=\begin{cases}10\lg\left[\dfrac{3\pi\sqrt{(1-t^2)}}{4\operatorname{arctg}\sqrt{\dfrac{(1-t)}{(1+t)}}}\right], & t=\dfrac{40f\delta}{3c}\leqslant 1 \quad \text{dB}\\[2ex] 10\lg\left[\dfrac{3\pi\sqrt{(t^2-1)}}{2\ln(t+\sqrt{t^2-1})}\right], & t=\dfrac{40f\delta}{3c}>1 \quad \text{dB}\end{cases} \tag{A.18}$$

式中：f——声波频率，Hz；

δ——声程差，m；

c——声速，m/s。

在公路建设项目评价中可采用 500 Hz 频率的声波计算得到的屏障衰减量近似作为 A 声级的衰减量。

有限长声屏障计算：

A_{bar} 仍由式（A.18）计算。然后根据图 A.3 进行修正。修正后的 A_{bar} 取决于遮蔽角β/θ。图 A.3（a）中虚线表示：无限长屏障声衰减为 8.5 dB，若有限长声屏障对应的遮蔽角百分率为 92%，则有限长声屏障的声衰减为 6.6 dB。

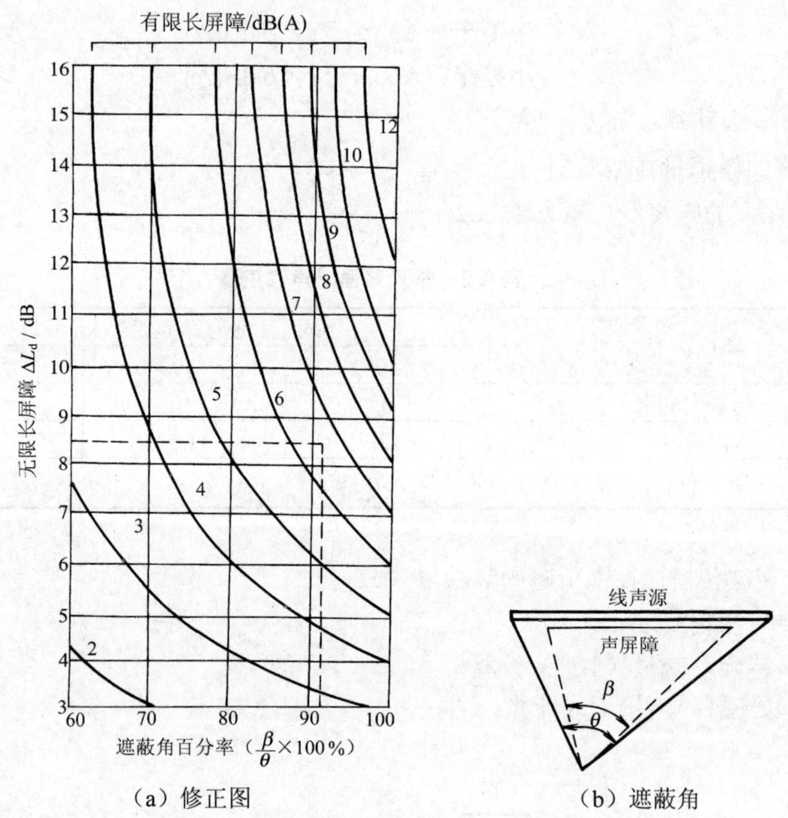

（a）修正图　　（b）遮蔽角

图 A.3　有限长度的声屏障及线声源的修正图

声屏障的透射、反射修正可参照 HJ/T 90 计算。

2）高路堤或低路堑两侧声影区衰减量计算

高路堤或低路堑两侧声影区衰减量 A_{bar} 为预测点在高路堤或低路堑两侧声影

区内引起的附加衰减量。

当预测点处于声照区时，$A_{bar}=0$；

当预测点处于声影区，A_{bar} 决定于声程差δ。

由图 A.4 计算δ，$\delta=a+b-c$。再由图 A.5 查出 A_{bar}。

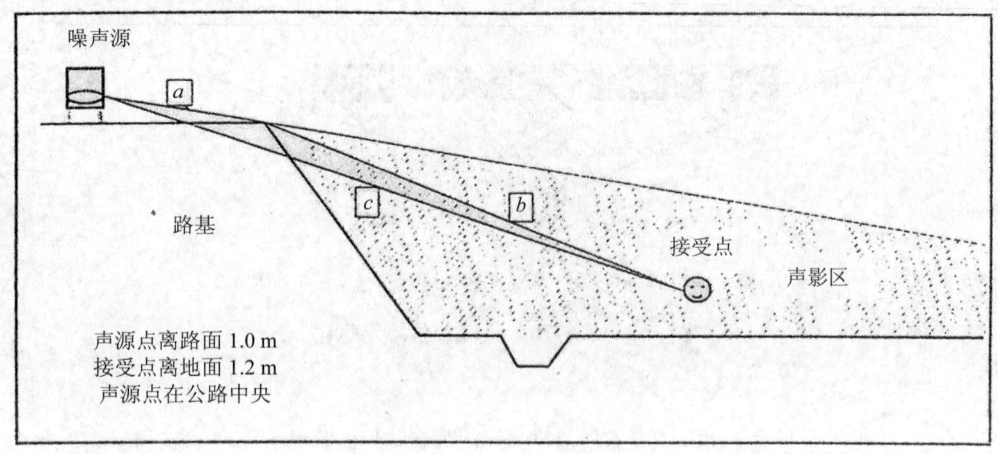

图 A.4 声程差δ计算示意图

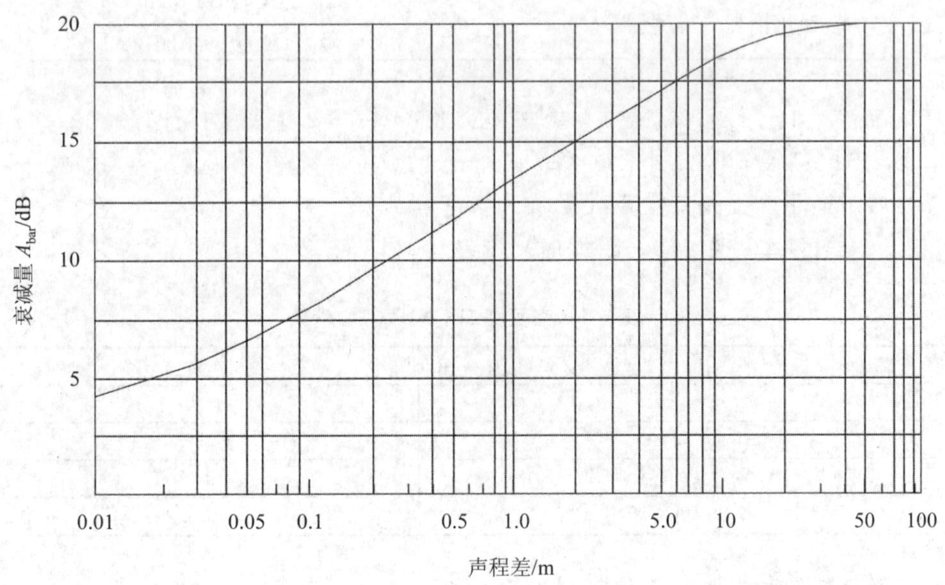

图 A.5 噪声衰减量 A_{bar} 与声程差δ关系曲线（f=500 Hz）

3）农村房屋附加衰减量估算值

农村房屋衰减量可参照 GB/T 17247.2 附录 A 进行计算，在沿公路第一排房屋影声区范围内，近似计算可按图 A.6 和表 A.3 取值。

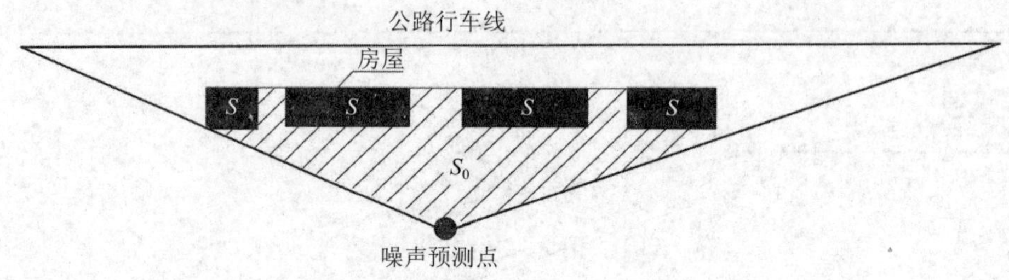

S 为第一排房屋面积和，S_0 为阴影部分（包括房屋）面积。

图 A.6　农村房屋降噪量估算示意图

表 A.3　农村房屋噪声附加衰减量估算量

S/S_0	A_{bar}
40%～60%	3 dB(A)
70%～90%	5 dB(A)
以后每增加一排房屋	1.5 dB(A) 最大衰减量≤10 dB(A)

b）A_{atm}、A_{gr}、A_{misc} 衰减项计算按正文 8.3.4～8.3.7 相关模式计算。

A.2.2.3　由反射等引起的修正量（ΔL_3）

a）城市道路交叉路口噪声（影响）修正量

交叉路口的噪声修正值（附加值）见表 A.4。

表 A.4　交叉路口的噪声附加量

受噪声影响点至最近快车道中轴线交叉点的距离/m	交叉路口/dB
≤40	3
40＜D≤70	2
70＜D≤100	1
＞100	0

b）两侧建筑物的反射声修正量

地貌以及声源两侧建筑物反射影响因素的修正。当线路两侧建筑物间距小于总计算高度 30%时，其反射声修正量为：

两侧建筑物是反射面时

$$\Delta L_{反射} = 4H_b / w \leqslant 3.2\ \text{dB} \tag{A.19}$$

两侧建筑物是一般吸收性表面时

$$\Delta L_{反射} = 2H_b / w \leqslant 1.6\ \text{dB} \tag{A.20}$$

两侧建筑物为全吸收性表面时

$$\Delta L_{反射} \approx 0 \tag{A.21}$$

式中：w——线路两侧建筑物反射面的间距，m；

H_b——构筑物的平均高度，取线路两侧较低一侧高度平均值代入计算，m。

A.3 城市轨道、铁路交通运输噪声预测模式

A.3.1 城市轨道交通运输噪声预测模式

A.3.1.1 预测点列车运行噪声等效声级计算模式：

$$L_{\text{eq},l} = 10\lg\left[\frac{1}{T}\sum_{j=1}^{m} t_j 10^{0.1L_{P,j}}\right] \tag{A.22}$$

$$t_j = \frac{l_j}{V_j}\left(1 + 0.8\frac{d}{l_j}\right) \tag{A.23}$$

$$L_{p,j} = L_{p_0,j} + C_j \tag{A.24}$$

$$C_j = C_{1j} - A \tag{A.25}$$

$$C_{1j} = C_{Vj} + C_t + C_\theta \tag{A.26}$$

$$A = A_{\text{div}} + A_{\text{atm}} + A_{\text{bar}} + A_{\text{gr}} + A_{\text{misc}} \tag{A.27}$$

式中：$L_{\text{eq},l}$——预测点列车运行噪声等效声级，dB(A)；

T——预测时段内的时间，s；

m——T 时段内通过的列车数，列；

t_j——j 列车通过时段的等效时间，s；

l_j——j 列车长度，m；

V_j——j 列车运行速度，m/s；

d——预测点到轨道中心线的水平距离，m；

$L_{p,j}$——预测点 j 列车通过时段内的等效声级，按式（A.24）计算，dB(A)；

$L_{p_0,j}$——参考点 j 列车通过时段内最大垂向指向性方向上的噪声辐射源强，dB(A)；

C_j——j 列车噪声修正量，dB(A)；

C_{1j}——j 列车车辆、线路条件及轨道结构等修正量，dB(A)；

C_{vj}——j 列车速度修正量，dB(A)；

C_t——线路和轨道结构的修正量，dB(A)；

C_θ——垂向指向性修正量，dB(A)；

A——声波传播途径引起的衰减量，dB。

以上公式同样适用于倍频带声压级计算，若按倍频带声压级计算，应按式（A.22）分别计算倍频带等效声级后再按正文 8.3 式（6）计算等效声级。

A.3.1.2　修正量计算

A.3.1.2.1　速度修正量计算（C_v）

$$C_v = 30\lg(v / v_0) \tag{A.28}$$

式中：v_0——列车运行参考速度，km/h；

v——列车运行速度，km/h。

注：v_0 取值和 $L_{p_0,j}$ 获取时的车速有关。

A.3.1.2.2　线路和轨道结构的修正量（C_t）

线路和轨道结构的修正量（C_t）可参照表 A.5 选取。

表 A.5　C_t 值表

序号	线路条件	修正量
1	弯导（半径≤500 m）	相对直线轨道噪声级高 3～8 dB(A)
2	岔道	相对直线轨道噪声级高 4 dB(A)
3	坡道	相对直线轨道噪声级高 2 dB(A)
4	混凝土高架桥结构（8 m）	相对地面轨道噪声级高 7～10 dB(A)
5	混凝土隧道结构	相对地面线路噪声级高 7～10 dB(A)
6	扣件	弹性扣件可降低噪声级 3～5 dB(A)
7	混凝土枕	相对木枕噪声级高 2～4 dB(A)
8	混凝土整体道床	相对碎石道床噪声级高 2～4 dB(A)

序号	线路条件	修正量
9	长钢轨和短钢轨	长钢轨较短钢轨噪声级低 4～6 dB(A)
10	连续焊接钢轨	可降低 3 dB(A)
11	车轮未磨平、表面粗糙、不圆	噪声级提高 3～5 dB(A)
12	车轮加阻尼及车身带裙板	噪声级降低 10～12 dB(A)
13	弹性车轮	噪声级降低 10～20 dB(A)

注：根据声波叠加原理，若同时存在几种修正项时，一般只取最大值。以上修正与 $L_{p_0,j}$ 获取时的条件有关。

A.3.1.2.3　垂向指向性修正量（C_θ）

列车噪声辐射的垂向指向性修正量 C_θ，可按下式计算：

当−10°≤θ<24°时

$$C_\theta=-0.012(24-\theta)^{1.5} \quad (A.29)$$

当 24°≤θ<50°时

$$C_\theta=-0.075(\theta-24)^{1.5} \quad (A.30)$$

式中：θ——声源到预测点方向与水平面的夹角，(°)。

A.3.1.2.4　几何发散衰减（A_{div}）的计算

$$A_{\text{div}}=10\lg\frac{d\arctan\dfrac{l}{2d_0}+\dfrac{2l^2}{4d_0^{\ 2}+l^2}}{d_0\arctan\dfrac{l}{2d}+\dfrac{2l^2}{4d^2+l^2}} \quad (A.31)$$

式中：d_0——源强的参考距离，m；

d——预测点到轨道中心线的距离，m；

l——列车长度，m。

A.3.1.2.5　其他衰减

A_{atm}、A_{bar}、A_{misc} 计算参考 A.2。

A.3.2　铁路交通噪声预测模式

A.3.2.1　预测点列车运行噪声等效声级预测模式

$$L_{\text{eq},l}=10\lg\left[\frac{1}{T}\sum_i n_i t_i 10^{0.1(L_{p_0,i}+C_i)}\right] \quad (A.32)$$

式中：T——规定的评价时间，s；

n_i——T 时间内通过的第 i 类列车列数，列；

t_i——第 i 类列车通过的等效时间，s；计算方法见式（A.23）；

$L_{p_0,i}$——第 i 类列车最大垂向指向性方向上的噪声辐射源强，为 A 声级或倍频带声压级，dB(A)或 dB；

C_i——第 i 类列车的噪声修正项，可为 A 声级或倍频带声压级修正项，dB(A)或 dB。

若采用按倍频带计算的方法，则应按式（A.32）分别计算频带等效声级后，再按正文 8.3 式（6）计算等效声级。

A.3.2.2 列车噪声修正量的计算

第 i 类列车的噪声修正量 C_i，按下式计算：

$$C_i = C_{1i} - A \tag{A.33}$$

$$C_{1i} = C_{Vi} + C_\theta + C_t + C_w \tag{A.34}$$

$$A = A_{\text{div}} + A_{\text{atm}} + A_{\text{bar}} + A_{\text{gr}} + A_{\text{misc}} \tag{A.35}$$

式中：C_{1i}——i 种车辆、线路条件及轨道结构等修正量，dB(A)或 dB；

C_{vi}——列车运行速度修正量，可按类比试验数据、相关资料或标准方法计算，dB(A)或 dB；

C_θ——列车运行噪声垂向指向性修正量，dB(A)或 dB；计算方法见式（A.29）、式（A.30）；

C_t——线路和轨道结构对噪声影响的修正量，可按类比试验数据、相关资料或标准方法计算， dB；

C_w——频率计权修正量，dB，见附录 B；

A——声波传播途径引起的衰减，dB；

A_{div}——列车运行噪声几何发散衰减，dB，计算见式（A.31）。其他衰减（A_{atm}、A_{bar}、A_{misc}）计算参考 A.2。

A.4 飞机噪声预测模式

A.4.1 预测的量

依据 GB 9660 机场周围噪声的预测评价量应为计权等效（有效）连续感觉噪声级（L_{WECPN}），其计算公式如下：

$$L_{\text{WECPN}} = \overline{L_{\text{EPN}}} + 10\lg(N_1 + 3N_2 + 10N_3) - 39.4 \tag{A.36}$$

式中：N_1——07：00～19：00 对某预测点产生的噪声影响的飞行架次；

N_2——19：00～22：00 对某预测点产生的噪声影响的飞行架次；

N_3——22：00～07：00 对某预测点产生的噪声影响的飞行架次。

$$\overline{L_{\text{EPN}}}=10\lg\left(\frac{1}{N_1+N_2+N_3}\sum_i\sum_j 10^{0.1L_{\text{EPN}ij}}\right)\text{dB} \tag{A.37}$$

式中：$L_{\text{EPN}ij}$——j 航路第 i 架次飞机对某预测点引起的有效感觉噪声级，dB。

A.4.2 单架飞机噪声

飞机噪声可用噪声距离特性曲线或噪声－功率－距离数据表达，预测时一般利用国际民航组织、其他有关组织或飞机生产厂提供的数据，在必要情况下应按有关规定进行实测。鉴于飞机噪声资料是在一定的飞行速度和设定功率下获取的，当实际预测情况和资料获取时的条件不一致，使用时应作必要修正。

A.4.2.1 推力修正

飞机的声级和推力呈线性关系，可依据下式内插计算出不同推力情况下的飞机噪声级：

$$L_F=L_{F_1}+(L_{F_{i+1}}-L_{F_1})(F-F_1)/(F_{i+1}-F_i) \tag{A.38}$$

式中：F_i、F_{i+1}——测定飞机噪声时设定的推力，kN；

L_{F_i}、$L_{F_{i+1}}$——飞机设定推力为 F_i、F_{i+1} 时同一地点测得的声级，dB；

F——介于 F_i、F_{i+1} 之间的推力，kN；

L_F——内插得到的推力为 F 时同一地点声级，dB。

A.4.2.2 速度修正

一般提供的飞机噪声是以速度 160 kn（节）为基础的，在计算声级时，应对飞机的飞行速度进行校正。

$$\Delta V=10\lg\frac{V_r}{V} \tag{A.39}$$

式中：V_r——参考空速，kn；

V——关心阶段飞机的地面速度，kn。

A.4.2.3 温度、湿度修正

在计算大气吸收衰减时，往往以 15℃和 70%相对湿度为基础条件。因此在温度和湿度条件相差较大时，需考虑大气条件变化而引起声衰减变化修正，其修正见正文 8.3.4。

A.4.3 单个飞行事件引起的地面噪声的计算

在飞机噪声特性确定后，计算各个预测点的噪声需按如下步骤进行。

A.4.3.1 飞行剖面的确定

在进行噪声预测时，首先应确定单架飞机的飞行剖面。典型的飞行剖面示意见

图 A.7。

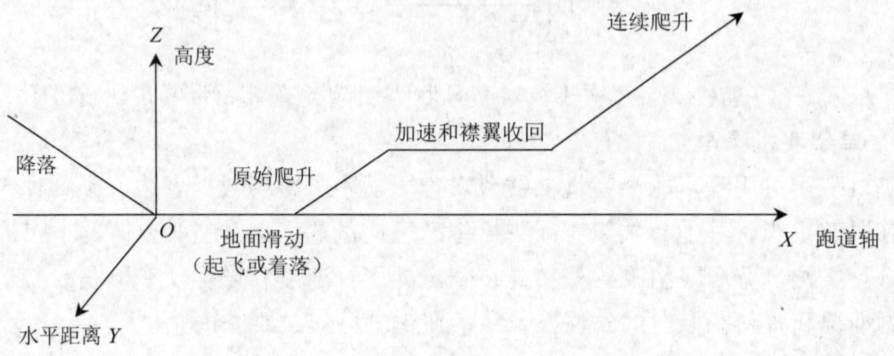

图 A.7 典型飞行剖面示意图

A.4.3.2 斜距确定

从网格预测点到飞行航线的垂直距离可由下式计算：

$$R = \sqrt{L^2 + (h\cos r)^2} \tag{A.40}$$

式中：R——预测点到飞行航线的垂直距离，m；

L——预测点到地面航迹的垂直距离，m；

h——飞行高度，m；

r——飞机的爬升角，（°）。

各种符号的具体意义见图 A.8。

O——预测点。

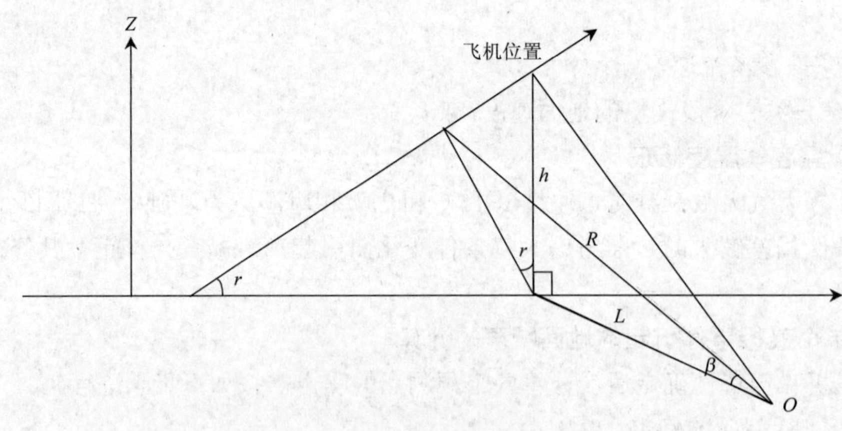

图 A.8 各种符号的意义

A.4.3.3 侧向衰减

声波在传递过程中，由地面影响所引起的侧向衰减可按下式计算：

a）喷气式飞机位于地面时

$$\Delta L(L)=15.09[1-\mathrm{e}^{-0.002\,74}] \qquad 0<L<914\ \mathrm{m} \tag{A.41}$$

$$\Delta L(L)=13.86 \qquad L\geqslant 914\ \mathrm{m} \tag{A.42}$$

式中：$\Delta L(L)$——地面引起的侧向衰减，dB；

L——水平距离，m。

b）飞机位于空中时

$$\Delta L(\beta)=3.96-0.66\beta+9.9\mathrm{e}^{-0.13\beta} \qquad L>914\ \mathrm{m},\ 0°\leqslant\beta\leqslant 60° \tag{A.43}$$

$$\Delta L(\beta)=0 \qquad \beta>60° \tag{A.44}$$

式中：$\Delta L(\beta)$——地面引起的侧向衰减，dB；

β——预测点到飞行航线的仰角，（°）。$\beta=\cos^{-1}$（L/R）。

$$\Delta L(\beta,L)=[\Delta L(L)][\Delta L(\beta)]/13.86 \qquad 0\leqslant L\leqslant 914\ \mathrm{m} \tag{A.45}$$

式中：$\Delta L(\beta,L)$——地面引起的侧向衰减，dB。

A.4.3.4 飞机起跑点后面的预测点声级的修正

由于飞机噪声具有一定的指向性，因此，飞机起跑点后面的预测点声级应作指向性修正，其修正公式如下：

a）对于 $90°\leqslant\theta\leqslant 148.4°$

$$\Delta L=51.44-1.553\theta+0.015\,147\theta^2-0.000\,047\,173\theta^3 \tag{A.46}$$

b）对于 $148.4°<\theta\leqslant 180°$

$$\Delta L=339.18-2.580\,2\theta-0.004\,554\,5\theta^2+0.000\,044\,193\theta^3 \tag{A.47}$$

式中：θ——预测点与跑道端中点连线和跑道中心线的夹角，（°）。

A.4.4 飞机噪声等值线图的绘制

A.4.4.1 飞机水平发散的计算

飞机飞行时并不能完全按规定的航迹飞行，国际民航组织通报（Icao circular）205-AN/86（1988）提出在无实际测量数据时，离场航路的水平发散可按如下考虑：

航线转弯角度小于 45°时

$$S(y)=0.055x-0.150, \qquad 5\ \mathrm{km}<x<30\ \mathrm{km} \tag{A.48}$$

$$S(y)=1.5 \qquad x>30\ \mathrm{km} \tag{A.49}$$

航线转弯角度大于 45°时

$$S(y)=0.128x-0.42 \qquad 5\ \text{km}<x<15\ \text{km} \qquad (\text{A.50})$$

$$S(y)=1.5 \qquad x>15\ \text{km} \qquad (\text{A.51})$$

式中：$S(y)$——标准偏差，km；

x——从滑行开始点算的距离，m。

在起飞点[$S(y)=0$]和 5 km 之间可用线性内插决定 $S(y)$。降落时，在 6 km 内的发散可以忽略。

作为近似可按高斯分布来统计飞机的空间分布，沿着航迹两侧不同发散航迹飞机飞行的比例见表 A.6。

表 A.6 航线两侧不同发散航迹飞机飞行的比例

航迹点坐标	比例
$y_m-2.0S(y)$	0.065
$y_m-1.0S(y)$	0.24
y_m	0.39
$y_m+1.0S(y)$	0.24
$y_m+2.0S(y)$	0.065

A.4.4.2 网格设定

进行计算机计算时，网格间距的设置一般可以为 300 m，对于接近跑道的区域，网格间距还可更小，以保证偏差不大于 0.5 dB。

A.4.4.3 等值线图绘制

网格点上计算出的 L_{WECPN} 值，按 5 dB 的间隔，将噪声级相同的点连接成线。在 1∶50 000 包括机场区域在内的土地规划图上，画出 70 dB、75 dB、80 dB、85 dB、90 dB 的等值线图。

附 录 B

（规范性附录）

倍频带声压级合成 A 声级计算公式

设各个倍频带声压级为 L_{pi}，那么 A 声级为：

$$L_{\mathrm{A}} = 10\lg\left[\sum_{i=1}^{n} 10^{0.1(L_{pi} - \Delta L_i)}\right] \tag{B.1}$$

式中：ΔL_i——第 i 个倍频带的 A 计权网络修正值，dB；

n——总倍频带数。

中心频率为 63～16 000 Hz 倍频带的 A 计权网络修正值见表 B.1。

表 B.1　A 计权网络修正值

倍频带中心频率/Hz	63	125	250	500	1 000	2 000	4 000	8 000	16 000
ΔL_i /dB	–26.2	–16.1	–8.6	–3.2	0	1.2	1.0	–1.1	–6.6

参考文献

[1] 环境保护部环境工程评估中心. 环境影响评价相关法律法规. 北京：中国环境科学出版社，2010.

[2] 环境保护部环境工程评估中心. 环境影响评价导则与标准. 北京：中国环境科学出版社，2010.

[3] 环境保护部环境工程评估中心. 环境影响评价技术方法. 北京：中国环境科学出版社，2010.

[4] 环境保护部环境工程评估中心. 环境影响评价案例分析. 北京：中国环境科学出版社，2010.

[5] 国家环境保护总局环境影响评价管理司. 环境影响评价岗位培训教材. 北京：化学工业出版社，2006.

[6] 何新春. 环境影响评价案例分析基础过关 50 题（2013 年版）. 北京：中国环境出版社，2013.

[7] 刘晓冰，梁晓星，郭璐璐. 环境影响评价. 北京：中国环境科学出版社，2012.

[8] 刘绮，潘伟斌. 环境质量评价. 广州：华南理工大学出版社，2004.

[9] 马大猷. 噪声控制学. 北京：科学出版社，1987.

[10] 马大猷. 噪声与振动控制工程手册. 北京：机械工业出版社，2002.

[11] 郑长聚，任文堂，洪宗辉. 环境工程手册——环境噪声控制篇. 北京：高等教育出版社，2000.

[12] 国家环境保护总局环境影响评价管理司. 危险废物和医疗废物处置设施建设项目环境影响评价指南. 北京：中国环境科学出版社，2004.

[13] 聂永丰. 三废处理工程技术手册——固体废物卷. 北京：化学工业出版社，2000.

[14] 全国勘察设计注册工程师环保专业管理委员会，中国环境保护产业协会. 注册环保工程师专业考试复习教材（修订版）-第二分册. 北京：中国环境科学出版社，2008.

[15] 李国鼎，金子奇. 固体废物处理与资源化. 北京：清华大学出版社，1990.

[16] 张小平. 固体废物污染控制工程. 2 版. 北京：化学工业出版社，2010.

[17] 蒋建国. 固体废物处理处置工程. 北京：化学工业出版社，2005.

[18] 蒋展鹏. 环境工程学. 北京：高等教育出版社，2005.

[19] HJ 2. 1—2016 建设项目环境影响评价技术导则　总纲.

[20] HJ 2. 4—2009 环境影响评价技术导则　声环境.

[21] GB 3096—2008 声环境质量标准.

[22] GB 9660—88 机场周围飞机噪声环境标准.

[23] GB/T 15190—2014 声环境功能区划分技术规范.

[24] GB 12525—90 铁路边界噪声限值及其测量方法.

[25] GB 9661—88 机场周围飞机噪声测量方法.

[26] GB 12348—2008 工业企业厂界环境噪声排放标准.

[27] GB 22337—2008 社会生活环境噪声排放标准.

[28] GB 12523—2011 建筑施工场界环境噪声排放标准.

[29] HJ 640—2012 环境噪声监测技术规范—城市声环境常规监测.

[30] HJ 706—2014 环境噪声监测技术规范—噪声测量值修正.

[31] HJ 707—2014 环境噪声监测技术规范—结构传播固定设备室内噪声.

[32] HJ 2034—2013 环境噪声与振动控制工程技术导则.

[33] GB 10070—88 城市区域环境振动标准.

[34] GB 10071—88 城市区域环境振动测量方法.

[35] GB 8702—88 电磁辐射防护规定.

[36] GB 9175—88 环境电磁波卫生标准.

[37] 电磁辐射建设项目和设备名录.

[38] GB 11215—89 核辐射环境质量评价一般规定.

[39] GB 8703—88 辐射防护规定.

[40] GBJ 133—90 民用建筑照明设计标准.

[41] GB 50034—92 工业企业照明设计标准.

[42] GB 3838—2002 地表水环境质量标准.

[43] GB 3097—1997 海水水质标准.

[44] 国家危险废物名录.